序 PREFACE

　　郭建伟博士生长于西北的古城西安，本科毕业于东北的哈尔滨工业大学建筑系，之后去往西南边陲的云南研习民族建筑。性格持重，学风优良，志存高远，硕士毕业曾在云南大学执教六载，后考取同济大学建筑学博士研究生，在我指导下专攻傣族建筑专题。

　　郭建伟博士具备扎实的建筑历史与理论功底，他的研究运用民族学、人类学和建筑学的交叉方法，以长期的在地考察和匠学探析为实证基础，精心打磨，数易其稿，完成了高质量的博士学位论文，并以此为底本，修订提质成这部书稿。

　　本书以云南西双版纳傣族村寨的风土构成与文化溯源为研究对象及叙事脉络，借鉴建筑类型学的理论范式，从习俗、结构、双中心等三个层面展开讨论，力图提升傣族风土建筑的研究水平。为此，他刻苦自学了傣文，首次对傣族村寨营造的概念术语及其含义进行系统梳理，填补了民族建筑研究的一项基础空白。全书重点内容包含对傣族村寨八种类型的环境因应剖析，对傣族建筑形态与南传佛教建筑的关系解读，以及对傣族营造相关人体尺度及行为进行身体语言外化解析（embodied language）等。

　　综观全书，既有田野调查托底，又有理论范式借重；既有语言工具支撑，又有营造行为体察。作者并未固步于以文化风习为背景阐释建筑形态的建筑史既有范式局限，而是将傣族村寨的风土意象、形态构成、场景仪式及其文化意涵，作为一个有机整体进行多维度、多方面的分析与解读。因此,本人认为郭建伟博士这部学术论著达到了较高的学术水平,成果可圈可点,出版可喜可贺。

是为序。

中国科学院院士
同济大学教授、城乡历史环境再生研究中心主任
《建筑遗产》学刊和*Built Heritage*英文刊主编
甲辰仲夏于沪上寓所

傣族风土建筑因应特征及文化探源

——以西双版纳地区为例

国家自然科学基金重点项目「我国地域营造谱系的传承方式及其在当代风土建筑进化中的再生途径」（项目编号：51738008）

教育部人文社会科学研究规划基金项目「西南民族建筑中人体尺法营造的体系构成与形成机制研究」（项目编号：24YJAZH034）

郭建伟　著

中国纺织出版社有限公司

内 容 提 要

傣族建筑文化在礼仪、习俗、空间、形态、匠艺等方面独具特色。本研究通过建筑人类学、民族志、类型学等方法，从历史、文化、风习等方面，探索傣族传统建筑的营造之道。首先，通过对傣族建筑术语的"释名"，说明傣族建筑源于上古时期中国南方的建筑文化。其次，分析傣族聚落的八种类型，论述其在不同地形下的环境适应策略。再次，解析傣族风土建筑原型，探讨其建筑文化的形成。最后，通过对傣族匠作技艺及其风习的研究，展示以人体尺法为匠作技艺，以稻作文化为核心的傣族风土建筑营造过程。

图书在版编目（CIP）数据

傣族风土建筑因应特征及文化探源：以西双版纳地区为例 / 郭建伟著. -- 北京：中国纺织出版社有限公司，2025.4. -- ISBN 978-7-5229-2166-2

Ⅰ.TU-092.853

中国国家版本馆 CIP 数据核字第 2024102LK7 号

责任编辑：华长印　许润田　　责任校对：李泽巾
责任印制：王艳丽

中国纺织出版社有限公司出版发行
地址：北京市朝阳区百子湾东里 A407 号楼　邮政编码：100124
销售电话：010—67004422　传真：010—87155801
http://www.c-textilep.com
中国纺织出版社天猫旗舰店
官方微博 http://weibo.com/2119887771
北京华联印刷有限公司印刷　各地新华书店经销
2025 年 4 月第 1 版第 1 次印刷
开本：787×1092　1/16　印张：16
字数：235 千字　定价：128.00 元

为什么研究傣族建筑

傣族是一个历史悠久的民族，古代稻作文化和南传上座部佛教文化共同驱动了傣族社会的发展，这在中国西南地区十分独特，在东南亚地区甚为典型。傣族传统建筑在礼仪、习俗、空间、形态、匠艺等方面呈现出与众不同的特征，其传统聚落亦独具特色。

目前，由于傣-泰族群的跨多国特点，学界仍然无法系统地研究其建筑文化。各国家、地区的傣-泰族群建筑研究成果可谓良莠不齐，许多地区仍未涉及，对中国西南地区傣族建筑的研究亦未引起国内建筑史学界的足够重视。

然而，日本学者早在20世纪初就开始关注傣-泰族群的建筑。早在1903年，伊东忠太先生第二次考察中国建筑时，路过当时的云南省永昌府腾越厅辖区内的傣族地区，在其日记中写道："当下掸族建筑，并无格外引人瞩目之物，但历史上的掸族建筑却令笔者兴致盎然"，尤其"掸人的佛教寺院建筑，其式样有诸多与日本风格隐然相通之处"，并认为"掸人❶建筑正好介于缅甸、暹罗❷与中国两大建筑体系之间，只是其建筑内部格局则与缅甸同"，而"当地农家住居亦风格别具，与日本古代神社的堂宇建筑太过相似"❸。当时，伊东忠太调查了今日德宏地区傣那人的建

---

❶ 掸，读音shàn；此处所说之"掸族"，即今傣族；"掸人"，指今傣那人。

❷ "暹罗"，今泰国。

❸ 伊东忠太. 中国纪行——伊东忠太建筑学考察手记[M]. 薛雅明，王铁钧，译. 北京：中国画报出版社，2017：251.

筑，并未到访过相对隔绝的西双版纳地区考察傣泐人的建筑。时隔半个多世纪后，日本学者逐步开始研究傣-泰族群的传统建筑。

我国学者郭湖生先生于1959年短暂（7日）调研了西双版纳地区的傣族传统建筑后，认为："西双版纳傣族的佛寺建筑艺术，有自己独特的民族风格和相当高的成就"[1]。本书以该地区的傣族传统建筑为研究对象，全面并较为深入地解析傣族建筑文化体系，追溯其文化源流，至少有以下三方面的意义。

首先，本书有助于对上古时期中国南方建筑的认知。巢居与穴居一同被认为是上古时期先民们居住的两种建筑原型。《韩非子·五蠹》记载了"有巢氏"教人"构木为巢"，《礼记》中也有"橧巢"的居住方式，"橧"释义为"聚薪柴居其上"。

从考古发现来看，位于长江下游出海口，距今5000~7000年的浙江省余姚县河姆渡遗址，多座底层架空木构长屋遗迹的木柱、木梁、木板遗构中均发现了榫卯工艺[2]。位于长江上游区域距今3900~5000年的云南省大理白族自治州剑川县海门口遗址，同样发现多座底层架空的木构建筑遗迹，部分木构遗存中亦存在榫卯工艺[3]。发现此类遗迹的地区还有江苏丹阳香草河遗址、江苏吴江梅堰遗址、浙江吴兴钱山漾遗址、湖北蕲春毛家咀遗址等多处[4]。可见，上古时期底层架空的木构建筑广布于中国南方。与穴居遗址不同，由于木质建筑构件容易腐烂，木桩以上的建成部分鲜有遗存，这非常不利于探寻上古时期中国南方木构建筑的特征及源流。

然而，古代墓葬、器物上具有底层架空特征的木构建筑模型和图像，在一定程度上弥补了这一缺憾。例如，云南省昆明市晋宁区石寨山遗址出土的西汉时期多座底层架空、长脊短檐式木构青铜房屋模型；中国西南及东南亚地区在上古时期广泛存在一种"黑格尔Ⅰ型"铜鼓，其鼓面、鼓身刻有与晋宁区石寨山木构青铜房屋模型极为相近的木构建筑图形；江西清江营盘里新石器时代遗址出土的底层架空的陶制房屋模型；四川境内出土的青铜錞于上的象形文字"欄"，徐中舒先生认为其"象

❶ 郭湖生. 西双版纳傣族的佛寺建筑[J]. 文物，1962（2）：39.

❷ 浙江省文物管理委员会，浙江省博物馆. 河姆渡遗址第一期发掘报告[J]. 考古学报，1978（1）：42-48.

❸ 闵锐. 云南剑川县海门口遗址第三次发掘[J]. 考古，2009（8）：5-9.

❹ 分别参见《丹阳香草河发现文物》《江苏吴江梅堰新石器时代遗址》《吴兴钱山漾遗址第一、二次发掘报告》《湖北蕲春毛家嘴西周木构建筑》考古报告.

依树构屋以居之形"，此字与"黑格尔Ⅰ型"铜鼓上的建筑图像，以及石寨山木构青铜房屋模型在形态上极为相近。

从文化层面来看，中国西南至今仍然存在着被民族学视为"活化石"的古老民族，由于其文化具有亘古不变或缓变的特点，通过对其建筑的生活习俗、礼仪制度、匠作技艺、空间构成等方面的比较研究，有可能梳理出一条或若干条中国古代南方建筑发展演化的脉络，傣族正属于这类古老的民族。

中国古代木构建筑体系是否从上古时期中国南方建筑演化发展而来，目前很难给出定论，但二者存在密切关联是显而易见的。傣族一直将木竹构法的营造技艺沿用至今，研究其传统建筑对于探寻上古时期中国木构建筑体系的源流有所助益。

其次，本书有助于构建中国西南民族建筑系谱。中国西南在历史上一直都是地形险峻、民族众多、文化多元、政权更迭频繁的区域，作为拥有全国56个民族中26个（辖区范围内人口在5000人以上的民族）的云南地区表现得更加显著。

从上古时期众多部落分而自治，到秦汉时期滇、濮、句町、夜郎、叶榆、桐师、嶲唐等数十个"侯王国"（有些占据云南的一部分）各据一方，云南范围内的族群以滇池和洱海为核心区发展壮大。西汉武帝开始经营西南，设置的益州郡以古滇国聚居的滇池区域为中心，东汉时期设置的永昌郡以哀牢国聚居的大理洱海区域和保山一带为中心，中原汉文化逐渐传播至这两个地区。之后，历经魏晋南北朝，直至隋唐，各民族文化与中原汉文化相互交融、碰撞、吸收，或涵化之，或被其同化，或与之抗衡，异彩纷呈。

唐代樊绰的《蛮书》是目前被确认为最早记载傣族先民的中文古籍文献❶。虽然，上古及中古时期，傣族在中国西南拥有的势力范围及统治地位至今仍无法确定，但从民族学者的研究来看，傣族是当时中国西南统治集团的重要组成部分。

南诏、大理国时期，云南地区分散、多元的各民族被统一在一个强有力的政权下，19世纪末至20世纪中叶，有西方学者认为南诏国由傣族先民创立❷，由于证据较少，学者基本不取此说。20世纪30年代，著名民族学、人类学家陶云逵先生在《云南摆夷

❶ 有学者认为唐以前《史记》《汉书》中的"僰""哀牢夷"即傣族先民，但由于证据不足，仍在争论之中，故暂不取之。

❷ 此说转引自陶云逵《云南摆夷族在历史上及现代与政府之关系》一文。20世纪30年代前后，西方学者多持此说，陶云逵认为由于证据不足，当时暂且搁置，后来泰国学者多追随该说。目前，国内学者多不取，此说已逐渐淡出主流。

族❶在历史上及现代与政府之关系》一文中，通过考证汉文古籍中记载的元、明、清三代云南土司的族属，发现元代云南土司中傣族约占70%，且"占高级土司之大多数，表明摆夷具有强盛势力"；明代傣族占到云南土司总数的40%，"职位高，其辖区广，权势大"；清代"157个土司中，摆夷占37个，约占全数之24%，但均为较高阶级者"。❷

傣-泰族群在历史上曾经统领过中国西南至东南亚的大片土地，其建筑文化遗留了上古先民们的营造方式，同时汲取了区域内众多其他民族建筑文化的精华。许多民族的建筑在聚落布局、空间构成、匠作技艺、仪式象征等方面受到傣族的直接影响，如布朗族、拉祜族、景颇族、阿昌族、基诺族、佤族、哈尼族等民族。邻近区域的其他民族（如壮族、侗族、苗族、瑶族）与傣族在建筑文化上关联性亦很大。如果在掌握了傣族建筑文化的基础上，以其为参照，将西南其他民族的建筑文化与之相比较，有可能得到西南民族地区建筑文化的关联阈，以至于系谱的构建。

因此，对傣族传统建筑文化的深入研究是中国建筑历史研究中的重要课题，对于完善中国风土建筑谱系西南区系，探讨中国西南各民族传统建筑的演化有着重要意义。

最后，本书有助于对傣族传统建筑存续再生的探索。随着全球化工业文明的飞速发展与我国城镇化率的快速提高，傣族传统建筑正在被同化、遗忘，被拖入全面消解的艰难困境中。是固守过去，还是走向现代？是坚守传统匠作技艺，还是全面步入现代工业的标准化生产？这已成为当今必须正视的问题。

研究民族地区传统建筑的研究者都有这样的体会，住宅对于许多民族居住者来说不仅仅是"居住的机器"，更像是一种"生命体"，与居住者相互依存，与我们能够看见的鲜活生命体相似，有形体、属性（性格）、实在的物象，甚至有自主性的思维。这种生命体或许是人们的臆想，或许是某种拟构，但"他"是以什么样的形式存在，以怎样的机制运行？如何演化而来？是否还能在当今全球一体化的环境下持续发展？演化中如何继承本民族特有的基因特质？深入地研究傣族传统建筑将从基础理论层面对其未来的存续与再生提供有力支撑。

---

❶ "摆夷"，自明清至民国，中原对傣族的称呼。

❷ 陶云逵.陶云逵民族研究文集[M].北京：民族出版社，2011：554-556.

目录 CONTENTS

第1章

绪论

‖ 1.1　傣族与傣泐语 ‖

傣族创造过灿烂的历史文化，在中国境内曾有景陇金殿国（后来的车里宣慰司）、勐卯龙国（后来的麓川宣慰司）[❶]等政权。与东南亚国家的傣-泰族群，如老挝佬族、泰国泰族、越南泰族、缅甸掸族、印度北部阿萨姆族等在语言上具有密切的方言关系[❷]；与国内的壮侗语族的诸民族在语言上具有亲属语言关系。

1.1.1　傣族及其历史

（1）傣族的历史及其族属

傣族（dai）古称"掸"（shan），唐代樊绰在《云南志》中所称"金齿""黑齿""漆齿""茫蛮"等部落被认为是傣族先民。宋代称傣族为"金齿""白衣"；自元至明，"金齿"仍沿用，"白衣"多写作"百夷""佰夷"；"摆夷"一词自明代始有，在田汝成《炎徼纪闻》中第一次出现，至清代、民国时盛行。除此以外，汉文古籍中还用过"僰夷""白夷""伯夷""摆衣""伯彝"等称呼，越南史籍称其为"哀牢"，缅甸史籍称其为"掸"，印度史籍称其为"阿萨姆"。

与傣族邻近聚居的"佤族、布朗族、德昂族称傣族为siam；景颇族和缅甸的克钦族称傣族为sam"，而"缅甸掸邦的'掸族'，泰国的主体民族泰族（1939年以前称'暹族'）跟我国汉代的'掸'、现代的傣族，都有渊源关系。'暹'字中古汉语读'sĭɛm'，与现代佤、景颇等民族称傣族的siam和sam的音相近，都是傣族的他称"[❸]。"掸"是其他民族对傣族的称呼，而"傣""台""泰"为自称，意为"自由者"。

上古时期，傣族主要聚居于澜沧江上游地区，自汉代在云南设置了益州郡、永昌郡之后，逐渐向南、西迁徙。唐代，南诏国向南发展，傣族除散布于云南地域范

❶《傣族简史》编写组. 傣族简史[M]. 北京：民族出版社，2009：60-65.

❷ 岩温罕. 西双版纳傣泐语参考语法[D]. 上海：上海师范大学，2018：1-6.

❸ 周耀文，罗美珍. 傣语方言研究[M]. 北京：民族出版社，2001：2-3.

围内，一部分向南徙入中南半岛。南宋孝宗淳熙七年（1160年）❶，傣族先民在滇南地区以景洪为中心建立了景陇金殿国，隶属于当时统治云南的大理国。

元代，中央王朝开始对西南边疆各民族采取绥靖政策，一些民族首领被授予土官之职，形成了土司制度，傣族最高级别的土官为宣慰使，其行政机构被称为宣慰使司。其时，云南地区的傣族一部分聚居于景陇金殿国（车里宣慰司，中心在今景洪市）和勐卯龙国（麓川宣慰司，中心在今德宏州），另一部分向西、南迁徙，融入当时的暹罗（今泰国）、蒲甘（今缅甸）、安南（今越南）等地区，一起构成了今日东南亚地区主体民族"傣-泰族群"的先民。

明代，中国西南境内的傣族在改土归流大背景下，大部分保持了土官自治，车里宣慰使司统辖了十几至二十几个中、小土司。同时，在中央王朝的统治下宣慰使的权力被不断削弱。清代及民国时期，车里宣慰使司先后隶属于元江府、普洱府、普思沿边行政总局等府级行政机构。从"景陇金殿国国王"到"车里宣慰使"❷，再到最后一任车里宣慰使刀世勋，西双版纳地区的傣族首领世袭传承了44代。

目前，傣族总人口126.13万余人（2010年）❸，主要聚居于我国云南省的怒江、澜沧江、红河、金沙江、高黎贡山、怒山、云岭的平川及河谷地带。集中分布于滇西德宏和滇南西双版纳靠近中缅、中老边境的弧形区域，散布于云南省其他州县，主要有西双版纳傣族自治州、德宏傣族景颇族自治州、新平彝族傣族自治县、金平苗族瑶族傣族自治县、孟连傣族拉祜族佤族自治县、耿马傣族佤族自治县、景谷傣族彝族自治县、元江哈尼族彝族傣族自治县、双江拉祜族佤族布朗族傣族自治县。此外，镇康县、景东彝族自治县、普洱市、澜沧拉祜族自治县、沧源佤族自治县、西盟佤族自治县、元阳县、保山市、滕冲市等30余个县（市、区）也有零星分布。

一般认为，中国西南境内的傣族至少包括傣-泰族群中的三个分支或支系：①傣泐，也被称为水傣，主要分布于云南西双版纳地区；②傣那，亦被称为旱傣，

---

❶《泐史》中记录景龙金殿国建立的时间为1180年，近期西双版纳傣族各界召开学术讨论会后，认为该时间应为1160年。详见西双版纳傣族自治州人民政府网站：www.xsbn.gov.cn。

❷ 西双版纳地区的傣族将"宣慰使"称为ᨧᩮᩢᩣᨻᩮᩥᨶ᩠ᨯᩥ[cǎu³phɛn²ʔdin¹]，音译为"召片领"，直译为"大地之主"；类名ᨧᩮᩢᩣ[cǎu³]，意为主人，ᨻᩮᩥᨶ᩠ᨯᩥ[phɛn²ʔdin¹]，意为大地、土地；当地人也称其为"傣王"。

❸ 中华人民共和国国家民族事务委员会. 傣族概况[A/OL]. [2019-11-10]. http://www.seac.gov.cn/seac/ ztzl/daiz/gk.shtml.

主要分布于云南德宏地区；③傣雅，被称为花腰傣，主要分布于云南新平一带。同时，也有旱摆夷、水摆夷、大摆夷、小摆夷、花摆夷五个分支或支系的分法。

总体而言，傣-泰族群广布于中南半岛和中国云南海拔不超过2000米的峡谷、平原地带，从上古被称为"掸"的族群中逐渐发展而来。8世纪以来，傣-泰族群分成以小泰南部的暹、北部的傣泐，大泰西部的掸、东部的傣那及傣雅等诸多群体。"傣族"是对中国境内傣泐、傣那、傣雅等傣-泰族群分支的统一命名。

（2）傣族的信仰

除傣雅支系以外，大部分傣族的信仰由南传上座部佛教和原始宗教共同组成。原始宗教信奉万物有灵，在南传上座部佛教还未传入之前，普遍存在于傣族社会，据傣文古籍记述，远古时期就已存在。原始宗教认为山有山神、水有水神、树有树神、谷有谷魂等，自然万物都有其各自的生命形式及灵魂。"山神""水神""树神""家神""寨神""勐神""谷神"等重要原始宗教中的神灵角色至今仍然存在于傣族的日常生活中。南传上座部佛教在传入傣族地区以后，经过与原始宗教的斗争、妥协和融合，成为大多数傣族地区的全民性信仰，对傣族社会的影响长久而深远，傣族文化的各方面几乎都留下了其印迹。

1.1.2　傣-泰族群语言的风土区系划分

常青教授指出，"作为历史上维系民族和民系的纽带，'语缘'的作用一般而言仅次于血缘，是地缘文化认同的重要根基。若以'语缘'为背景，似有可能在总体上厘清我国汉族和少数民族风土建筑谱系的分类和分布规律，从本质上把握建筑本土化的风土源泉"[1]。对于傣-泰族群语言的风土区系认知，非常有助于将傣族风土建筑置于"语缘"的大背景下，突破国家边界的束缚，提供地缘文化认同下较为客观的视角，把握傣族风土建筑的本质特征和文化源流。

语言的谱系分类法也被称为"发生学分类法"，它根据语言的历史来源或亲属关系将语言分为若干个语系（family），语系之下按亲属关系的远近分为若干个语族

---

[1] 常青.我国风土建筑的谱系构成及传承前景概观——基于体系化的标本保存与整体再生目标[J].建筑学报，2016（10）：3.

（group），语族之下又分为若干个语支（branch），语支之下是语种（language），即
"语系—语族—语支—语种"。语言学家一般将傣-泰语分为三大方言区，即"兰纳方
言区""大泰方言区""暹罗方言区"。中国云南南部西双版纳地区的傣泐、缅甸掸
邦东北部的掸族、泰国北部的兰纳泰、老挝北部的佬族、越南西北部的泰族同属于
"兰纳方言区"；中国云南西部德宏地区的傣那、缅甸中北部的掸族、印度东北部的
阿萨姆、泰国夜丰颂地区的泰族同属于"大泰方言区"；"暹罗方言区"包括泰国中
南部、老挝南部和柬埔寨西北部地区的傣-泰族群。兰纳方言和大泰方言是中国境内
傣族最主要的两种方言，虽然方言之下又分别含有多个次方言，但各地傣语方言区
对应的傣文字较为一致。中国傣族使用的傣文字主要有兰纳方言区的傣泐文（兰纳
泰文）、傣端文（越南傣文），大泰方言区的傣绷文、傣那文（大傣文），尤以云南西
双版纳地区的傣泐文和德宏地区的傣那文最为常见。

不同历史时期对于傣语的认知有所不同。20世纪初，大部分国外学者认为傣语
和泰语为单一语系，1909年英国学者亨利·鲁道夫·戴维斯（H.R.Davies）在《云南：
联结印度和扬子江的锁链》（*Yun-nan: the Link between the India and Yantze River*）一
书中以语言为基准将西南民族划分为三大语系，其中提出以"摆夷"（傣族）民族为
主体的"掸语系"（Shan family）民族。

20世纪30～40年代，国内大部分学者认为傣语属于"汉藏语系"的壮傣语族。
20世纪30年代，马长寿先生在《中国西南民族分类》一文中将"掸语系"称为"掸
台族系"，当时作为"摆夷"称呼的傣族被划定为"掸台族系"中的"僰夷群"。梁
启超的《中国历史上民族之研究》参考众家之说，将西南民族称为南蛮族，认为傣
族是南蛮族的三大系之一。

林惠祥先生在《中国民族史》一书中称傣-泰族群为"僰掸系"，认为"僰掸系
即所谓泰掸族（Tai-Shans），掸为种族名"❶，分布于"暹罗全部、缅甸东部、安南
西部及中国西南部，纬度25°之南"。在缅甸者仍称"掸"，在暹罗北部及安南西部
者则称"老挝人"（Laos），在暹罗部者即暹罗人（Sianmese），在云南古代称为僰夷

---

❶ 林惠祥. 中国民族史（下册）[M]. 北京：商务印书馆，1993：262.

（Pe-yi）、摆夷、白夷、蒲蛮（Pu-man）。"此族人数众多，现虽只限于中国之西南，然在古时曾散布长江流域各地，现代汉族混有多量獏掸族之血液已为学者公认之定论，故此族在中国民族史上亦甚重要也"❶。

李济先生在其博士论文《中国民族的形成：一次人类学的探索》（*The Formation of the Chinese People: An Anthropological Inquiry*）中指出"在我群扩展到长江以南的过程中，他们还吸收并整合了文身的掸语民族"❷，并认为"参加构成现代中国人的，共有5个大的民族单位和4个小的民族单位。5个大的是黄帝的后裔、通古斯语群、孟—高棉语群、掸语群和藏缅语群"❸，这里所说的"掸语群"在古时曾散布于长江流域各地，傣族的先民是"掸语群"的重要组成部分。

20世纪50年代，国内学者将"掸台族系"命名为"壮侗语族"或"壮傣语族"，隶属于"汉藏语系"。无论称呼如何改变，在中国境内与傣族同属于"掸台族系"的民族有依人（今归入壮族）、沙人、僮人（今归入壮族）、仲家（今归入布依族）、黎人、水家等。江应樑先生认为"这诸种人，在民族分类上，均属之掸或台语系，而摆夷，便是此一系中最能保有本族原始形态的一支"❹。

目前，国内学术界一般认为傣语属于汉藏语系壮侗语族（或称"侗台语族"）的壮傣语支（或称"台语支"）。周耀文、罗美珍在《傣语方言研究》一书中认为，壮傣语支"包括我国的傣语、壮语、布依语和国外的泰语、老挝语、掸语、坎梯语、白泰语、黑泰语、土语、侬语、岱语和印度的阿洪语等"。其中，"缅甸掸邦北部的掸语和我国云南德宏州的'傣那语'很相近，彼此可以通话；泰国西北部清迈地区的'泰允语'、缅甸掸邦东部景栋地区的'泰痕语'和老挝北部的泰语同我国云南西双版纳的'傣泐语'也很接近，而且在佛寺中至今还使用着共同的'经书文字'"❺。

据估计，壮傣语支使用人数有6000多万。"在我国，主要分布于广西壮族自治区

❶ 林惠祥.中国民族史（下册）[M].北京：商务印书馆，1993：263.

❷ 李济.中国民族的形成：一次人类学的探索[M].南京：江苏教育出版社，2005：298.

❸ 李济.中国民族的形成：一次人类学的探索[M].南京：江苏教育出版社，2005：325.

❹ 江应樑.摆夷的经济文化生活[M].昆明：云南人民出版社，1950：5.

❺ 周耀文，罗美珍.傣语方言研究[M].北京：民族出版社，2001：1-2.

（壮族有1300多万）、贵州（布依族有200多万）、云南（傣族、壮族共有200多万）。在国外，主要分布于中南半岛的泰国（泰族、佬族、掸族共有4000多万）、老挝（佬族约有300万）、缅甸（掸族有200多万）、越南（白泰、黑泰、岱、侬、土等约有10万）。在泰国和老挝，泰语、佬语分别是本国的主体民族语言；在缅甸，掸语是第三大民族语言"❶。

在中国境内，"傣族与壮族、布依族、侗族、水族、黎族等在族源上有亲缘关系，都是古代'百越'的后裔"，而"傣族属于'滇越'"❷。"百越说"是当今国内学术界对于傣族族源和语缘的主流观点。

19世纪以来，傣语与壮、侗等语言被认为同属于侗台语族或壮侗语族这个基本观点成为国际学术界的共识，至今仍然争论不休的是关于"傣泰"或"壮侗"语族的称谓和系属问题。国际上有些学者将傣-泰族群的语言归为单独的语系"泰—卡傣语系"（Tai-Kadai Family Language），国内将傣-泰族群的语言置于汉藏语系下的"壮侗语族"。

本研究无意探讨傣-泰族群语言的系属问题，前置条件"傣语和泰语同源"早已成为国内外学术界的共识：傣语与壮语、布依语、侗语、水语、仡佬语、毛南语、黎语是亲属语言关系，与泰国的泰语、老挝的佬语、缅甸的掸语、越南的岱语、白泰语、黑泰语、土语、侬语，以及印度的阿洪语等语言是方言关系。

1.1.3 傣泐文及其营造词汇的构词特征

（1）傣泐语与傣泐文

傣泐语是居住于西双版纳地区的傣族使用的语言，也被称为"西傣语"，所用的文字"傣泐文"也被称为"西傣文"。傣泐文、傣那文、傣绷文、金平傣文创制的时间虽然仍没有定论，但大多数学者认为傣泐文的创制时间最早，大约创制于唐代，最迟不晚于宋初。

---

❶ 周耀文，罗美珍. 傣语方言研究[M]. 北京：民族出版社，2001：前言1.
❷ 周耀文，罗美珍. 傣语方言研究[M]. 北京：民族出版社，2001：1.

傣泐文是以古印度巴利文为基础，根据傣泐语发音创制的一种文字❶。一般认为，巴利语随南传上座部佛教从斯里兰卡经东南亚国家间接传入我国西南的傣族地区。承载着傣族大量文献典籍的载体是用贝叶制成的贝叶经，记录了包括诗歌、天文历法、医药卫生、伦理道德、佛教典籍、法律法规在内的傣族历史文化。

20世纪50年代，西双版纳傣族地区在传统傣泐文的基础上创制了新的拼音文字，俗称"新傣文"。本书由于研究需要，所使用的傣文均为"老傣文"，即传统傣泐文。

（2）傣泐语中营造类词汇的构词特征

由于历史上受南传上座部佛教的影响，傣语从巴利语中吸收了许多宗教用语，但仍然与同语族其他语言（特别是同语支的壮语和布依语）存在着大量的同源词，其特点是"以名词为中心的修饰结构，修饰语在中心词之后"。同时，傣语与汉语也有一些相同或相近的地方，如"在语音方面，傣语与汉语粤方言音节结构很接近；词汇中有不少和汉语同源或借入时间较早的汉语借词"❷。

傣族营造术语的语词结构在形式上与汉语不同。汉语营造词汇一般是齐尾式，即"专名+通名（类名）"的模式，在语法结构上是偏正结构，如"脊梁、穿枋、中柱"等，"梁、枋、柱"是类名（中心词），修饰语"脊、穿、中"在中心词之前。而傣语营造词汇一般是齐头式，即"通名（类名）+专名"❸的模式，在语法结构上是正偏结构，总是类名在前，专名在后，后者修饰前者。例如，"草房"ᦵᦣᦲᧃᦆᦱ[rɤn⁴kha⁴]，类名"房屋"ᦵᦣᦲᧃ[rɤn⁴]在前，专名"茅草、草排"ᦆᦱ[kha⁴]在后，如果按汉语语序翻译则为"房屋茅草"或"房草"。

---

❶ 巴利语是古代印度民间使用的一种通用俗语，其文字可以用婆罗米字母及其衍生的天城体、缅文、泰文、僧伽罗文等字母书写成巴利文。

❷ 喻翠容.傣语简志[M].北京：民族出版社，1980：2.

❸ 类名指一类事物的名称，专名指一类事物中的某种专用名称。

‖ 1.2　傣族建筑相关研究 ‖

1.2.1　民族学和人类学中的傣族建筑文化研究

19世纪末至20世纪60年代，民族学者和人类学者在研究傣族的族属、族源问题❶时，调查并实录了大量傣族传统建筑，包括文献、图像和测绘等十分珍贵的历史资料。

1866—1868年，受法国海军部支持，杜达尔·德·拉格瑞（Doudart de Lagree）、弗朗西斯·加涅（Francis Garnier）等6人顺湄公河—澜沧江，自柬埔寨向北调查沿途各民族社会制度和经济文化等情况，成果于1873年由加涅编撰为《柬埔寨以北探路记》（*Voyage d'exploration en Indochine*）❷一书，英国学者戴维斯的《云南：联结印度和扬子江的链环》（*Yun-nan: The Link between India and the Yangtze River*），美国传教士杜德（William Clifton Dodd）于1923年出版的《泰人：中国人的兄弟》（*The Tai Race：Elder Brother of the Chinese*）等著作都是作者亲自考察过傣族地区后的成果，其中对傣-泰族群传统建筑的调查和记录非常有助于今日研究。

20世纪30年代，国内学者开始系统地调查傣族社会与文化，由于历时较长，又属于专项研究，因而比起西方学者的成果更为丰富和深入。其中，对于傣族建筑文化和相关民俗活动的调查研究是相当重要的一部分内容，代表著作有陶云逵的《车里摆夷之生命环》❸和姚荷生的《水摆夷风土记》，都对西双版纳地区傣族建筑的风俗、信仰、制度、礼仪等方面记录甚详。陶云逵还对当时仍在使用的宣慰使司府、议事厅等重要官式建筑进行了较为翔实、全面的调查记录，成为今日研究此类土司建筑少有的史料，弥足珍贵❹。历史学家、民族学家戴裔煊的《干蘭——西南中国原

---

❶ 从最初国际学术界认为的"南诏迁徙说"（有国内学者认为此说属于"泛泰主义"），到国内学术界秉持的滇越土著说、濮僚土著说，再到百越迁徙说，学者们不再局限于某一特定区域范围，而是将视域拓展到整个东亚与东南亚文化圈进行系统性研究。

❷ 光绪年间，清政府组织了对*Voyage d'exploration en Indochine*的翻译工作，名为《柬埔寨以北探路记》。

❸ 车里，即今西双版纳的景洪市。

❹ 陶云逵. 车里摆夷之生命环[M]. 北京：生活·读书·新知三联书店，2017：229–259.

始住宅的研究》一书"企图用史地学方法，将西南中国原始住宅作有系统之探究"，认为干栏是中国原始住宅的主要居住方式，考察其"名称之变异，形式之差别，特征之所在，产生之缘由"❶，考释了汉文古籍中各朝代对于"干栏"的不同称谓，并根据所居环境将其分为巢居、栅居、浮宅三种类型；归纳其发生的原因为避瘴疠及毒虫、避猛兽、禁忌三个方面；同时，对各类型干栏的分布做了粗略分析，认为古代栅居的中心在东南亚沿海地区，包括中国西南部。

1953年，全国人民代表大会民族委员会和中央人民政府民族事务委员会共同组织相关部门进行全国性的民族识别工作，对各民族语言、社会历史文化作专项调查。傣族作为西南极为重要的民族，委员会先后多次派调查队在云南傣族地区开展调查工作，并于20世纪80年代结集出版了《傣族社会历史调查（西双版纳之一～十）》（共10册）、《西双版纳傣族社会综合调查（一～三）》（共3册）合计13册调查报告。然而，这些只占到当时对傣族社会、历史、文化、经济类调查报告总数的1/6左右，仍有大量史料由于各种原因没有被整理与发表❷。傣族是当时除汉族以外调查内容最为丰富的民族，报告中记录了大量匠作技艺、营建程序、匠作风习、居住禁忌、仪式活动等内容，汇集了许多原始的、真实的、珍贵的史料，是今后研究傣族风土建筑必备的案头材料。

尽管如此，由于傣族地区的考古发现和文献记载非常稀缺，唐宋时期傣族在南诏和大理国政权中的地位仍存在很大争议❸，期间的古籍文献在历史上又被焚毁殆尽、无从考证，这些都阻碍了对上古和中古时期傣族传统建筑文化的深入探讨。

---

❶ 戴裔煊. 干蘭——西南中国原始住宅的研究[M]. 广州：岭南大学西南社会经济研究所，1948：1-3.

❷ 胡伊星. 二十世纪五六十年代的傣族社会历史调查及手稿概况[J]. 云南图书馆，2010（2）：67.

❸ 主要有以下三种观点：第一，南诏是傣族先民创立的。南诏王族与傣族祖先为同一族属，其主体民族是傣族。此说盛行于19世纪末至20世纪中叶，之后由于各方面原因逐渐被淡化。此观点源于沙畹（Chavannes），1876年法国人戴·哈威·圣丹尼斯（D.Hervey de Saint Denys）在《中国的哀牢民族》一书中提出哀牢的后裔泰（傣）族人建立了南诏。此后，英国伦敦大学教授拉古柏里（Lacouperie）、美国学者威廉姆·克里夫顿·多德（William Clifton Dodd）亦坚持此说，以巴克尔（E. H. Parker）最为拥护，他在《古代云南西部的泰掸帝国》一书中极大地宣扬了此观点。当时仅有伯希和对此产生质疑，然而未作十分肯定的判断。第二，傣族是南诏、大理国的主要民族，而非王族主体，大理国灭亡后其向南迁徙至现今分布的区域。有学者认为南诏的王族由彝族先民构成，也有学者认为由历史上的民家和白人组成。第三，傣族不是南诏、大理国的主要民族。傣族一部分是土著民，另一部分由中国南方两广地区百越的某些部族迁徙而来，南诏时期已经迁徙定居于现在分布的区域。支持后两种观点的多为国内学者，也有学者认为昆明滇池流域的古滇人是傣族的祖先。无论哪种观点，学术界都没有达成共识，国内学者亦仍在争论中。

1.2.2　傣族建筑研究历程

建筑学界对傣族建筑的研究起始于20世纪中叶，至今经历了大约三个阶段，第一个阶段为20世纪50—80年代，以全面普查和测绘为主；第二个阶段为20世纪80—90年代，对傣族建筑的平面类型、空间形态、匠作技艺等方面进行多角度综合研究；第三个阶段为2000年至今，有意识地从多学科交叉，如人类学、民族学、生态学与建筑学结合的视角进行研究。

（1）20世纪50—80年代的普查与测绘阶段

20世纪50—80年代，学者们对傣族建筑开展了较为全面的普查和测绘工作。对傣族建筑的专题性研究起始于郭湖生先生于1962年发表于《文物》杂志上的《西双版纳傣族的佛寺建筑》一文，着重对西双版纳地区傣族佛教寺院的平面布局，佛殿、佛塔的形制和营建技艺，雕塑的塑形艺术等方面做了详细的调查研究，文末指出"西双版纳傣族的佛寺建筑艺术，有自己独特的民族风格和相当高的成就"❶。20世纪60—70年代，由云南省设计院承担，王翠兰等学者主持了云南省域范围内的传统建筑普查、测绘工作，分别于1986年和1993年出版了《云南民居》《云南民居·续篇》两部著作，对傣族建筑的村寨、民居、寺院进行了较为全面的调查研究，是今日研究傣族风土建筑必不可少的基础资料。

（2）20世纪80—90年代的多角度综合研究阶段

20世纪80年代，学者们开始对傣族的建筑文化进行多角度、综合性的研究。日本学者鸟越宪三郎在《倭族之源——云南》❷一书提出"与日本人同源并且具有相同文化特征的倭族，其发祥地在云南"的假说。在当时日本学者"寻根"热的大背景下，该研究将云南省佤族、拉祜族、傣族、傈僳族等民族的稻作、住宅、谷仓、神殿、服饰作为研究对象，从仪式、习俗、制度、形式、技艺等方面对其进行比较，这种在同一文化圈内进行多民族比较的独特视角非常值得借鉴。

---

❶ 郭湖生. 西双版纳傣族的佛寺建筑[J]. 文物，1962（2）：39.

❷ 倭族是魏晋以后中原对日本的称呼，但书中的倭族并不仅指日本的土著民族，还包括了中国南方广大地区的一个族群，与越人有很多重合之处。

20世纪90年代初，日本学者多次来到云南省西双版纳、孟连等地区对傣族传统建筑开展调查工作，并发表了一系列颇为详尽的研究报告，以富樫颖、高野惠子和谷内麻里子等学者为代表。1996年富樫颖的《从住居语意来看傣族住宅的传统空间结构》（住居語意からみたダイ族住居の伝統的空間構造）一文提出傣族住宅空间结构中存在着"内—外"的观念和秩序，并认为这与日本住宅中Uchi-Soto和Oku-Mae的空间秩序非常相似。高野惠子的《东南亚住居设计方法研究——以中国云南省傣泐族村落为中心》（東南アジアの住居設計方法に関わる研究——中国雲南省ダイ・ル-族を中心として）一文，通过详细测绘橄榄坝（勐罕镇）5村11栋住宅，访谈9位大木匠师，从匠作技艺、人体尺度、结构形制等方面研究了傣族住宅的形式、空间、结构体系和设计方法。谷内麻里子在《从傣泐族住宅的空间识别和行为中发现的空间概念》（ダイ・ル一族の住まいにおける空間認識と行動から見いだされる空間概念）和《从傣泐族的仪礼行为中发现的住宅空间秩序》（ダイ・ル一族の儀礼における人びとの行動から見いだされる住まいの空間的秩序）中讨论了空间观念如何在日常生活和非日常生活中展现，这是对傣族住宅空间秩序的深入研究。

日本学者对傣族住宅的研究多关注于空间秩序和匠作技艺两个方面，并注重与日本住宅相比较，研究成果较为细致深入，但忽视了对其结构体系和匠作风习的研究，以及将傣族建筑放在聚落环境层面的综合研究。

20世纪90年代初，朱良文先生的《中国南部的傣族建筑与风情》（*The Dai or the Tai and Their Architecture & Customs in South China*）❶一书首次从宗教信仰、生活习俗、风土景观等方面对村寨、佛寺、民居进行了系统性研究，基本勾勒出傣族风土建筑的全貌。

杨昌鸣教授在《东南亚与中国西南少数民族建筑文化探析》中比较了云南傣族与周边泰国、缅甸等国的佛教建筑，以建筑与中心轴线的关系为依据，在平面布局上将其归纳为四种类型，并讨论了傣族覆钟式、叠置式佛塔与泰国、缅甸、老挝等国佛塔的异同及其源流问题。张良皋先生在《匠学七说》中认为傣族建筑的营造方

---

❶ 此书于1992年在泰国曼谷出版并先行发售英文版，原计划"中国南部的傣族建筑与风情"为该书与英文版相对应的中文版书名。由于一些原因，该书在国内出版的计划最终被搁置，此信息为2018年8月5日笔者求教于朱良文教授时所知。

式是最为原初、古老的，"傣、爱尼❶、侗、壮和土家这五个民族的干栏具有代表性，其顺序基本代表中国干栏的发展顺序"，进而提出"干栏——平摆着的中国建筑史"的观点❷。蒋高宸先生在《云南民族住屋文化》中依据行政区划将傣族住宅分为西双版纳型、孟连型、瑞丽型、金平型四种类型，从空间组合、屋顶形式、承重构架、墙体、装饰等方面对其进行比较分析。张宏伟的《西双版纳傣族村寨形态中的方位体系》一文初步揭示了在西傣❸的方位观中，村寨空间形态与方位体系之间的关系。高芸的《中国云南的傣族民居》从平面功能、匠作技法、习俗仪式等方面对傣族住宅进行了较为全面的整理和专题研究。

（3）2000年至今的注重多学科交叉研究阶段

21世纪初，学者们开始注重多学科交叉的傣族建筑研究。同济大学王晓帆的博士论文《中国西南边境及相关地区南传上座部佛塔研究》从形制、类型、构成要素等方面系统梳理了中国西南、泰国、缅甸三个地区南传上座部佛塔的源流，该文是在杨昌鸣之后对东南亚佛塔研究的持续和深入。云南大学施红的博士论文《家屋的生命周期——云南勐腊傣族住居文化》采用人类学研究方法，以西双版纳傣族自治州勐腊县关累镇曼岗纳村为个案，通过对其居住环境和建造活动的实录，揭示了傣族如何将住宅视为"生命"及其"出生至死亡"全过程的文化现象。华南理工大学石拓的博士论文《中国南方干栏及其变迁研究》和重庆大学肖冠兰的博士论文《中国西南干栏建筑体系研究》都将傣族建筑视为南方干栏建筑的重要组成部分，研究了干栏的地域分布、历史演变和建筑特征等内容。

总体而言，国内学者对傣族传统建筑的研究多集中于空间形态、形式特征、功能布局、佛塔源流及其文化意涵等方面，而国外学者多关注其空间秩序、匠作技艺，以及与其他民族文化的比较。已有研究对傣族传统建筑的起源、发展和演变的讨论并不多，对傣族建筑文化与中原汉地建筑文化、域外古印度建筑文化之间的关联更是鲜有关注。

---

❶ 爱尼为哈尼族的一个支系。

❷ 张良皋.匠学七说[M].北京：中国建筑工业出版社，2002：237-241.

❸ "西傣"为西双版纳地区傣族的缩写，即傣泐人，其文化有别于德宏地区的傣族（傣那人）。

▎1.3　研究方法和几个基本问题 ▎

1.3.1　研究方法

傣族建筑作为中国西南和东南亚地区极为重要的风土建筑类型，还没有引起学界的足够重视。本研究借鉴文化人类学的视野，以建筑人类学、民族志、类型学相交叉的研究方法，在文献资料极度缺乏的民族地区传统建筑研究中将会起到重要作用。

（1）建筑人类学

建筑具有"作为制度、习俗、场景和身体感知对象的人类学属性"❶，建筑人类学注重将文化人类学的研究方法应用于建筑学领域，关注社会文化的内容，包括习俗活动、宗教信仰、等级制度、文化观念，以及人与社会的关系等各方面对建筑的影响和作用。

本研究强调傣族风土建筑在建成环境和生活场景中的意义与特征，从营造术语在相关仪式场景下的语义阐释出发，结合田野调查、口述史等一手材料，注重"主位"（emics）与"客位"（etics）相结合，以"我者/局内人"（insider）的视角进行主观阐释，以"他者/局外人"（outsider）的视角进行客观分析，发现并解析其建筑文化现象。

（2）民族志

民族志（ethnography）是人类学的一种基本研究方法，ethno指"一个民族""一群人"或"一个文化群体"，graphy指"绘图、画像"，ethnography直译为"给一个文化群体画像"。民族志通过描述一个民族或一个团体中人的生活方式，来理解和解释社会并提出理论见解，属于解释性研究方法。本研究借鉴并运用了民族志研究方法中的三条路径。

①田野调查。田野调查被认为是民族学、社会学、人类学等人文社会科学最基本的调研方法。笔者于2017年4~5月在西双版纳地区连续生活了一个多月，之后又多

---

❶ 常青.建筑学的人类学视野[J].建筑师，2008（6）：95.

次深入该地区补充调研，每次为期5~7天。通过访谈、观察、测绘、参与活动等方式，实录了傣族传统建筑的空间、类型、匠作等内容。在掌握了大量一手调研资料的基础上，结合人类学者对傣族传统建筑调查的丰硕成果，并将汉文、傣文古籍文献中的记载作为考证材料，尽可能得到较为客观的研究结论。

②重要文化报道人。每个社群都有一些人能够提供某些领域的有用信息，这些人被称为重要文化报道人（以下简称为"报道人"）。本研究主要有3位报道人：报道人A，从小入寺为僧，现为某寺院住持，在当地颇有声望，除母语为傣语以外，还熟练掌握汉语、泰语、缅甸语等多种语言文字，精通南传上座部佛教；报道人B，从小入本村寺院为僧，现为该寺院住持，对本村及周边区域的情况十分熟悉，与寨中长老、村民保持着颇为融洽的人际关系，为本研究获得当地人的支持和理解提供了许多帮助；报道人C，少年时曾入寺为僧，成年后还俗，现为某匠作团队成员，不仅具备傣族文化的基本素养，还掌握了傣族传统建筑的匠作技艺。笔者通过与这3位报道人长时间接触、交流和学习，获得了其在信仰、观念、匠作技艺等方面较为真实可靠的信息。

③以西双版纳传统傣文为研究基础。本研究以西双版纳传统傣文为研究基础，力图在傣族传统文化语境下研究其风土建筑，并逐步与傣文古籍文献建立关联。

传统傣文是西双版纳傣族传统文化传承的重要载体，也是傣-泰族群语言中创制时间较早的一种文字。目前，能够识读传统傣文的人越来越少，在各种主流软件及搜索引擎中均没有此种文字的字库和输入法。长此以往，该文字将濒临消亡，傣族传统建筑将难以在传统傣文的语境下得到正确解读。

历史上，传统傣文的教授和学习一直承袭于傣族寺院，目前除个别民族类院校（中央民族大学和云南民族大学）开设了此种语言课程外，只有西双版纳傣族寺院中的僧人仍坚持传授传统傣文。2017年4~5月调研期间，笔者向勐腊县两座寺院的3位僧人求教、学习传统傣文，初步掌握了该语言文字的发音、拼写和识读。之后，笔者自学并安装了传统傣文的输入程序和字库，能依据《傣汉词典》❶解读调查中所获

---

❶　本书中的傣文除特别说明外，均依据云南民族出版社于2014年出版，西双版纳傣族自治州少数民族研究所编撰的《傣汉词典》一书。

得的营造术语，并加以分析和整理。

（3）类型学

类型学是"一种分组归类方法的体系"，类型的各成分是用"假设的各个特别属性来识别的"，假设的属性是分类的重点，"这些属性彼此之间互相排斥而集合起来，却又包罗无遗"。类型学的价值"因在各种现象之间建立有限的关系而有助于论证和探索"❶。

类型学的关键在于依据假设属性所得到的类型要具有"排他性"和"概全性"。同时，类型学的还原步骤为"具体—抽象—具体"，可以用来解决当下传统建筑的存续问题，本研究主要关注"具体—抽象"阶段，从而归纳出多种建筑类型，这牵扯到数据来源的真实性和可靠性。

本书构成傣族风土建筑类型的数据主要有以下四个来源：①20世纪60—80年代，《云南民居》的调查测绘图；②20世纪60年代，云南历史研究所对景洪佛寺建筑的调研报告；③20世纪90年代，日本学者对西双版纳橄榄坝的曼乍和勐腊县曼龙住宅的调研成果；④笔者于2017—2019年在西双版纳傣族地区调研测绘的成果。本研究将数据整理、归纳、分析和总结，与记录有傣族传统建筑的历史文献相比较，得出类型学意义上的结果，并解析其建筑文化现象。

1.3.2　关于傣族建筑的几个基本问题

（1）傣族风土建筑谱系的基质构成

历史上，傣族传统聚落从选址到营建形成了一套较为完善的评价标准和营造模式，深入研究其运行机制，对于其今后的保护与再生有着重要的理论意义。

傣族传统建筑具有一套完善的匠作体系，在气候、制度、文化等方面的影响下产生了住宅、佛寺、土司贵族府邸等建筑，并形成多种类型。那么，傣族风土建筑的原型是什么？类型有哪些？其特征要素和基质构成如何？傣族传统匠作技艺是本土发生还是域外传入？受到域外文化影响有何变异？南传上座部佛教传入

---

❶ 引自《大英百科全书》"类型学"条目。

之前的傣族建筑为何？传入后经历了哪些发展阶段而演化至今日之态势？未来何去何从？傣族建筑文化与古滇、古越、古楚以及巴蜀等上古诸多建筑文化之间有着怎样的关联？

诚然，本研究不一定能解答所有这些问题，但只要持之以恒、前仆后继地努力，厘清这"一缕缕丝线"将成为可能。

（2）基于傣族文化的风土建筑认知

多年来，我们经常诟病国外学者研究中国传统建筑时，要么站在西方文化的基点和评价体系上，忽视中国传统文化的语境；要么以西方为中心，戴着一副"有色眼镜"来"审视"中国传统建筑。而当国内学者在研究汉族以外其他民族的建筑时，又何尝不是如此？大多数学者站在中原汉文化的基点上，以汉文化特有的价值观来评判和探讨其他民族建筑。

那么，如何站在某一民族的基点上发现、阐释，并较为客观地研究其建筑？从该民族语言入手或许是条可行的路径。例如，以往对傣族建成环境的认知仅仅局限于对"山、林、水、寨、田"体系的客观描述，而这个体系在不同环境下是如何确立，如何生成，如何运行的呢？如果以语言为研究基础，就有可能从傣族人的观念出发解析傣族风土聚落形制、建筑类型和匠作风习等各方面问题，从而得出较为全面的结论。

因此，如何站在傣族文化的基点上较为全面而深入地审视傣族风土建筑，是本研究面对的第二个基本问题。

（3）傣-泰族群风土建筑的跨境关联

陶云逵和马长寿两位著名学者都将云南视为藏传佛教和南传上座部佛教传播造成的"中印两大文明的接触线"，即"中印两文化的边区"（cultural marginal area）❶。陶云逵将一般意义上的中原—边陲关系（即通常所谓的汉化）拆解为建政（"中原化"）、同化（汉族与非汉族的相互涵化）以及分属不同语族的非汉族群之间的转化

---

❶　陶云逵. 陶云逵民族研究文集[M]. 北京：民族出版社，2011：96.

等不同的族群关系❶。并指出，云南最宏观的文明化进程（即宗教文明的分殊）和包含不同机制的汉化进程的交错，使云南内部的亚区没有沿着宗教边界分开，而是在汉化明显的滇北和不充分宗教化的滇西、滇西南和滇南之间留下了大量的"中性地带或中性层，此即为原有的土人文化"，即"前中印文化层"（PreSino-Indic culture stratum）❷的特点。云南的特殊性在于此中性地带的构成与演变。

傣-泰族群在东南亚地区人数众多，其文化在古印度南传上座部佛教文化与中原汉文化的交错影响下形成，并留存了上古时期中国南方原初文化的诸多特点，即陶云逵所称的"前中印文化层"，至今已演化成一种跨地域、国界的文化（图1-1）。

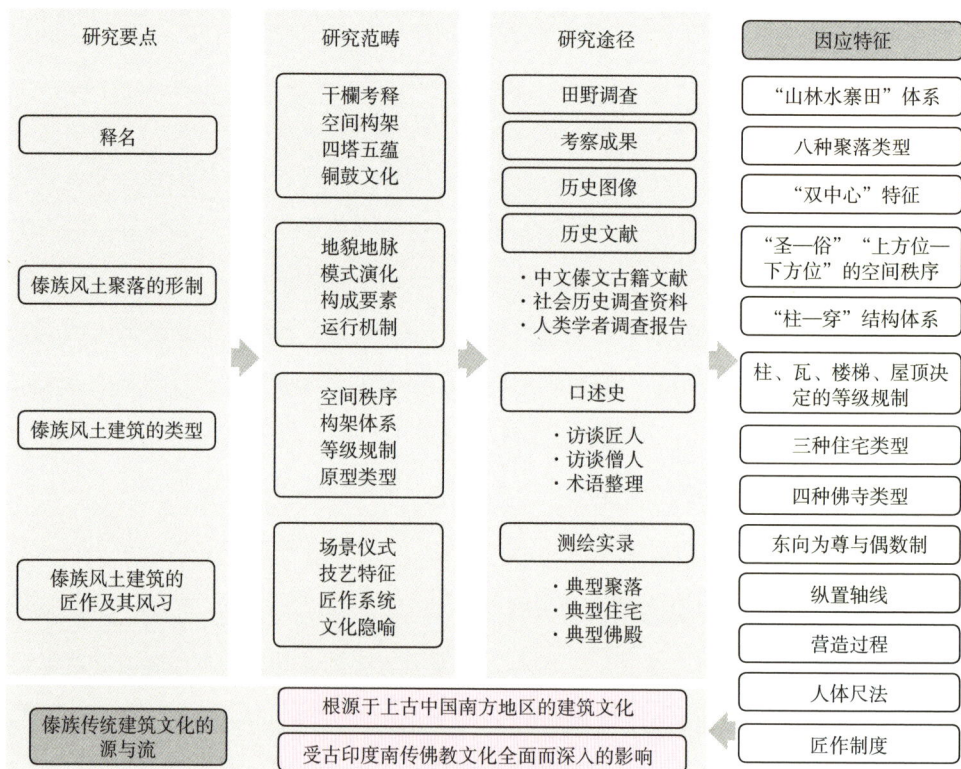

图1-1　傣族风土聚落与建筑因应特征及其文化探源研究框图

---

❶ 陶云逵.陶云逵民族研究文集[M].北京：民族出版社，2011：97-98.

❷ 陶云逵.陶云逵民族研究文集[M].北京：民族出版社，2011：100.

中国传统建筑在吸收诸民族精英文化的基础上，演化成多元一体的风土建筑系谱，傣族风土建筑是此系谱中的重要组成。那么，傣族风土建筑究竟在这个谱系中占据什么样的地位？能否作为中国西南地区建筑的重要代表？这是本书所探究的根本问题。

第2章

释名

东汉刘熙《释名》谓"名号雅俗，各方名殊""名之于实，各有义类""论叙指归，谓之'释名'"❶。学者论一物，必先释其名，谓为"名正而言顺"。中国现存最古老的营造法典《营造法式》由"点释、营造制度、工限、工料"四大部分内容组成❷，第一部分"点释"考释了营造术语和构件名称等各类物名。

中国各民族文化的精华共同孕育了中华传统文化的灿烂和瑰丽。与此同时，各民族还保有各自的文化特质，欲解其物，应先释其名，只是此"释名"应基于各民族的文化语境，方可作出较为全面的认知。

傣族建筑文化亦然，本研究以"释名"为开篇，在傣语语境下，考释与营造相关的几个重要词群，从而勾勒出傣族世代相传的营造观念。同时，将民族志、傣-汉古籍文献及考古成果与其比较，有限度地向历史维度延伸。这几个词群分别是"栏""间""架""塔"，并将傣族传统建筑置于铜鼓文化语境下，讨论其源流。

‖2.1 释栏（栏）‖

2.1.1 "干栏"的变迁

（1）"棟""欒""檻"与"栏""闌"之辨析

"干栏"一词在古籍中多作干闌、干蘭、干栏或杆栏。汉许慎编撰的《说文解字》中并没有对"栏"字的专门解释，只有在"欒"下提到这个字，曰"欒，木似栏，从木，䜌声。《礼》：天子树松，诸侯柏，大夫欒，士杨"❸，"栏"在汉以前多与欒树相通，是礼制中大夫等级应种植的树木；而"蘭，香草也"，显然"蘭"与"栏"的本义相去甚远。《周礼·考工记》中有"帗氏湅帛，以栏为灰"❹；《大

---

❶ 刘熙. 释名[M]. 北京：中华书局，2016：序1.

❷ 李诫. 营造法式（一）[M]. 上海：商务印书馆，1933：序目41.

❸ 许慎. 说文解字[M]. 北京：中华书局，1963：117.

❹ 杨天宇. 周礼译注[M]. 上海：上海古籍出版社，2004：643.

广益会玉篇》有"欄，木欄也"，北宋《广韵》廿五寒欄下云："欄，木名"❶，"欄"为一种木。

清《说文解字注》增补了《说文解字》中没有单列的"欄"字，"欄，欄木也"，并在其下注曰："各木篆作棟……从古字古音也。欄俗作棟，乃用欄为闌、檻俗字。欄实曰金铃子，可用浣衣"❷。段氏认为"欄"在古代本为一种木名，古通"棟"，其果实名为"金铃子"，可用来洗衣，后来用其指代"闌"或"檻"。欄与棟通用，且二字形似，棟树是一种广布于南方热带和亚热带平原丘陵地带的树种，可制成木材用来建屋。然而，欄、棟两音毕竟不同，如果欄只是棟的通假字，为何"干欄"从未出现过写作"干棟"的情况，说明欄有着棟不可替代的意义。

《说文解字》中虽然没有"欄"的解释，但有"闌"的，"闌，门遮也"❸，并且涉及"闌"的有五个字，分别是"閑""枅""櫨""横""楯"。"閑，闌也，从门，中有木"；"枅，闌足也"；"櫨，枅也"，指"櫨"乃古代木构建筑的柱础，初为木质，因此也可以理解为"櫨，闌足也"；"横，闌木也"，意为"闌"由横木组成；"楯，闌檻也"，"檻，櫳也，一曰圈"，指"檻"意为圈围、围拢出一空间，"楯"当为围拢起来的"闌"❹。可见，"闌"与营造的关联性极大。

宋《营造法式》中，包含"闌"的建筑构件有8种之多："钩闌（又名闌楯）""闌檻钩窗""压闌石""压闌砖""束闌方""闌额""闌头木""曲闌槫脊"。铺装类构件"压闌石""压闌砖"、围护类构件"钩闌""闌檻钩窗"、梁架类构件"束闌方""闌额""闌头木"和"曲闌槫脊"，在空间上共同组成了建筑与外部环境之间的一道意象中的屏障。卷十四"丹粉刷饰屋舍"条有"面上用土朱通刷，下棱用白粉闌界缘道"，意为下棱用白粉勾勒出缘道的边界，说明闌有"边"的意义；又有"其八白两头近柱，更不用朱闌断，谓之入'柱白'"，此处"闌"又有"阻隔"之意。卷十五"铺地面"条有"其阶龈压闌，用石或亦用砖"，此时"闌"指贯通台阶边缘，砖或石

❶ 中华书局.四部备要（第一四册）[M].北京：中华书局，1989：50-120.

❷ 许慎.说文解字注[M].段玉裁，注.上海：上海古籍出版社，1981：246.

❸ 许慎.说文解字[M].北京：中华书局，1963：248.

❹ 许慎.说文解字[M].北京：中华书局，1963：121-248.

制的边界❶。

在古代营造术语中，包括"阑"字的建筑构件贯通于整个建筑外边界，起到遮挡、标示边界和横向分隔的作用。

综上所述，"栏"在上古时与"欒""棟"相通，为木名；中古时可指代"阑"和"槛"。《说文解字》中并无单独著录，说明在汉代以前"栏"字并不十分重要；宋《营造法式》中没有出现"栏"字，说明"栏"有可能不来源于中原汉文化的营造观念。"栏"与"阑""槛"的通用，说明"栏"有遮挡视线、围拢、与外部相隔、标示边界的意义。

（2）考古发现中的"栏"

中国西南的考古成果发现一些关于干栏的器物和图像。四川出土的青铜錞于上有表达住宅的象形文字且与"朿"字形似（图2-1），徐中舒先生认为该字："象两树并生地上之形，干栏作𝚼，象依树构屋以居之形"❷。如果将两侧的树与"朿"字的木相对，剩下的图形则与朿字减去木所剩余的部分极为相近，中间的一点可能表达的是祭祀对象，傣族古籍中称为"沙罗反"（猎神沙罗的头颅），为西南一些民族在20世纪中叶仍然存在的一种猎头祭祀仪式。因此，这说明"栏"字可能是以[lan²]为音，"朿"为主形表意而造的字。

同时，这与以云南文山开化铜鼓和越南玉缕铜鼓为代表的"黑格尔Ⅰ型"铜鼓上的建筑图案极为相似，底层架空，屋面用茅草覆盖，内部正在举行以铜鼓为主题的祭祀活动（图2-2）。

出土于云南省昆明市滇池东南岸晋宁石寨山，断代为西汉时期的古滇国青铜房屋模型更直接地说明了这一点。房屋底层架空，屋顶由茅草和原木覆盖，用横木叠置成井干壁，壁中有窗，内置一头颅，二层木制平台上有人敲击铜鼓、献牲，一群人向"头颅"行跪拜之礼，似在举行某种祭祀活动（图2-3~图2-5）。

❶ 李诚. 营造法式[M]. 上海：商务印书馆，1933：88-89.

❷ 徐中舒. 巴蜀文化初论[J]. 四川大学学报：社会科学版，1959（2）：21-44.

图2-1　四川出土青铜錞于上的象形
文字❶

图2-2　上古时期青铜器上镂刻的"干栏"建筑图形❷

（3）从"干蘭""于闐""干闌"到"干栏"

目前，可考最早记述"干栏"的汉文古籍是成书于北齐的《魏书》，獠人"依树积木以居其上，名曰'干蘭'，干蘭大小，随其家口之数"❸，这里的"蘭"不作"香草"之意，"名曰干蘭"说明"干蘭"可能是当时獠人对住宅的称呼。

比《魏书》成书晚一百余年的《北史》亦有獠人"依树积木以居其上，名曰干闌，干闌大小，随其家口之数"❹，与《魏书》几乎完全一致，只是将"干蘭"写作"干闌"，可能两书所摘抄的古籍来源于一处，更有可能是《北史》直接转录于《魏书》，认为"蘭"字不合其义，遂改为"闌"。此后，汉文古籍在描述獠人住宅时多转录此句。古代有用"蘭"为"闌"注音的习惯，《汉书》越巂郡"闌卑水……闌，师古曰，音蘭"❺，说明《魏书》的"蘭"和《北史》的"闌"，在编撰者理解中可能是表"Lan"这个音。

---

❶ 图片来源：《巴蜀文化初论》。

❷ 图片来源：《文山铜鼓》。

❸ 魏收. 魏书[M]. 北京：中华书局，1974：2248–2249.

❹ 李延寿. 北史[M]. 北京：中华书局，1974：3154.

❺ 班固. 汉书[M]. 北京：中华书局，1962：1600.

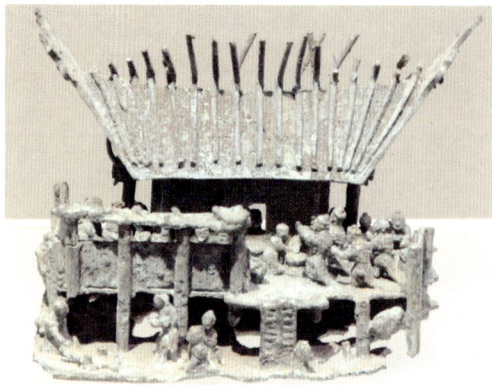

图2-3 房屋中部窗框内有一头颅

图2-4 祭祀活动场景

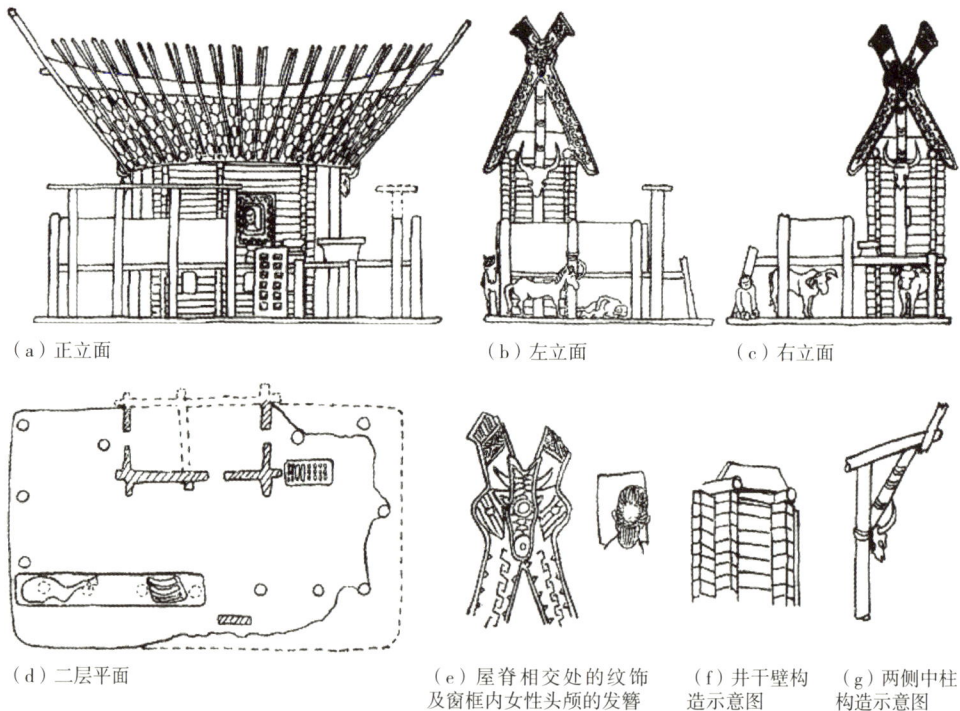

（a）正立面

（b）左立面

（c）右立面

（d）二层平面

（e）屋脊相交处的纹饰
及窗框内女性头颅的发簪

（f）井干壁构
造示意图

（g）两侧中柱
构造示意图

图2-5 西汉滇文化青铜房屋模型中的祭祀活动与"干栏"建筑❶

---

❶ 出土地点：云南省昆明市晋宁石寨山M3:64；图片来源：《石寨山三件人物屋宇雕像考释》。

唐代《通典》描述獠人住宅的字句亦摘抄于《魏书》《北史》，只是将"蘭"写作"欄"，这是目前发现最早的写作"干欄"一词的古籍，从最早的"蘭"到"闌"，再到通用的"欄"字。《太平寰宇记》《文献通考》对獠人住宅的描述与《通典》完全相同，也用了"干欄"一词。而《通典》述及南平蛮住宅"人并楼居，登梯而上，号为'干欄'"，与上述的獠人住宅有很大不同。之后的《旧唐书》《唐会要》《太平寰宇记》、《新唐书》和《通志》对南平蛮（南平獠）住宅的描述，与《通典》完全一致，并且均用"干欄"一词。

宋代出现"阁欄"一词，有可能是"干欄"的异写。宋代乐史《太平寰宇记》岭南道窦州风俗有"悉以高欄为居，号曰'干欄'"，其地"古越地……有獠人……贞观二年獠平"，同卷亦有"昭州风俗与窦州风俗同"❶；同书山南西道渝州风俗有"大凡蜀人风俗一同，然边蛮界乡村有獠户，即异也。今渝之山谷中有狼猱乡，俗构屋高树，谓之阁欄"❷；同书剑南东道昌州风俗"有夏风，有獠风，悉住业菁，悬虚构屋，号'阁闌'"❸。

该书中，被称为"~欄"或"~闌"的房屋均分布于宋代以前獠人聚居的区域，岭南道的窦州（今广东省西部与广西壮族自治区交界的信宜市一带）和昭州（今广西壮族自治区与湖南省交界的恭城瑶族自治县一带）称屋"号曰干欄"，山南西道的渝州（今重庆市域范围）称屋"谓之阁欄"，而剑南东道的昌州（今重庆市西部与四川省交界的大足区一带）称屋"号阁闌"，三个地方用了"干欄""阁欄""阁闌"三种对于屋的表述方式，靠近巴地多使用"闌"字。"干""阁"音相近，可能是两字相通，也有可能为了表达地域的差异，用"干""阁"区分。

通过梳理汉文古籍不难发现，"干欄"很可能是中原地区汉文化对于古代獠人"屋"发音Ganlan的音译（表2-1）。

---

❶ 乐史.太平寰宇记[M].北京：中华书局，2007：3120.

❷ 乐史.太平寰宇记[M].北京：中华书局，2007：2660.

❸ 乐史.太平寰宇记[M].北京：中华书局，2007：1747.

表2-1 汉文古籍中对中国西南地区"干栏"建筑的相关描述

文献出处	中国西南地区	
	獠	南平蛮（南平獠）
《魏书》	依树积木以居其上，名曰干蘭，干蘭大小，随其家口之数（卷114）	—
《北史》	……干蘭，干蘭……（卷95）	—
《通典》	……干栏，干栏……（卷187）	人并楼居，登梯而上，号为干栏（卷187）
《旧唐书》	—	同《通典》（卷197）
《唐会要》	—	同《通典》（卷99）
《太平寰宇记》	同《通典》（卷178）	同《通典》（卷178）
《新唐书》	—	人楼居，梯而上，名为干栏（卷222）
《通志》	—	同《新唐书》（卷197）
《文献通考》	同《通典》（卷328）	

（4）从獠人到南平蛮（南平獠）"干栏"特征变迁："依树积木"与"人并楼居"

凡是描述獠人住宅的汉文古籍，都有"依树积木""居其上""大小随家口之数"三个特征；而在描述南平蛮或南平獠的住宅时，则有"人并""楼居""登梯上"等与獠人住宅不同的特征。将二者比较后不难发现如下信息。

首先，獠人依傍大树来搭建的房屋在中原汉文化看来还不能被称为"楼"，其营造技术较为原始。唐代樊绰的《蛮书》中，裸形蛮"为巢穴，谓之为野蛮""作揭栏舍屋""尽日持弓，不下揭栏"[1]。《说文解字》曰"揭，刮也"[2]，这里的"揭"不可能为本义，"揭栏"应是屋的译音。樊绰随军亲自到过云南，接触过当地土著人，在其眼中，裸形蛮建造的"巢穴"与獠人的"依树积木"相差无几。

其次，獠人还没有出现专供上下楼层所用的"梯"。无论在汉族还是一些少数民族中，"梯"都是重要的文化标志，有着特殊的象征意义。例如，中原古礼有东西两阶之制，主人自东阶、宾客自西阶升堂；傣族在制作"梯"时有很多讲究，上新房时"楼梯"的安置被认为是重要环节，使用过程中也有许多禁忌，如果客人违反则

---

[1] 樊绰. 蛮书校注[M]. 北京：中华书局，1962：99.

[2] 许慎. 说文解字[M]. 北京：中华书局，1963：253.

会被视为失礼。因此，从"登梯而上"可以看出南平蛮（南平獠）在建筑文化方面较獠人有所发展。

最后，"干栏大小随家口之数"说明獠人以血缘为纽带的原始氏族族群，居住的干栏很可能类似于20世纪80年代中国西南地区仍存在的"长屋"。南平蛮（南平獠）的"人并楼居"说明干栏的规模不以"家口之数"来决定，家庭人口增多后分出另一干栏居住，很可能是以小家庭为单位，组成了类似村寨规模的血亲氏族族群。

可见，无论在匠作技艺、居住制度，还是文化象征上，南平蛮（南平獠）比獠人的房屋有了一定程度的发展，但仍沿用"干栏"一词。

2.1.2　傣-泰族群语言中"屋"与"栏"比较

（1）中国域外中南半岛的"于阑""干阑""干栏"

目前，可查到中国域外最早出现发音与Ganlan一词相关的汉文古籍是《梁书》中的"于阑"。林邑国（今越南境内）"其国俗：居处为阁，名曰于阑，门户皆北向"，且"自林邑、扶南以南诸国皆然"❶。南北朝时期，中南半岛地区广泛分布着被称为"于阑"的房屋，"名曰于阑"说明这很可能也是中原汉文化对当地人"屋"发音的音译，以往学者多认为此处的"于阑"乃是"干阑"的误写，但笔者认为还有另一种可能。

米利亚姆·克林顿多德（Milliam Chifton Dodd）在20世纪初对傣-泰族群调研时发现，越南东京的白泰（Tai To）、中国云南的傣那（Tai Nam）和云南广南府的空雅（Kon Yai），以及泰国的暹（Siamese），对于"屋"的发音都为"Rüen"❷，这与"于阑"二字合起来的发音极为相近，"Rüen"音分布的区域也与《梁书》中"于阑"的分布区域大体一致。因此，另一种可能是：当时《梁书》引用的更古老文献中记录的林邑国，对于屋的发音"于阑"是今天居住于泰国、越南、中国云南的几个傣-泰族群支系祖先对于屋发音"Rüen"的音译。

之后的典籍对于林邑国、扶南以南一带的住宅风俗大多摘抄或转录于《梁书》。

---

❶ 姚察，姚思廉.梁书[M].北京：中华书局，1973：785.

❷ DODD WC.The Tai Race. Elder Brother of the Chinese. Results of Experience，Exploration and Research[M]. Cedar Rapids，Iowa：The Torch Press，1923：XVI-XVII.

《南史》林邑国"国俗：居处为阁，名曰干阑，门户皆北向"❶，将《梁书》中的"于阑"改为"干阑"。《通典》沿用了"干阑"一词描述林邑国住宅，可能是为了与同书中描述獠和南平蛮（南平獠）住宅的"干栏"有所区别。同时，将"门户皆北向"改为了"皆开北户以向日，或东西无定"，此处应为猜测。

《旧唐书》沿用了《通典》对于獠人、南平蛮的"干栏"一词，但是用在了陀洹国"俗皆楼居，谓之干栏"❷，取消了"门户皆北向"部分。之后的古籍在描述陀洹国（耨陀洹国或僔陀洹国）的"干栏"时与《旧唐书》完全一致（表2-2）。

表2-2　汉文古籍中对域外中南半岛"干栏"建筑的相关描述

文献出处	中国域外"干栏"建筑的相关描述
《梁书》	林邑国，"其国俗：居处为阁，名曰于阑，门户皆北向"（卷54）
《南史》	林邑国，"……干阑……"（卷78）
《通典》	林邑，"居处为阁，名曰干阑，皆开北户以向日，或东西无定"（卷188）（注：同书描述"獠"和"南平蛮"的房屋时都用"干栏"一词）
《旧唐书》	陀洹国，"俗皆楼居，谓之干栏"（卷147）
《唐会要》	耨陀洹国，同《旧唐书》（卷99）
《太平寰宇记》	僔陀洹国，同《旧唐书》（卷177）
《新唐书》	陀洹国，"俗喜楼居，谓为干栏"（卷222下）

这些典籍的编撰者应该没有到过实地，认为中国域外中南半岛对住宅的发音与中国西南地区獠、南平蛮（南平獠）的发音一样或相近，从《旧唐书》开始直至清末，描述中国域外中南半岛底层架空的房屋时多用"干栏"一词。

（2）"屋"与"栏"的发音比较

曾在泰国、缅甸、老挝和中国傣族地区生活了三十余年的多德，在其1923年出

❶ 李延寿. 南史[M]. 北京：中华书局，1975：1949.

❷ 刘昫，等. 旧唐书[M]. 北京：中华书局，1975：5272.

版的《泰人》(*The Tai Race*)中记录了傣-泰族群十三个支系❶对于人体和生活领域相关词汇的发音，其中"屋"的发音有四种，分别是Lün、Rüen、Hün、Hüen。

发"Lün"音的傣-泰族群支系有两个，分别是云南的"普傣（Pu Tai）"和云南广南县的"傣尤（Tai Yoi）"，这个音与"栏"音最为接近；发"Rüen"音的支系有四个，分别是云南的"傣那（Tai Nam/Water Tai）"和云南广南府的"空雅（Kon Yai）"，还有越南的"白泰（Tai To）"和泰国的"暹族（Siamese）"；发Hün音的支系有六个之多，分别是云南的"傣努（Tai Nüa）"和"傣泐（Tai Lai）"，广西的"土坚（To-jen）"，扬子江流域的"晨傣（Chin Tai）"，还有越南的"黑泰（Tai Dam）"和缅甸的"掸族（Western Shan/ Ngio）；Hüen与Hün的发音极为相近，只是增加了后舌音，主要分布于老挝，包括Kün和Lü的"佬族（Laos/Yün）"。

可见，傣-泰族群对于屋的发音可归为三大类，即Lün类、Rüen类、Hün-Hüen类，这几类发音在云南的傣族地区都存在。从Lün到Rüen，再到Hün、Hüen，声母L、R、H的发音部位从舌尖移至舌中再至舌根，而舌与口腔上部的接触部位从上颚齿龈部位接触（发L音），到上颚齿龈后部的闪音（颤音）接触（发R音），再到不接触的生门部位发音（发H音），这是方言差异所致。特别值得注意的是，发Lün音的只在云南地区出现。

这几类发音的韵母ün与"栏"的韵母发音极为相近。笔者在学习了西双版纳传统傣语发音后认识到，ün这个舌根部发音（后舌音）在现代国际音标中被标识为[ɤn]，而在汉语中没有发[ɤn]音的字，与其最为相近的汉语韵母音为an或en，"栏"的韵母an与ün的发音最为接近（表2-3）。

---

❶ 多德当时对"Tai"傣-泰族群划分了十三个支系，本书按照国内和国外的习惯将云南省的Tai翻译成"傣"，泰国、缅甸、老挝和越南的"Tai"翻译成"泰"。然而，这十三个支系无法与今日东南亚各国和国内的傣-泰族群完全对应，其中有七个支系与今天的民族能够对应：国内的傣那（Tai Nam）、傣泐（Tai Lai），泰国的暹族（Siamese），缅甸的掸族（Shan），老挝的佬族（Laos），越南的白泰（Tai To）和黑泰/泰担（Tai Dam）；另外无法对照的六个支系笔者在本书中均用汉语音译了多德对其的称呼，并且都分布于国内，括号中的是原文英语称呼。

表2-3 傣-泰语"屋"的发音 ❶

发音	中国西南				其他国家地区	
	云南（Yüannan）		广西（Kwangsi）	扬子江流域（Yangtze）	越南（Viet Nam）	泰国（Thailand）、缅甸（Burma）、老挝（Laos）
Lün	普傣（Pu Tai）	傣尤（Tai Yoi，广南府）	—	—	—	—
Rüen	傣那（Tai Nam/Water Tai）	空雅（Kon Yai，广南府）	—	—	白泰（Tai To，东京）	暹族（Siamese，泰国）
Hün	傣努（Tai Nüa，芒）	傣泐（Tai Lai）	土坚（To-jen，广西南宁府）	晨傣（Chin Tai）	黑泰（Tai Dam，东京）	掸族（Western Shan/Ngio，缅甸）
Hüen	—	—	—	—	—	佬族（Laos/Yün including Kün and Lü，老挝）

　　这说明"栏"[lan²]与Lün的发音基本一致，而Rüen、Hün及Hüen则是不同地域傣-泰族群支系发音差异所致。有可能在历史上经历了音转，从最初的Lün转到Rüen，再到Hün、Hüen。

　　在实际调研中，西双版纳傣语"屋"发音的国际音标是[rɤn⁴]，而[r]是介于r和h之间的后舌浊辅音，也就是说，此发音介于Rüen与Hüen之间，这与多德所说的"傣泐（Tai Lai，西双版纳地区傣族的自称）"等六个支系的发音Hün十分接近，只是标注方式不同而已。在傣语中，"屋"[rɤn⁴]与"宫"[hɒ¹]所指称的范围很清晰，"屋"一般指人们在物质世界居住的实体及空间，如家庭、瓦房、楼房、住宅、草房、矮脚房等词，均以[rɤn⁴]为类名。而"宫"多为傣王、王族和当地宗教中所信奉的神灵居住的最高等级建成环境，如王宫、金殿、佛龛等词均以[hɒ¹]为类名，该词很可能来源于巴利语（随南传上座部佛教一同传入）。同时，"放置于寨神树、勐神树、寨

❶ 该表根据多德所著的《The Tai Race》一书中的傣-泰语词汇比较（Comparative Tai Vocabulary）相关内容改制。

神林、勐神林中诸神灵之前，摆放祭品所用的大石台、贡台，其类名也是宫[hɒ¹]"❶。这说明Hün[rɤn⁴]这个音很可能来源更早，至少在南传上座部佛教传入傣族地区（7世纪左右）之前就应该存在了。

通过对于傣-泰族群各支系关于"屋"发音的分析和比较，说明了"欄"很有可能是上古中原汉文化对Lün、Rüen、Hün、Hüen的音译。同时棟木又与这些民族的营造用材相同或相近，从而在汉文古籍中借用"欄"来特指这种明显与中原地区营造方式不同，看上去相对较为原始和简陋的房屋。

（3）"干欄"与"干漫"

《说文解字》有"干，犯也，从反入，从一"；又有"榦，筑墙端木也，臣玄等曰，今别作幹"❷,《营造法式》称其"今谓之墙师"❸，在甲骨文中"干"的象形，是象叉子一类的猎具、武器。

从上文獠人的"依树积木"来看"干"字，中间的一竖很可能表示"积木"所依靠的"树"，后成为房屋两侧的"中柱"（承脊柱），两横表示水平方向人工搭建的构架；加之"干"可能与獠人对住宅发音的前半部分相近，遂用"干"会意，与"欄"一同拟声，表达獠人"屋"的概念。所依之"树"与西南众多民族在今天仍然盛行的中柱崇拜似乎有着很深的渊源。

《梁书》林邑国国俗中，紧接着"干欄"习俗之后就有对其百姓所穿衣裙的描述，"男女皆以横幅吉贝绕腰以下，谓之干漫，亦曰都缦"；扶南国，"寻始令国内男子着横幅，横幅，今干漫也"❹。之后的《南史》《通典》《太平寰宇记》《通志》等古籍中都有相似的字句，除林邑国外，扶南、狼牙修等国国俗中亦有"干漫"的描述。谓之"干漫"说明这很可能是当地人以"吉贝"（布）制成"衣裙"发音的音译。

衣服（干漫）和房屋（干欄）都用"干"作为第一个字，这很可能是由于"干"

---

❶ 采访自勐腊县曼岭佛寺住持都糯叫。"勐"是傣语"一片土地"的音译，古代的西双版纳由十几个勐组成，每个"勐"由若干个"隆、播或火西"组成，每个"隆、播或火西"又由若干个"曼（村）"组成。

❷ 许慎. 说文解字[M]. 北京：中华书局，1963：50–120.

❸ 李诫. 营造法式（一）[M]. 上海：商务印书馆，1933：11.

❹ 姚察，姚思廉. 梁书[M]. 北京：中华书局，1973：785–789.

为一虚字，真正有实际意义的是后一个字"漫""栏"。

2.1.3 汉文古籍中"干栏"特征

既然傣族对"屋"的发音与汉语"干栏"的发音相近，那么有必要梳理汉文古籍中对于"干栏"的相关描述。

（1）汉文古籍中中南半岛地区的木构房屋特征

汉文古籍中记述，在中国域外的中南半岛，傣-泰族群主要聚居于扶南、林邑、暹罗、真腊等地区，即今天的老挝、越南、泰国、柬埔寨、缅甸等国家（表2-4）。

梁以前的扶南国"海边生大箬叶，长八九尺，编其叶以覆屋"，说明当时很可能用竹篾条将2～3米长的大箬竹叶夹在中间编织后作为屋面材料。宋代以前新拖国"覆以棕榈皮"，淳泥国的王宫"覆以贝多叶"，贝多叶是傣族制作经文所用的"纸张"，而平民的住宅"覆以草"，说明使用贝多叶还是芽草作为屋面材料是由等级制度决定的。20世纪中叶以前，只有傣族佛寺、贵族土司府邸才能使用瓦屋面，平民的住宅只能用草排覆盖屋面，傣族是否曾经使用过贝多叶作为重要建筑的屋面材料还需另作考证。

唐代以前的真腊国，"其国俗东向开户，国以东为上……以右手为净，左手为秽"，在建筑的东立面上设置大门，"面东为尊、右主左宾"，这与中原汉文化"南向为尊、左主右宾"的方位观差异很大，但与傣族的方位观一致，后文详述。

明确记载为"东向开户"的地区还有投和国和多篾国，而林邑国在《北史》和《隋书》中称其"东向户"，在《梁书》和《南史》中均称其"门户皆北向"，之后的汉文古籍多与《梁书》一致，可能认为林邑在北回归线以南，5月的太阳在建筑的北面出现，按照中原习惯，"开北户以向日"更可靠些，应为推测。

明代以前的暹罗国"民庶房屋如楼，上用桄榔木硬木劈如竹片密铺，用藤扎缚其坚，上铺藤席竹簟，坐卧食处皆在其上"，指将桄榔木劈成类似于竹片的条状物，密铺于一层的屋架之上，用藤将木片与屋架绑扎，在木片上铺藤席或竹席，日常生活及仪式活动都在席上举行，这与傣族地区的楼面做法极为相近。

明代记录的暹罗国"土夷乃散处水棚板阁""沿溪楼阁群居""荫以荇草，无陶瓦也"，说明当地土著人沿河流聚居，屋面多以茭草搭盖，不用瓦。这与傣族喜居水边、临水而聚的聚落选址观念相近。

表2-4　汉文古籍中对中南半岛各地区住宅的相关描述

历史地名 （今日地区）	内容	文献出处
扶南 （今柬埔寨、老挝南部、泰国东南部）	王常楼居……今其国人居不穿井，数十家共一池引汲之	唐，《梁书》卷54
	伐木起屋，国王居重阁，以木栅为城。海边生大箬叶，长八九尺，编其叶以覆屋。人民亦为阁居	梁，《南齐书》卷58
暹罗 （今泰国）	王居屋颇华丽整洁。民庶房屋如楼，上用横榔木硬木劈如竹片密铺，用藤扎缚甚坚，上铺藤席竹簟，坐卧食处皆在其上	明，《西洋番国志》
	土夷乃散处水棚板阁，蓋以茭草，无陶瓦也	明，《海语》
	城郭轩豁，沿溪楼阁群居	清，《海国闻见录》
林邑国 （今越南南部）	以砖为城，蜃灰涂之，东向户	唐，《北史》卷95；《隋书》
	其国俗，居处为阁，名曰干阑，门户皆北向	唐，《梁书》卷54；《南史》
	其俗皆开北户以向日，至于居止，或东西无定	唐，《晋书》
	时五月立表，日在表北，影在表南九寸一分，自影之南，故开北户以向日，此大较也	唐，《通典》
真腊国 （今柬埔寨）	国王……居伊奢那城，郭下二万余家。城中有一大堂，是王听政之所。总大城三十，城有数千家……其王三日一听朝，坐五香七宝床，上施宝帐，其帐以文木为竿，象牙、金钿为壁，状如小屋，悬金光焰，有同于赤土……居处器物颇类赤土。以右手为净，左手为秽。每旦澡洗，以杨枝净齿，读诵经咒。又澡洒乃食，食罢还用杨枝净齿，又读经咒……男婚礼毕，即与父母分财别居。父母死，小儿未婚者，以余财与之。若婚毕，财物入官	唐，《隋书》卷82；《北史》
	其俗东向开户，以东为上	后晋，《旧唐书》卷197
赤土国 （今马来半岛）	王宫诸屋，悉是重阁，北户。北面而坐三重之榻……王榻后作一木龛，以金银五香木杂钿之，龛后悬一金光焰；夹榻又树二金镜，镜前并陈金瓮，瓮前各有金香炉；当前置一金伏牛，前树一宝盖，左右皆有宝扇。婆罗门等数百人，东西重行，相向而坐……豪富之室，恣意华靡，唯金锁非王赐不得服用……既娶，即分财别居，唯少子与父居	唐，《北史》卷95；《隋书》

续表

历史地名 （今日地区）	内容	文献出处
满剌加 （今马来西亚 马六甲）	房室如楼阁之制，上不铺板，但高四尺许之际，以椰子树劈成片条，稀布于上，用藤缚定，如羊棚样，自有层次，连床就榻，盘膝而坐，饮炊厨灶皆在其上	明，《瀛涯胜览》
宾瞳龙 （今越南南部）	以葵盖屋，木作栅护	宋，《诸蕃志》
哥罗国	其理城叠石为之，城有楼阙，门有禁卫，宫室覆之以草	宋，《太平寰宇记》
毗骞国	国俗，有室屋、衣服，啖粳米……王常楼居，不血食，不事鬼神	宋，《太平寰宇记》
盘盘国 （今泰国南部、马来半岛）	百姓多缘水而居。国无城，皆竖木为栅	宋，《太平寰宇记》
狼牙修国 （今马来半岛）	其国累砖为城，有重门楼阁	宋，《太平寰宇记》
投和国	覆屋以瓦，并为阁而居，壁皆彩画之。城内皆王宫室，城外人居可万余家。……其屋以草覆之。王所坐塔，圆如佛塔，金饰之，门皆东开，坐亦东向	宋，《太平寰宇记》
褥陀洹国	皆楼居，谓之"干栏"	宋，《太平寰宇记》
诃陵国 （今印尼爪哇岛）	竖木为城，作大屋重阁，以棕榈皮覆之。王坐其中，悉用象牙为床	后晋，《旧唐书》卷197
爪哇国 （今印尼爪哇岛）	其王所居之处，以砖为墙，高三丈余，周围二百余步，其内设重门甚整洁，房屋如楼起造，高每三四丈余，即布板，铺细藤簟，或花草席，人于其上盘膝而坐。屋上用硬木板为瓦，破缝而盖。国人住屋以茅草盖之，家家俱以砖砌三四尺土库，藏贮家私什物，居止坐卧于其上	明《瀛涯胜览》
	民居环接，编茭樟叶覆屋	明，《星槎胜览》
新拖国 （今印尼爪哇岛）	有港……两岸皆民居，亦务耕种。架造屋宇，悉用木植，覆以棕榈皮，藉以木板，障以藤簾	宋，《诸蕃志》
多蔑国	有州郭、宫殿、楼橹，并用瓦木……王居以栅为城，板屋，坐狮子座，仍东向	宋，《太平寰宇记》
浡泥国 （今文莱）	其国以板为城，城中万余人……国王之屋覆以贝多叶，民舍覆以草	宋，《太平寰宇记》
	王屋覆以贝多叶，民舍覆以草	宋，《诸蕃志》

真腊国"父母死，小儿未婚者，以余财与之"，赤土国"既娶，即分财别居，唯少子与父居"，有家中最小的儿子继承家产的风习，这与傣族古代社会的少子继承制相同。

综上所述，中国域外中南半岛各地区的住宅以"贝多叶、茅草"为屋面材料、"面东为尊、右主左宾"的方位观念、"藤席竹簟"的楼面做法、"少子继承"的家庭制度，以及"临水而聚"的聚落选址等方面都与傣族的聚居模式相类似（图2-6）。

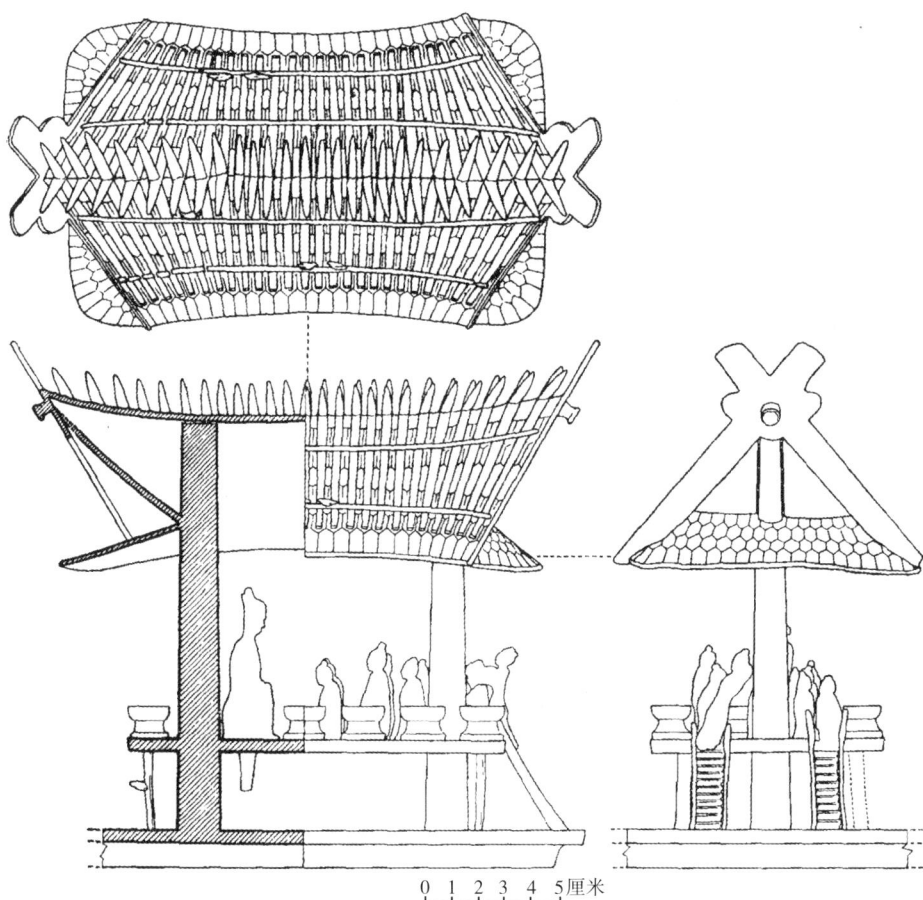

0　1　2　3　4　5厘米

图2-6　出土于西汉滇王墓的铜房屋平立剖面图❶

❶ 出土地点：云南省昆明市晋宁石寨山M12:26；图片来源：《云南省晋宁石寨山古墓群发掘报告》。

（2）汉文古籍中中国西南"干栏"特征

上文已述，獠人所居"干栏"的特征是依树积木、上层居住、大小规模根据家里的人口来确定。唐代樊绰《蛮书》❶论及裸形蛮"在寻传城西三百里为窠穴，谓之为野蛮……其男女遍满山野，亦无君长，作'揭栏'舍屋，多女少男，无农田，无衣服，惟取木皮以蔽形，或十妻五妻，共一丈夫，尽日持弓，不下'揭栏'，有外来侵暴者，则射之。其妻入山林采拾虫鱼、菜、螺、蚬等，归啖食之"。说明獠人在上层居住是为了避免"外来侵暴者"，并且存在一夫多妻制度。

同书的"茫蛮"有"楼居，无城郭……笼孔雀，巢人家树上……土俗养象以耕田，仍烧其粪"。这里的楼居与养孔雀、象耕的习俗同时出现，且楼居之城一般都不设置"城郭"，这与傣族的习俗一致。

《旧唐书》中记载南平獠"土气多瘴疠，山有毒草及沙虱蝮蛇，人并楼居，登梯而上，号为干栏"，认为干栏有利于避瘴气，远离毒草及虫蛇。宋代《桂海虞衡志》有"编竹苫茅两重，上以自处，下养鸡，谓之麻阑"，"麻阑"上、下各有一层竹条和茅草覆盖的屋顶，共两重，与今日傣族住宅上下两重屋顶相类似。南朝《南越志》载："晋康郡扶隃县，民夷曰獬（zhì），其俗栅居，实惟俚之城落。"《玉篇》谓"栅，编竖木"，可知此"栅居"是由竖木营造的住宅。《释名》"释宫"有"栅，迹也，以木作之，上平磔然也。又谓之徹，徹，紧也，诜诜，然紧也"。可见，"干栏"实为一离地而居的居住方式（表2-5）。

表2-5 古籍中对中国各地区"巢居"的相关描述

历史地名或族名 （今日地区）	内容	文献出处
南越	南越巢居，北朔穴居，避寒暑也	晋，《博物志》卷3
俚人 （广东西部、广西东部及南部、越南北部）	俚人巢居崖处，尽力农事	唐，《隋书》 卷31
岭南	巢居椎结（广志云，珠崖人皆巢居）	唐，《初学记》卷8

---

❶《蛮书》又名《云南志》《云南记》《云南史记》《南夷志》《南蛮志》《南蛮记》。

续表

历史地名或族名 （今日地区）	内容	文献出处
巴人	平地才应一顷余，阁栏都大似巢居	唐，《元氏长庆集》 卷21
保宁府广元县 （四川广元）	仰凌栈道细，俯映江木疏。地僻无网罟，水清反多鱼。好鸟不妄飞，野人半巢居	唐，《杜诗详注》 卷23
百粤之地	巢居崖处，尽力农事，百粤之地，风气之殊，著自古昔	宋，《舆地纪胜》 卷115
宾州 （广西宾阳）	巢居崖处，尽力农事，筑室如巢窟，范太史曰，宾人计口云云，屋壁以木为筐，竹织不加涂墍	宋，《方舆胜览》 卷41
泸州	其夷獠则与汉不同……巢居岩谷，因险凭高	宋，《太平寰宇记》 卷88
废党州古党洞 （广西兴业）	废党州风俗……古党洞夷人……巢居，夜泊	宋，《太平寰宇记》 卷165
东谢蛮 （贵州东/西赵蛮）	其地宜五谷，无文字，刻木为契，散在山谷，依树为巢居	宋，《太平寰宇记》 卷178
临安 （云南建水）	斡泥蛮，在临安西南五百里，巢居山林	元，《云南志略》
云南腾冲	架竹为巢，下畜牛豕，而上托爨卧，俨然与粤西无异	明，《徐霞客游记》 第九册
	构木巢居，刀耕火耨	明，《大明一统志》
岭外	深广之民，结栅以居，上设茅屋，下豢牛豕。栅上编竹为栈，不施椅桌床榻，唯有一牛皮为茵席，寝食于斯。牛豕之秽，升闻于栈罅之间，不可向迩。彼皆习惯，莫之闻也。考其所以然，盖地多虎狼，不如是则人畜皆不得安，乃上古巢居之意欤	宋，《岭外代答》 卷四
海南	居处皆栅屋	宋，《岭外代答》 卷二
犵狫	犵狫谓，席地而居则近鬼矣，为屋宇必去地数尺，架以巨木，覆以杉叶，有如羊栅，故名羊栖	清，《峒谿纤志》
	屋宇去地数尺，架以巨木，覆以杉叶，有如羊栅，谓之"羊楼"	民国，《兴仁县志》
隆安县 （广西隆安）	乡村之屋，间有结栅加楼，上层居人，下豢牛豕，盖古时地多虎狼，取卫人畜，相习既久，遂沿之以弗改云	民国，《隆安县志》
抚水州	中有楼屋战栅，卫以竹栅，即其酋所居	元，《宋史》 卷495
郴州	猺贼峒蛋，栅居山巅	清，《天下郡国利病书》
日本、新罗、百济	倭人，并无城郭，联木栅居之风土，与新罗百济同	清，《天下郡国利病书》

总之，中国西南地区"干栏"建筑的主要作用是有利于避瘴气，远离毒草及虫蛇。其特征不外乎以下几个方面：其一，木竹结构，初期往往与树木相合而筑；其二，上层居住，下层豢养牲畜；其三，与稻作文化关系密切；其四，城市一般不设城墙，以自然地理环境或速生荆棘类植物作为天然的防御屏障，防御意识较弱。

（3）历史上选用的建筑材料

晋朝《竹谱》中有"篔与由衙，厥体俱洪，围或累尺，篔实衙空。南越之居，梁柱是供"。由衙即由梧竹，篔竹和由梧竹是当时南越营造梁柱的主要材料。"篔实厚肥，孔小，几于实中，二竹皆大竹也，土人用为梁柱。篔竹安城以南有之，其味苦，俗号篔由衙竹。交州广志云亦有生于永昌郡（云南保山一带，笔者注）为物，丛生。吴都赋所谓由衙者篁，篔音霍，性柔弱，见三仓"。由此可见，古代云南地区广生篔竹和由梧竹，多为造屋用。

《辑徐衷南方草物状》有"由梧竹，吏民家种之，长三四丈，围一尺八九寸，作屋柱，出交趾"。说明当时交州地区的干栏，有使用"由梧竹"作房屋的柱子。以当时一尺约为242毫米来推算，屋柱的直径在135~145毫米，柱高7~10米。这与傣族住宅屋柱（木柱）的尺寸非常接近，可能是民间所称"傣族竹楼"的主体结构用材，今已不见。

2.1.4　傣文古籍中的建筑演变与"干栏"比较

成书于1542年（傣历九百零三年）的傣文古籍《谈寨神勐神的由来》依据之前更为古老的傣文古籍和传说，记述了傣族先民由"北方冷森林"向"南方热森林"迁徙的过程，从穴居"篾桓蚌"（竹虫集中）采集野果时代到林居"盘巴"（狩猎首领）狩猎时代，到"赖盘赖乃"（多领头、多首领）、"多猎首、大分裂"时代，再到扎寨定居造屋的"叭雅桑木底"❶农耕稻作时代，最后到"沙夏纳"（佛教）时代，其中部分内容展现了傣族从远古到明代建筑的演变历程。现将记述的各时期建筑特征与干栏的发展历程相比较，发现至少有三方面的相似性。

---

❶ 傣语"篾桓蚌"译为"竹虫集中"；"盘巴"译为"狩猎首领"；"叭雅"指智慧王，"桑木底"为傣族第一个开始建立定居的王者，"叭雅桑木底"译为"桑木底智慧之王"。

（1）家庭组织方式的变迁相近

傣族先民各时期的建筑演变与干栏的发展都是由血缘氏族大家族转变为以男性家长为居住单元划分依据的中、小家庭。在北方冷森林穴居的"筱桓蚌"时代，傣族先民们"住在一个山洞里，十人一个洞，九人一个穴，却都按照父母子女各家睡各家"❶，家族观念已然形成，以大家族为单位聚居在一处，有时会以不同的洞穴来划分不同的血缘家族。

在迁徙到南方森林林居的"盘巴"狩猎时代，傣族先民不得不放弃之前聚居于洞穴的居住习惯，以血缘为依据划分居住单元的方式至少在最初的林居阶段保留了下来。傣文古籍《沙都加罗》❷中述说，先民们刚进入南方森林时，"哪里有大树就在哪里歇，哪里有河流和平地就在哪里睡"，在迁徙过程中"走着走着，大家就都停下来了，在山上、在河边、在平地又重新开始了新的住居"，他们"五年、十年又搬一次"❸。这与獠人的"干栏大小，随其家口之数"的大家族居住模式相似。

随畜野处的生活方式由于居所无法长时间固定于一处，起初的房屋必然是临时性的。为了避免毒蛇猛兽，先民很可能聚居于树上，类似于唐代樊绰《蛮书》中所述"裸形蛮"所居的巢穴"搁栏舍屋"。很显然，之前以血缘大家族为单位来营造房屋的方式，转变为以男性为家长的中、小家庭组织模式。这不仅保证了避免毒蛇猛兽、瘴气的居住隐患，还使家庭内的男女分工明确，男人在外打猎，女人"入山林采拾虫、鱼、菜、螺、蚬"❹。

傣文古籍《巴塔麻嘎》（创世纪）❺在描述农耕稻作时代的创始人叭雅桑木底宣传"扎寨定居"主张时说道，"在房子盖成后宣布建寨的那天，叭雅桑木底集聚了上百上千人，宣传他的'盖房建寨，定居种瓜'的主张"，接着"叭雅桑木底就划地盘、

---

❶ 祜巴勐.论傣族诗歌[M].岩温扁，译.昆明：中国民间文学出版社（云南），1981：97–98.

❷ 《沙都加罗》是在傣文古籍《谈寨神勐神的由来》中引用的古文献，可知其为更加古老的傣文古籍，今已失传。文中所引均来自傣文古籍《论傣族诗歌》（成书于1614年、傣历九百七十六年）附录中的《谈寨神勐神的由来》（成书于1542年、傣历九百零三年）一书对《沙都加罗》的引用，以下未注均同。

❸ 祜巴勐.论傣族诗歌[M].岩温扁，译.昆明：中国民间文学出版社（云南），1981：100–101.

❹ 樊绰.蛮书[M].北京：中华书局，1985：19.

❺ 《巴塔麻嘎》译为"创世纪"，为傣文古籍《谈寨神勐神的由来》中引用的古文献，今已失传。可知其是更古老的傣文古籍，至少在明代以前就已成书。

分山水，开始了男的打猎、女的种瓜和饲养"的生活，这说明至迟叭雅桑木底创寨时期，男女分工有别，以男性家长为居住单元划分依据的住屋模式已经形成。

（2）房屋构架的演变相近

傣族先民各时期的建筑与干栏的发展都是由依托大树立木架转变为环绕中心建楼的方式。当"盘巴"狩猎时代的第一位首领"沙罗"死去时，"人们围拢在大树下，搭起木架子"，给木架"插上花和绿叶，绕上绿草绳，把沙罗尸体抬放在架上"，将"立起的大树和木架"合称为"管反"❶，并且"封沙罗的头颅为'沙罗反'"❷。从那时起，傣族先民将"沙罗反"视为他们的保护神，打猎前和打到猎物后都要用拴住猎物的"绿叶草绳"和打到猎物的"里肉"祭祀，并由一位被选出的老人专门作为"摩反"❸，来管理祭祀的相关事宜，这可能是傣族最初的祭司。

这种"大树下搭木架"作为猎神殿的营造方式，是以大树作为神殿的主要支撑柱桩，在其周围立木屋架形成遮风避雨的庇护所，将沙罗的头颅"沙罗反"置于其中，视为猎神加以祭祀。

在扎寨定居的"叭雅桑木底"农耕时代之初，"各寨又设自己的猎神殿和寨神，统一在叭雅桑木底寨神、勐神保护下生存"❹，猎神殿的营造方式与獠人"依树积木"建屋的方式非常相似。值得注意的是，"干栏"的发音与猎神殿的傣语发音"管反"十分接近，都是以[g]为辅音，[an]为元音，"干栏"有可能是从"管反"音转而来。

最迟至"叭雅桑木底"创寨时期，傣族先民应该基本掌握了一套营造干栏的技艺。《沙都加罗》描述叭雅桑木底造屋"处处把人叫，来了三十男，来了三十女，集中在平地，跟着桑木底，上山砍木料。男的砍柱子，女的割茅草。柱子三十二，一人砍一根"❺。傣族民间也广为流传着叭雅桑木底根据凤凰的指引创造了现在这种住宅形式的传说，"凤凰扬扬双翅，向他暗示屋脊应该盖成人字形……低头拖尾，向他暗示

---

❶ "管反"中的"管"指衙门、庭或殿，"反"是麂子，"管反"直译为"管麂子魂的殿庭"，这里指的是掌管打猎的神的殿庭，因此译为"猎神殿"。

❷ 祜巴勐.论傣族诗歌[M].岩温扁，译.昆明：中国民间文艺出版社（云南），1981：101.

❸ "摩反"，傣语音译，是专事祭祀猎神猎鬼的人。"摩"，译为"能者、熟练、精通、能手"。

❹ 祜巴勐.论傣族诗歌[M].岩温扁，译.昆明：中国民间文艺出版社（云南），1981：110.

❺ 祜巴勐.论傣族诗歌[M].岩温扁，译.昆明：中国民间文学出版社（云南），1981：108.

建房要蒙住人字形的两侧，才能挡住从侧面飘来的风雨……直立托住身子，向他暗示建房应立柱，盖成上下两层"❶，这种房屋被称为"烘哼"（傣语"凤凰"一词的音译），因此"烘哼"也被解释为"形似凤凰脊背的简易草棚"；后来演变为较复杂的房屋被称为"贺哼"，意思是"凤凰展翅式楼居"。去除虚构的成分，至少说明傣族先民在某一阶段，房屋的形式和结构发生过重大变革，从原初"依树积木"变成了"楼居"的构筑方式。

（3）住宅文化的演化方式相近

傣族建筑经历了从满足基本生理需求到逐步发展出住宅文化的阶段，但在傣文古籍和民间传说中，住宅文化被描述成在某一时期突然迸发出来的，这就是"叭雅桑木底"农耕时代的初创期。

傣族古歌《贺新房歌》用"赞哈"（歌手）传唱的方式传承了营造房屋的古礼、古规制、匠作技艺以及民间传说，歌词中有一部分内容讲述了众鸟兽用各自身体造房屋，来报答叭雅桑木底救命之恩的民间传说故事。其中有"蛟龙留在阳沟那地方""楼梯是龙宫才有的稀罕物""大乌龟才来把楼梯脚托住""大甲鱼自愿来做房门""猫下巴托着那中柱梁""大鳄鱼留在角落四边""跳蚤鼻连凤尾""短篾条长篾条都是蚂蟥变"❷等。因此，有了"狗柱""龙梯""白鹭翅膀""狗脊梁""猫下巴""甲鱼门"等用动物命名建筑构件的习俗，具有独特的文化象征性。

傣文古籍《沙都加罗》中有主人柱和女柱的由来，"桑木底和莎丽捧，同砍一蓬树，生在高山头，树名叫野桂木，粗壮又标直，命名为'梢岩梢婻'❸（主人柱、女柱）"，他们"找来野芭蕉，找来熟果子，贡在房中间"，当房屋建好后"贺新房，吃果子，建寨子"❹，这也说明"叭雅桑木底"时代用文化象征的手法来对待周围事物。《贺新房歌》里也有许多描述某世叭雅桑木底对房屋形制有所贡献的传说故事。

---

❶ 云南省历史研究所.西双版纳傣族小乘佛教及原始宗教的调查材料[M].昆明：云南省历史研究所，1979：18-19.

❷《中国贝叶经全集》编辑委员会.中国贝叶经全集（36）[M].北京：人民出版社，2010：358-366.

❸ "梢岩梢婻"分别是傣语ᦓᦸᦺᦙ[sǎu˩cǎu˧]、ᦓᦸᦉ[sǎu˩naŋ⁴]的音译，应分别译为"主人柱"和"女柱"，后文详述。原文译为"王子柱与公主柱"。

❹ 祜巴勐.论傣族诗歌[M].岩温扁，译.昆明：中国民间文学出版社（云南），1981：108.

诚然，"叭雅桑木底创寨建房之说"是一种集合了很长时间的历史事件于一人之身或几代首领的文化现象，但都指向了一个事实，傣族住宅文化的形成与"叭雅桑木底"农耕稻作文化时代有着紧密的关联。更为确切的说法应为，傣族的农耕稻作文化催生了傣族住宅文化与形式。

‖ 2.2　释间 ‖

傣族对于空间的认知十分独特，与其他民族有很大的不同。下面将考释傣语言中的空间类相关术语，来探讨傣族对基本空间单元和室内功能空间的认知观念，及其所表达出的文化含义。

2.2.1　空间块

建筑内柱与柱之间的空间由专词ကွန်[kɒn³]表示，音译为"感"，意译为"空间块""块"或"域"，表示虚空部分，非实体。ကွန်ရွေန်[kɒn³rɤŋ⁴]，由类名"块"和专名"屋"组成，直译为"房屋块"，说明傣族对柱与柱之间所存在的空间是以"块"或"域"的方式来认知的，傣族建筑由若干个"空间块"组成。

（1）"支"与空间块

"空间块"是一个有特殊含义的抽象概念，这从包含有"块"的两个重要词汇"锅桩"和"支火塘"中可见一斑。

"锅桩"ကွန်ဆော်[kɒn³sǎu³]一词由类名"块"和"愁、暗淡"组成，直译为"暗淡块、愁块"，让人难以理解。但是考察"愁、暗淡"ဆော်[sǎu³]、"柱"ဆော်[sǎu¹]两个词的发音不难发现，两词发音相近，只是音调有变。在传统住宅中，火塘一般都在女柱旁，日常生活中由家庭主妇管理，因此笔者认为这个词很可能是音转所致，这里的ဆော်[sǎu³]有可能是"柱"的含义，ကွန်ဆော်[kɒn³sǎu³]应该直译为"柱块"，即由石头作为支撑柱围成的"空间块"。傣族传统住宅中的锅桩用三块石头组成，这三块石头各有其象征的含义，而"锅桩"这个词并没有直接用支撑锅的石头来表达其意义，这个"空间块"应该是代表由"石"柱矗立起的一个场域范围。

"支"一词的重要性体现在"安家落户"和"成家立业"等词组中。安家落户 တွင်ႈယောႈတွင်ႈႁိူၼ်း[tăŋ³yau³tăŋ³rɯŋ⁴]的类名"支"တွင်ႈ[tăŋ³]，专名"家庭"ယောႈ[yau³]、"房屋"ႁိူၼ်း[rɯŋ⁴]，该词直译为"支起房屋、支撑家庭"。"成家立业"တွင်ႈယောႈတူႈႁိူၼ်း[tăŋ³yau³dɯ⁴rɯŋ⁴]，专名为"家庭"ယောႈ[yau³]、"作为"တူႈ[dɯ⁴]、"房屋"ႁိူၼ်း[rɯŋ⁴]，该词直译为"作为房屋支起家庭"。

另一个有助于理解"空间块"这一抽象概念的词是"支火塘"。"支火塘"တွင်ႈၵွၼ်ႈ[tăŋ³kɒn³]由类名"支"和专名"空间块"组成，直译为"支空间块"，这个词中并没有火塘一词，而是用"空间块"来指代火塘。火塘在民族地区是极为重要的生活设施，其文化象征的意义可以作为新住宅诞生的标志。例如，从祖辈房屋中引来火种至火塘中，"支火塘"后就宣告新住宅的"生命"即刻诞生。因此，"支火塘"的含义应该是"支起由石柱矗立起的场域"。

（2）"壁"与空间块

除了"支"外，还有一个与"空间块"有重要关联的词"壁"ၹၸ[fa¹]，当壁被竖立的那一刻，"内空间块"和"外空间块"的空间观念立刻显现出来。壁ၹၸ[fa¹]，音译为"发"，与"盖子"为同一词。

"壁"在傣族文化中除了有"隔"的意义外，还有分隔内外的作用，这与盖子被盖上的瞬间，容器的内和外被区分开是相同的。"壁"是可活动、可拆卸的，当"壁"被固定在预留位置上时，内与外的空间观念也就产生了。

例如，"卧室壁"ၹၸၸၷမ်[fa¹som³]由类名"壁"和专名"卧室"组成，当卧室壁被固定后，内部卧室空间与外部屋中空间立刻被确定。当家中有成员逝世时，"卧室壁"要被拆卸下来，像是把房屋中"内卧室"这个"容器"的"盖子"打开，内部卧室空间与外部屋中空间的差异随之消失。与该词使用方法相类似的还有照壁一词，"照壁"ၹၸလၱပ်ၼၢင်[fa¹lăp⁸naŋ⁴]由"壁""遮住""王后、女子"组成，直译为"遮住王后或女子的隔断物"。

"墙壁（篾条或竹条编成的）"ၹၸသၢၼ်[fa¹san¹]由类名"壁"和专名"编织"组成，直译为"编织的壁"，这说明傣族传统的"墙壁"材料应多为竹条或篾条，很少用土，用木板作为墙壁的材料在古代可能也不多见。"窗扇"ၹၸဢၼ်[fa¹bɒŋ²]和"门扇、门板"ၹၸၸၷၷ[fa¹bak⁹tu¹]的类名也是"壁"，说明窗和门在傣族观念中主要起到分隔内外的作用，属于“壁”的一种。

“板”ᦵᦷᧃ的读音是[bɛn³]，与汉语“板”的发音极为相近，有可能来源于古汉语“板”的发音，“木板墙”ᦝᦱᦵᦷᧃ[fa¹bɛn³]由“壁”和“板”组成，直译为“板壁”。这说明，在古代傣族社会，“壁”的概念非常重要。住宅内的“壁”多数都是2米高，不到顶、不承重，隔声性能很差，其文化含义远较其结构作用重要。

（3）“内”与“外”

傣族“内”和“外”的空间观念存在于勐、村寨和住宅中。以住宅为例，最外面的“围墙”ᦝᦱᦟᦾᧄ[fa¹lɒm⁶]，一般都是由半米高的竹笆做成，一旦被竖立起来，则标志着内部居住空间的形成。一层架空部分没有“壁”的分隔，因而都属于院的空间；二层“屋中”与“外间”之间由“壁”分隔，形成内部生活起居空间和外部休憩空间，普通会客经常在外间举行；卧室壁则分隔最私密的内部卧室空间“内卧室”和外部客厅空间“屋中”。

“内”和“外”是相对的，从院子到二层“外间”，再到“屋中”，一直到“内卧室”，私密性渐次增强，与前一个空间相对，后者相较于前者为“内”。

综上所述，火塘的“锅桩”由“空间块”和“柱子”构成，说明“块”是一个可大可小的空间概念；“壁”作为“限定空间块的边界”时，确定了内“块”与外“块”在空间构成上的差异，即内部空间与外部空间的连续性和相对性。从“空间块”的释名可以看出，傣族文化以“块”的观念来认知空间，这个“块”可以放大、缩小，并且有相对的内、外之分。

2.2.2　室内各功能空间

傣族的日常生活和重要仪式等活动主要在住宅的二层（架空的楼板上）举行。二层空间可被分为“外”和“内”两大部分，外部由半室外空间的“外间”ᦃᦾᧄ[khɒm⁴]和“晒台”ᦋᦱᧃ[jan⁴]组成，内部由“屋中”ᦂᦱᧂᦵᦣᦲᧃ[kaŋ¹rɤn⁴]、“窗前”ᦓᦱᦗᦾᧂ[na³bɒŋ²]和“内卧室”ᦺᦓᦛᦾᧄ[nǎi⁴som³]组成。外间ᦃᦾᧄ[khɒm⁴]、晒台ᦋᦱᧃ[jan⁴]、卧室ᦛᦾᧄ[som³]这三个功能空间的名称都是单音节词，在傣族文化观念中是基本概念（基本词），直接表示对象特征，不可再分。

（1）内卧室

西双版纳傣族称住宅中最里面供家人睡觉的连通空间为"内卧室"，傣语为 ခၖင်းၷၓ်[nǎi⁴som³]，音译为"奈所姆"。ခၖ，内、里；ၷၓ်，卧室。"内、里"是类名，说明这个空间特别强调"内"的含义，有别于普通的卧室只有休息、睡眠之意。

傣语中有"卧室"之意的词有三个。第一个是ၷ်ၖင်ၷၖ[hoŋ³noɒ⁴]，音译为"杭楠"，类名"格、间"，专名"躺、睡觉、卧"，直译为"睡觉格间"；第二个是ၷ်ၖင်ၷၖ[khoŋ⁶noɒ⁴]，音译为"康楠"，类名"室"，直译为"睡觉室"；第三个词ၷၓ်[som³]为单音节词，音译为"所姆"，直接表达"卧室"之意，特指住宅中的"卧室"，其作为类名，搭配专名时可以指代"房"，如"新房"ၷၓ်ၷၖင်ၷၖ်ၷၖ်ၷ[som³bǎi⁶mǎi²khɤ¹mǎi²]（ၷၓ်，卧室；ၷၖင်ၷၖ，新娘；ၷၖ်ၷၖ，新郎），直译为"新娘、新郎的卧室"，在这里并没有用"房屋"一词来指代新房中的"房"。可见，在傣族的建筑文化观念中，"卧室"是一个非常关键的概念，在所有功能空间中最为重要，可以指代整栋房屋。

20世纪80年代，西双版纳地区哈尼族的一些村寨中还普遍存在着一种"母—子"房的居住模式，母房被称为"拥戈"（哈尼语音译），以其为中心围绕的若干小房子（子房）被称为"拥扎"，大多数子房只有卧室，供家庭中成年男子寻偶和婚后使用[1]。傣族用新娘、新郎在婚后所拥有的"卧室"来指代新房很可能与哈尼族的"母—子"房居住模式同源。

傣族曾经存在一种居住模式，当家庭子女结婚时，要为新婚夫妇建盖一座新房，这栋新房紧邻父母的住宅，日常生活起居都在父母、兄弟姐妹居住的"母房"中，只有到了夜间睡眠时，新婚夫妇才回到自己的新房"子房"中，而且这栋新房很可能只有卧室，与"拥扎"类似。

从20世纪50年代傣族调研报告中记录的传统分房风习中，也可以证实上述居住模式的存在。"如果该年适逢叭和召曼盖房和修补房屋，就要先盖叭、鲊、召曼的房屋，然后才盖一般村落成员的房屋。在一般村落成员内部，有新分出的女儿，包括后来的儿子。第一次盖房时仅能盖'杜布'（傣语音译），'杜布'是一种低矮的小房

❶ 王翠兰、陈谋德.云南民居·续篇[M].北京：中国建筑工业出版社，1993：123-136.

屋。杜布亦仅能盖在老房屋的两侧和后面，不能盖在房屋的正前面（即东面）。因为傣族睡觉头朝东，向太阳出来的方向，晚辈或新分出的子女要错开，到第二次盖房屋时，才可以盖同一般村落成员一样大的房屋"❶。这种第一次分房时建造"杜布"的制度与上述"母—子"房的居住模式极为相近（图2-7）。

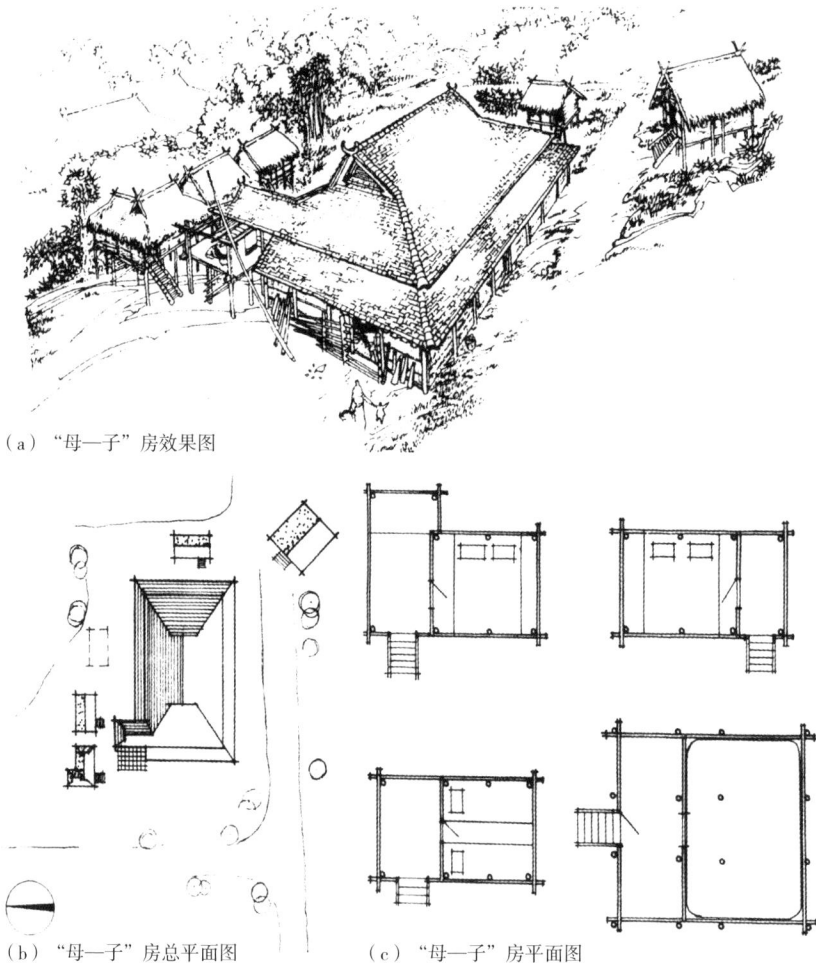

（a）"母—子"房效果图

（b）"母—子"房总平面图　　　（c）"母—子"房平面图

图2-7　西双版纳地区哈尼族居住的"母—子"（拥戈—拥扎）房❷

---

❶《民族问题五种丛书》云南省委员会.西双版纳傣族社会综合调查（一）[M].北京：民族出版社，2009：133.

❷ 勐海县巴拉寨，20世纪60—80年代；图片来源：《云南民居·续篇》。

在古代，傣族宣慰使或下属土司之女出嫁期间，要在宣慰使家的附近搭建一座"喜棚"ოဖე，音译为"帕姆"，直译为"临时的棚子"。喜棚用木、竹筑成，上扎芭蕉叶、彩绸以为点缀。新郎在迎亲之前，即下榻于此喜棚中，待到吉期，新郎至宣慰使家接新娘并举行结婚仪式，宴请家人及客人吃过酒席后，由礼官、亲属护送新婚夫妇返回喜棚。到了第三日，新郎、新娘"回门"之时，女方家派亲戚官员来喜棚迎接，在岳父母家住2～3日，新婚夫妇再返回喜棚。当日再起程去男方家中举行余下的仪式❶。从宣慰使或土司嫁女婚礼中搭建的喜棚可以看到，喜棚在婚礼中作为临时新房的象征意义，似乎与宣慰使家构成了一种新房围绕在父母住宅旁的"母—子"房居住模式。

（2）屋中、火塘、窗前

"屋中"ოგ్း[kaŋ¹rɤn⁴]，音译为"冈很"，直译为"房屋中心"；ოგ，中、中间、中心；ఠ్，房屋。该词是以"中、中心"为类名（与"寨心"的类名相同），特别强调"中心"的含义，日常作为家庭会客、休息、交流、餐饮的空间，代表着整栋住宅的中心，翻译为"屋中"。屋中空间有两个特别重要的元素，即"女柱"和"火塘"。

"火塘"ოთოಸఠ[tǎu¹fãi⁴]，音译为"兜发唉"。ოთო，炉、塘；ಸఠ，火。火塘的类名"炉"，表示容纳"火"，冶炼制造某物的容器，如砖瓦窑、炼铁炉、瓦窑、打铁炉等词均用"炉"作为类名；其专名为"火"，直译为"火炉"。前文已论述，火塘里的锅桩ო჻့ოသఠ[kɒn³sǎu³]，直译应为"柱块"。傣族民间有"火塘是四条蛟龙首尾相衔，摆成一个方形框架而成，四棵中柱为'龙柱'"❷的说法，这也可以证实柱ოသఠ[sǎu³]与炉[sǎu¹]有着紧密的关联，意义相近。早期的锅桩由三块石头组成，这三块石头分别叫作"光明石、宝石、金石"，说明"火塘"具有承载"火生命"的能力，包含了光明、珍宝、财富的含义。

火塘前还有一个特殊的名称："火塘出灰的地方"ო့ಸఠ[na³fãi⁴]，音译为"哪发唉"，

---

❶ 陶云逵. 车里摆夷之生命环[M]. 北京：生活·读书·新知三联书店，2017：216-220.

❷ 高立士. 西双版纳傣族传统灌溉与环保研究[M]. 昆明：云南人民出版社，2015：65-66.

直译为"火的脸面""火前""火前面";ဃ, 面、脸面、前面。傣族将"火"比喻为一个立体、实在、有形的生命物质。火塘出灰的地方是"火"的正面（脸面）。其类名"面、脸面、前面"与"窗前"的类名相同，都着重强调"在……前面/脸面"的意义。

"窗前"ဃ[na³bɒŋ²]：ဃ, 面、脸面、前面；ပ, 窗户。窗前紧邻"屋中"区域靠内，布置着家神龛，神龛旁的板壁上有全屋唯一一扇窗户（有的住宅中不设此窗）。窗前也可以理解为"家神空间"，举行家庭中一些重要的活动，如傣历新年、拴线仪式。"窗前"和"火塘出灰的地方"的类名都是ဃ（面、脸面、前面），说明傣族对物体"前面"空间方位的重视，某物或人"前面"空间的等级低于本体的观念。

（3）外间、楼梯、晒台

住宅的室内与室外有一个过渡空间被称为ဃ[khɒm⁴]，音译为"喀姆"，没有中文词汇能够与之直接对应，笔者认为翻译成"外间"较为合适。

"外间"特指二层楼梯口至屋中门前，由柱支撑，上部有顶的区域，四周用栏杆围合成供乘凉和会客使用的空间，兼具单面廊和榭的特点。

许多文献或研究中将"外间"翻译成"外廊"，笔者认为不妥，傣语中有专门指称走廊的词语ပ[cem¹]，音译为"栽姆"，一般用于佛寺中，如"长廊"ပ[cem¹lot⁸]，类名"廊"，专名"连接"，直译为"连接廊"。在傣族的观念中，住宅里没有"廊"，"外间"是傣族日常生活中使用频率最高的地方，近年来随着火塘的消失，宴请亲朋好友、休息乘凉等大多数日常活动都已不在室内，而是在这个半室外空间举行，外间已成为家庭成员在白天最主要的活动场所。

分析与该词发音相近的另外一个词ဃ[khɒm⁵]，意为"勚（yì）"，动词，指"劳苦"。结合"外间"通常是手工劳作和接待客人等活动的场所，因此外间兼有"劳苦"和"会客"之意。全家人的照片或需要展示给外人的信息一般都会挂在外间的墙上，朝向室外一面，因此外间又有展示的功能。由于是半室外空间，上面又有屋顶覆盖，有一定大小可供活动使用，因此用"外间"来翻译ဃ[khɒm⁴]比较合适。

外间中还有一个特指的空间名称"外间头"ဟင်ခုမ်[ho¹khɒm⁴],音译为"蒿喀姆",直译为"外间的头部";ခုမ်,头、头部。这个空间紧邻楼梯旁(与楼梯并置),朝向入口(东面)一侧,属于外间的一部分。

住宅外部空间除了外间、外间头,还有"楼梯""楼梯头"和"晒台"三个主要功能空间。"楼梯头"ဟင်ဒိုင်[ho¹ďǎi¹],音译为"蒿呆";ခုမ်,头、头部;ဒိုင်,阶梯。"楼梯"ခန်ဒိုင်[khǎn³ďǎi¹],音译为"罕呆";ခန်,阶、级、踏步;ဒိုင်,阶梯。"晒台"ရန်[jan⁴],音译为"赞"。

从"外间头"和"楼梯头"这两个词的类名都是"头、头部"可以发现,外间和楼梯都是有方向性的,以头部为上方位,另一侧为下方位。

上楼梯径直向前,穿过外间,径直向前一般都会到达一个竹制平台,比二层楼面的其他部分低0.1~0.5米,上无顶盖,被称为ရန်[jan⁴],音译为"赞",这个单音节词根据其使用功能多被翻译为"晒台"。"晒台"被认为是房屋中的不洁之处,以晒台为类名的词有:"凉台"ရန်ဂုန်[jan⁴gɒn⁴],音译为"赞竿",由类名"晒台"和专名"鸟禽歇的横档"组成,直译为"有鸟禽歇息横档的晒台"。传统晒台的柱、梁、板等构件都是用竹质材料制作,历经风雨侵蚀,一般只能使用一年,每年都要新造。但这并不意味着晒台是临时构筑物,包括早晚盥洗、晾晒衣物、清洗食材等许多日常生活行为都在晒台上进行。晒台除了供人使用以外,还特意设置了供鸟禽歇息的横杆,应有特殊的文化含义在其中。

"晒台"作为类名构成的词多带有不吉祥之意。例如,"刀山"ရန်ဟုက်ရန်ဒပ်[jan⁴hɒk⁹jan⁴ďap⁹],包含晒台、矛、晒台、剑,直译为"矛台刀台";"悬崖陡壁"ရန်ဖါ[jan⁴pha¹],包含晒台,岩石,直译为"岩石台"。因此,晒台更多地指"台",而不是晒,而且多表达不好、不吉祥的事物或物体。

同时,远离晒台入口一侧的端头部位有一个空间为"晒台顶端"ဘိုင်ရန်[bai¹jan⁴],由类名"顶端、尖端"和专名"晒台"组成,这说明晒台也有方向性。但与外间头和楼梯头不同,"晒台顶端"侧重于"顶端、尖顶"之意(图2-8)。

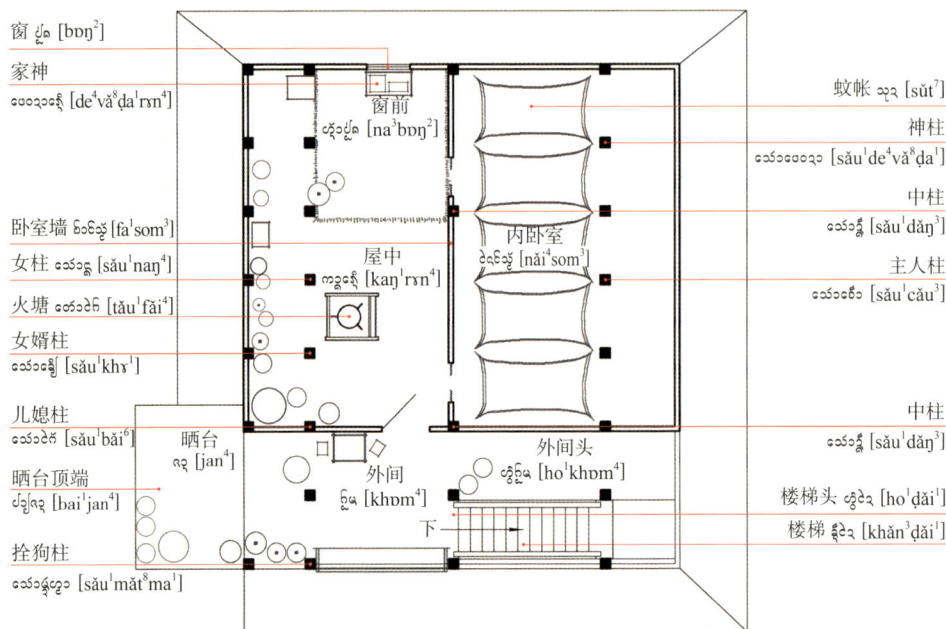

图 2-8　傣族住宅各功能平面图

‖ 2.3　释架 ‖

2.3.1　柱："梢"和"档"

　　傣族对柱的重视程度要远大于对梁的。柱的称呼有两大类，分别是ᦷᦓᦱ[sǎu¹]，音译为"梢"；ᦡᦴ[ɖǎŋ³]，音译为"档"。"梢"泛指所有的柱，是柱类构件的总称；"档"特指承托脊檩的中柱类构件。以"梢"为类名的词有多个，住宅中许多柱都有特别的名称，具有一定的象征含义，而从实地测绘的结果来看，很难看出这些柱之间的差别，例如：主人柱、女柱、神柱、女婿柱、媳妇柱、拴狗柱等，在外表和尺寸上几乎一样。这些柱是以所在位置的不同，而不是以构法的不同来命名的。

　　（1）主人柱与女柱："梢召"与"梢婻"

　　在"梢"（柱）ᦷᦓᦱ[sǎu¹]中，有两根非常重要的柱子，分别是"主人柱"和"女柱"。"主人柱"ᦷᦓᦱᦵᦋᧁ[sǎuˈcǎu³]，音译为"梢召"；"女柱"ᦷᦓᦱᦓᦱᧂ[sǎuˈnaŋ⁴]，音译为"梢婍"。在傣族神话中，"主人柱"是叭雅桑木底（古代早期领导傣族定居耕种的首领）拿来的，欲用来做"主人柱"的树被砍倒时，要往日出的方向倒下；"女柱"是龙公主拿来的，欲用来做"女柱"的树被砍倒时，要往日落的方向倒下❶。

"梢召"ဆောင်ခဲ[sǎu¹cǎu³]在汉文文献或相关研究中被译为王柱、神柱、男柱、王子柱等多种名称，笔者认为均不妥。从傣语的语义场来分析，ခဲ音译为"召"，意为"主人、所有者"。例如，"家长、户主"ခဲနှံ[cǎu³rɤn⁴]，直译为"屋主"；နှံ，住宅、房屋。"地主"ခဲသုံဒင်[cǎu³duɯ⁴din¹]，直译为"掌握土地的所有者"；ဒ，掌握；ဒင်，土地；该词经常作"帝王、君主、领主或领袖"之意。再如，"傣王"ခဲဖြင်ဒင်[cǎu³phɛn²din¹]，直译为"大地之主"；ဖြင်ဒင်，大地、土地。因此，ခဲ的本意应为"主人"，结合该柱位于日常仅允许家庭成员出入的内卧室的中部来分析，ဆောင်ခဲ[sǎu¹cǎu³]译为"主人柱"较为合适。

"梢婍"ဆောင် နှင်[sǎu¹naŋ⁴]在汉文文献或相关研究中也有多种译称，例如王后柱、娘柱、公主柱等。考察နှင်[naŋ⁴]的语义，有"女、女子、太太、小姐"的意思，如"女性、女士"နှင်ယှင်[naŋ⁴yĭŋ⁴]，直译为"女子"；ယှင်，女、姐。也有"王后、公主"之意，如"皇后"နှင်မြင်[naŋ⁴mɤŋ⁴]，直译为"国家王后"；မြင်，国家、地区。结合该柱位于火塘旁边的公共空间来看，ဆောင်နှင်[sǎu¹naŋ⁴]译为"女柱"最为贴切。

（2）"中柱"或"承脊柱"

承托脊檩的中柱有单独的称谓ဒင်[dǎŋ³]，音译为"档"。《傣汉词典》中翻译ဒင်[dǎŋ³]为"中柱"，但在傣族营造房屋的过程中，并没有针对此柱的特殊仪式。而"中柱"在其他一些民族的匠作技艺和习俗中极为特殊，在住宅建成后的日常生活、礼仪和信仰中也非常重要，能具有"中柱"含义的柱在傣族住宅中显然是"主人柱"和"女柱"。而且，ဒင်[dǎŋ³]为单音节词，无法直接判断该词有"中"的含义。一般来说，傣语中极少有单音节词表示一个物体与其修饰成分组合在一起的含义。因此，笔者认为ဒင်[dǎŋ³]被称为"中柱"是因为其所处位置在房屋的中部，本文在以"承脊柱"来称呼该构件时是为了凸显其结构作用，而以"中柱"来称呼时是为了说明其位于房屋构架正中位置，或者在历史上曾经具有的文化含义。

类名为"档"ဒင်[dǎŋ³]的柱有三种，分别是短中柱、长中柱和通中柱。"短

---

❶ 采访曼岭寺住持都糯叫所得。

中柱" ᦡᧄᦂᦱᧄ[dǎŋ³kɒm³]，音译为"档嘎姆"；ᦂᦱᧄ，拼、合；该词直译应为"拼中柱"；此类构件不落地，由二层梁架承托，因此译为"短中柱"较为合适。"长中柱" ᦡᧄᦍᦱᦜ[dǎŋ³yau⁴]，音译为"档曜"；ᦍᦱᦜ，长、直伸；此类构件也不落地，由一层梁架承托之，译为"长中柱"较为合适。"通中柱" ᦡᧄᦟᦸᧆ[dǎŋ³lot⁸]，音译为"档椤"；ᦟᦸᧆ，连接、连通；此类构件从地面直通脊檩，在承拖脊檩的柱中最长，佛殿中的中柱通常都是这种类型，因此译为"通中柱"❶较为合适。

除了以上两大类柱以外，傣族住宅中还有神柱、女婿柱、媳妇柱、拴狗柱等被赋予特殊意义的柱。例如，在傣族传统社会，丈夫婚后需要从妻居一段时间，"在岳父母家住三年、一年或三个月，至少也得住三天。男子离开岳父母家独立生活时，仍有供养岳母的责任，因为母亲总是随着女儿走的"❷。在民间，女婿柱被解释为"当家里的女婿心中有委屈，遇到了不公正的对待时，可偷偷地靠在这根柱旁抹眼泪、哭泣"❸，"女婿柱"在一定程度上反映出傣族社会曾经存在从妻居的古老风俗（图2-9）。

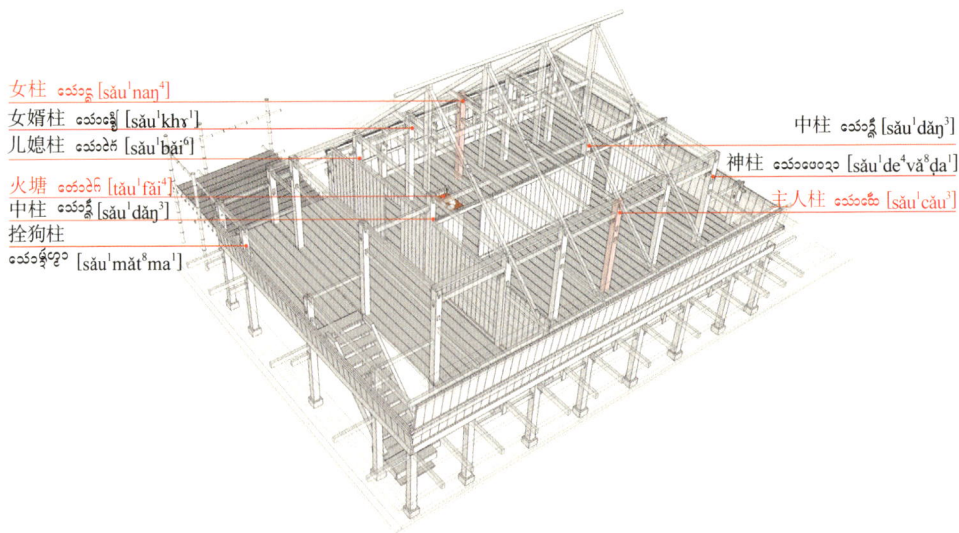

女柱 ᦶᦉᧁᦓᦱᧂ [sǎu¹naŋ⁴]
女婿柱 ᦶᦉᧁᦆᧁ [sǎu¹khɤ¹]
儿媳柱 ᦶᦉᧁᦟᦻ [sǎu¹bǎi⁶]
火塘 ᦶᦉᧁᦺᦝ [tǎu¹fǎi¹]
中柱 ᦶᦉᧁᦡᧄ [sǎu¹dǎŋ³]
拴狗柱
ᦶᦉᧁᦖᦰᦖᦱ [sǎu¹mǎt⁸ma¹]

中柱 ᦶᦉᧁᦡᧄ [sǎu¹dǎŋ³]
神柱 ᦶᦉᧁᦵᦡᦞᦡᦱ [sǎu¹de⁴vǎ⁸ɗa¹]
主人柱 ᦶᦉᧁᦵᦈᧁ [sǎu¹cǎu¹]

图2-9 "梢"（柱）类构件名称示意图

---

❶《傣汉词典》中称ᦡᧄᦟᦸᧆ[dǎŋ³lot⁸]为"顶梁柱"，但这个翻译容易使人产生误解，笔者认为"短中柱"和"长中柱"都不从地面直通脊檩，因而认为用"通中柱"翻译该词较为合适。

❷ 姚荷生.水摆夷风土记[M].昆明：云南人民出版社，2003：104.

❸ 采访曼岭寺住持都糯叫所得。

2.3.2 梁、穿、檩:"杯"、"糖"("堪")、"栢"("梾")

(1)梁和檩:"杯"和"栢"("梾")

梁类构件的类名是 ၡ[khɯ²],音译为"杯",相较于柱有多个名称,梁类构件的名称比较简单。梁类构件的构词方式是在"梁"ၡ[khɯ²]后加上"大"ၕၵ[loŋ¹]、"长"ၕၗၵ[svɛŋ¹]、"小"ၙ[nɒi⁶],有大梁、长梁、小梁三种名称。"大梁"ၡၕၵ[khɯ²loŋ¹],音译为"杯隆",位于柱顶端与脊檩垂直的方向上;"长梁"ၡၕၗၵ[khɯ²svɛŋ¹],音译为"杯桑",一般跨度都较大;"小梁"ၡၙ[khɯ²nɒi⁶],音译为"杯奈",通常用在主屋架以外的四周。三种梁的截面尺寸基本相同,与承脊柱一样,也是根据构件长短来命名,而不是以截面尺寸大小。

檩类构件的类名主要有两个,一个是 ၔၕၡ[bɛ¹],音译为"栢";另一个是 ၕ[lɒi⁴],音译为"梾"。"栢"是一种介于梁和檩之间的构件,与汉语"桁"较为接近。房屋中的脊檩被称为 ၔၕၡၠ[bɛ¹pun¹],音译为"栢绷";ၔၕၡၠ,高处、上方;直译为"最高处的檩(或横木)",类似于汉语"栋"。"栢"也用来指称位于二层柱顶端的联系梁,比大梁的截面尺寸稍小,比檩的稍大。除了"脊檩"和柱端的横梁用"栢"外,置于屋架之上与脊檩方向一致或垂直,承托椽的构件统一称为"梾"ၕ[lɒi⁴],与汉语"檩"一致。

傣族并不似中原汉文化对脊檩、栋梁的重视程度那么高,也不同于傣族对柱有着文化象征的意义。无论佛寺大殿还是住宅,檩和梁的截面尺寸都较为接近。

(2)穿("糖")类构件

在傣族匠作术语中,除了柱类构件外,穿类构件也是根据不同位置来命名的。傣语表达"穿"意义的词有六种,分别是"糖"(穿)ၔၦ[thaŋ²]、"糖蒿"(上部穿)ၔၦၕၠ[thaŋ²ho¹]、"糖隆杯"(大梁穿)ၔၦၕၵၡ[thaŋ²loŋ¹khɯ²]、"糖柚"(人字架穿)ၔၦၕ[thaŋ²yo⁴]、"糖档"(中柱穿)ၔၦၕ[thaŋ²dǎn³]、"堪"(穿枋)ၕၕ[khɛŋ⁴]。这六种"穿"主要由两种类名构成,分别是"糖"(穿)ၔၦ[thaŋ²]和"堪"(穿枋)ၕၕ[khɛŋ⁴],前五种都以"糖"为类名,依据不同的作用和位置命名;"堪"是一种类似穿枋作用的构件,在房屋中所处的位置较为固定(图2-10)。

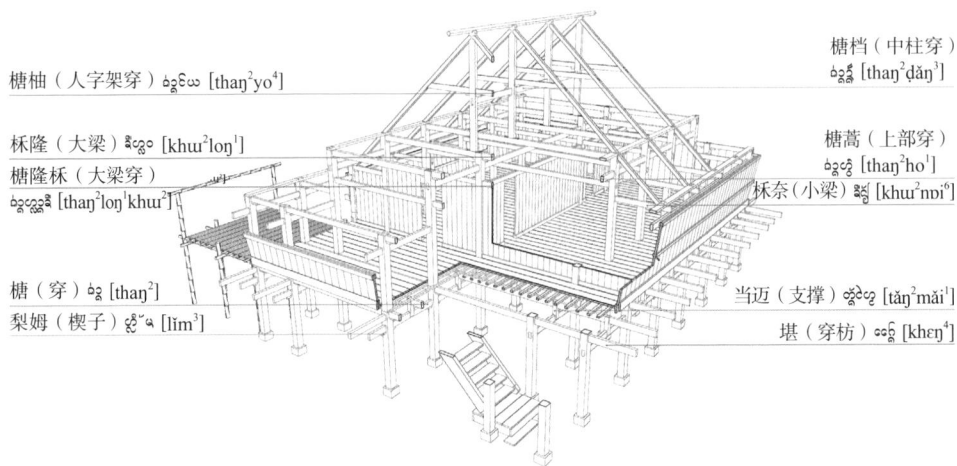

图中标注：

糖柚（人字架穿）ó$_2$ʊ [thaŋ²yo⁴]

杯隆（大梁）ꪎꪺ [khɯ²loŋ¹]

糖隆杯（大梁穿）ó$_2$ꪺꪸ [thaŋ²loŋ¹khɯ²]

糖（穿）ó$_2$ [thaŋ²]

梨姆（楔子）ꪹꪶꫂ [lĭm³]

糖档（中柱穿）ó$_2$ꪲ [thaŋ²dăŋ³]

糖蒿（上部穿）ó$_2$ꪮ [thaŋ²ho¹]

杯奈（小梁）ꪎꪲ [khɯ²nɒi⁶]

当迈（支撑）ꪒꪲꪶ [tăŋ²măi¹]

堪（穿枋）ꪹꪁ [khɛŋ⁴]

图2-10 "糖"（穿）类、"杯"（梁）类构件名称示意图

　　"糖""堪"类构件是指柱身与柱身之间，亦或柱顶与柱顶之间，在梁下与梁有一段距离，横向或纵向穿过柱体，起连结作用的构件。这与中原地区的"穿"或"枋"的概念基本一致，但分类更加精细。在一栋建筑中，"糖"类构件的截面尺寸往往几乎相同，施工时不同类构件在地面上的摆放位置不同，如此才能分辨出属于哪一类。

　　"糖"ó$_2$[thaŋ²]（穿）专指位于一层纵方向构架上，稳定和连结每个柱的重要构件，与屋脊平行。"糖蒿"（上部穿）ó$_2$ꪮ[thaŋ²ho¹]的专名为"头、头部"，直译为"头部穿"，位于二层柱顶部位，纵向布置。"糖隆杯"（大梁穿）ó$_2$ꪺꪸ[thaŋ²loŋ¹khɯ²]的专名为"大梁"，也位于二层柱顶部位，横向布置，低于"糖蒿"，并与其垂直。"糖柚"（人字架穿）ó$_2$ʊ[thaŋ²yo⁴]的专名为"柚"（人字架），该类构件在屋顶结构中，横向连接人字木，起到稳定人字架的作用。"糖档"（中柱穿）ó$_2$ꪲ[thaŋ²dăŋ³]的专名为"中柱"，中柱穿所连结的中柱一般均为上文所指的"短中柱"。"糖档"在纵向上连结和固定一榀榀人字架，其作用和位置非常类似于宋代《营造法式》中的"穿心串"。

　　"堪"（穿枋）ꪹꪁ[khɛŋ⁴]是一种较为特殊的构件，这是由于它既有穿的特点，又有梁的功能，与中原汉族地区的穿枋类似。"堪"不仅在横向上起连结和稳定每根柱的作用，还直接支撑"楼楞"ꪒ[tuŋ¹]，楼楞上再铺"竹笆楼板"ó$_2$ꪲ[fak⁸bɯn⁶]，有时也会直接支撑二层的"木楼板"ꪹꪸ[bɛn³]。

　　这六种穿类构件在一层、二层、屋顶三个高度上相互穿插、编织，构成了傣族建筑中非常重要的水平结构构件，起到连结和稳定垂直结构构件的作用。"榶"（穿）、"榶蒿"（上部穿）、"榶档"（中柱穿）这三类构件都呈纵向布置，与屋脊方向或内卧室的长向一致。而"堪"（穿枋）、"榶隆杯"（大梁穿）、"榶柚"（人字架穿）这三类构件都呈横向布置，与屋脊方向垂直。

与穿类构件成组出现的另一类构件是"木楔"ᨶᩥᨾ[lǐm³]，这也是一个单音节词，是一个楔状木头置于"榶"的下面，在柱与穿相交的柱洞最下缘，起到固定穿的作用，并且与所固定的穿类构件方向一致（图2-11、图2-12）。

图2-11 "榶"（穿）—"堪"（穿枋）—"梨姆"（楔子）

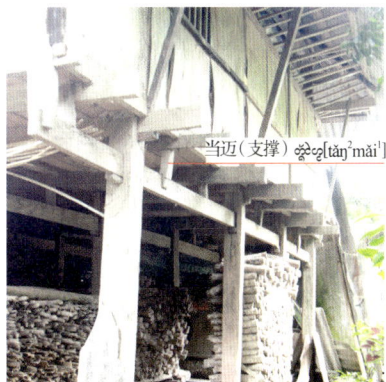

图2-12 "柱—穿"体系中的"当迈"（支撑）

2.3.3 "人字架"与屋脊"房屋加针处"："柚"和"嗨"

在傣族传统建筑的主体结构构架中，还有一个非常重要的屋架构件ᨿᩮᩣ[yo⁴]，音译为"柚"，是屋顶构架部分的核心构件，主要起到承载屋顶荷载的作用，译为"人字架"。构成人字架的主要杆件是两侧的两根斜向支撑木，被称为"人字木"ᨡᩣᨿᩮᩣ[kha¹yo⁴]，音译为"哈柚"，由类名"腿、脚"与专名"人字架"组成，直译为"人字架的腿"。

在此需要特别指出，"柚"（人字架）ᨿᩮᩣ[yo⁴]的另外一个意思为"女性生殖器"，这很可能是其原初意义，"孕育"之意被附着在"人字架"这类构件上，起到象征作用。例如："出生、出生地、子宫、女性生殖器"这些词都是ᨿᩮᩣᨶᩥ[yo⁴ni⁴]，其类名ᨿᩮᩣ[yo⁴]与人字架ᨿᩮᩣ[yo⁴]的发音完全一样，只是作为佛教专用语时要与民间用语区分，故换了一种写法。这对于依靠发音来表达意义的傣文来讲，两词应本为一词，且原初的意义相同，只是后来在字形上有所分化而已。也可能佛教传入西双版纳地区后，借用了ᦵᦍ[yo⁴]的发音和意义，在创造文字时分形而设。因此，ᦵᦍ[yo⁴]应为原字形，ᦵᦍ[yo⁴]为同音异写字，专用于屋顶构架的"人字架"上。

在傣族观念中，一层架空部分是家禽生存的空间；二层地板以上至人字架以下是人居住的空间；二层柱顶端的"杯"（大梁）和"栢"（横梁）以上至屋脊的三角形人字架空间是神灵（包括家神和各种与家庭相关的神灵）居住的空间，从上至下分别象征着三层居所。人字木所围合成的三角形空间不仅在形体上与孕育生命的女性器官类似，在文化象征性上也有"出生"的含义，这与石寨山古滇文化中以"孕育"为祭祀主题的铜房屋模型的"上、中、下"所代表的"神、人、畜"文化象征意义基本一致（图2-13）。

如果将人字木的下部比拟成支撑"腿"，上部更多象征着"孕育"，特别是人字木的相交处。目前，傣族地区最常见的人字木搭接方式并不是两根木方斜置彼此直接相互咬合，而是分别与承脊柱或梁上短柱相连接，算上承脊柱与脊檩的连接，人字木顶端节点构造处有多达四根杆件相交于一点，共三处榫卯，此节点应该是傣族地区木结构建筑中最复杂、重要的构造作法，同时各地区的人字木作法也有所差异。

那么，人字木构造节点在历史中是如何演化的？这一系列变化又是被什么因素影响的？是人字木的构造引起了屋面的演变，还是屋面的变化促成了人字木的演化？

要想研究清楚这一系列问题，有一个名称在其中扮演了重要的角色。在傣语中，"屋脊"ᦶᦃᦵᦣᦼᧃ[khɛ¹rɯn⁴]，音译为"嗨很"，由类名"加针处"和专名"房屋"组成。类名"加针处"还有其他特殊含义。例如，织渔网或毛线加针的地方也用该词，除此之外还有"劝、灭"之意，"劝说"ᦶᦃᦵᦆᦱᧄ[khɛ¹ham³]、"灭火"ᦶᦃᦺᦝ[khɛ¹fai⁴]的类名均是ᦶᦃ[khɛ¹]。因此，可以判断ᦶᦃ[khɛ¹]的原初含义中应有"阻止、阻隔"。

很显然，坡屋顶的屋脊处往往是屋面防水的薄弱环节，类似织渔网或织毛线加针，要在屋脊处多层敷设屋面防水材料（图2-14）。20世纪40年代之前，瓦只能使用在寺院佛殿、宣慰使司，以及各勐级土司的议事厅、府邸等重要建筑上，平民百姓是不被允许（也没有经济承受能力）用瓦作为屋面材料，只能用茅草。因此，屋脊部位的脊檩与人字架两侧如何加设一层或数层茅草是一个关键问题，对此，不同

栢绷（脊檩）ထပ်ပုံ [bɛ¹pun¹]

哈柚（人字木）ခါယော [kha¹yo⁴]

梢档（中柱）ဆော်ဒန် [sǎu¹dǎn³]

糖柚（人字架穿）ဒန်ယော [than²yo⁴]

梨姆（楔子）လိမ် [lǐm³]

哈柚（人字木）ခါယော [kha¹yo⁴]

糖档（中柱穿）ဒန်ဒန် [than²dǎn³]

梨姆（楔子）လိမ် [lǐm³]

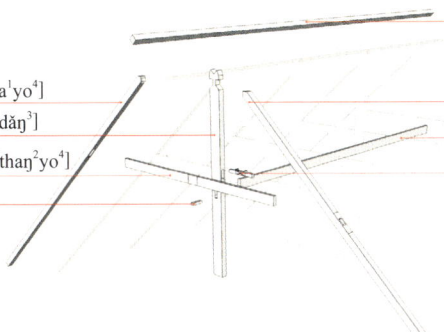

（a）傣族传统住宅人字架构件拆解图

（b）傣族传统住宅中的屋脊 ❶

（c）西汉古滇文化铜房屋中的典型屋脊
（出土地点：云南省昆明市晋宁石寨山
M12:26）

图2-13　傣族传统住宅与西汉古滇文化建筑中的屋脊对比图

民族和地区都有各自的解决方法，这就造成了人字木与脊檩和承脊柱之间的构造方式不同，而傣族这种固定茅草的构造方法与日本被称为"千木组"的屋脊构造十分类似，也与西汉古滇文化铜房屋模型中的典型屋脊有许多相似之处。西双版纳傣族住宅构件名称见图2-15。

图2-14　傣族当代住宅中的屋脊

❶ 图片来源：*The Dai or the Tai and their Architecture & Customs in South China.*

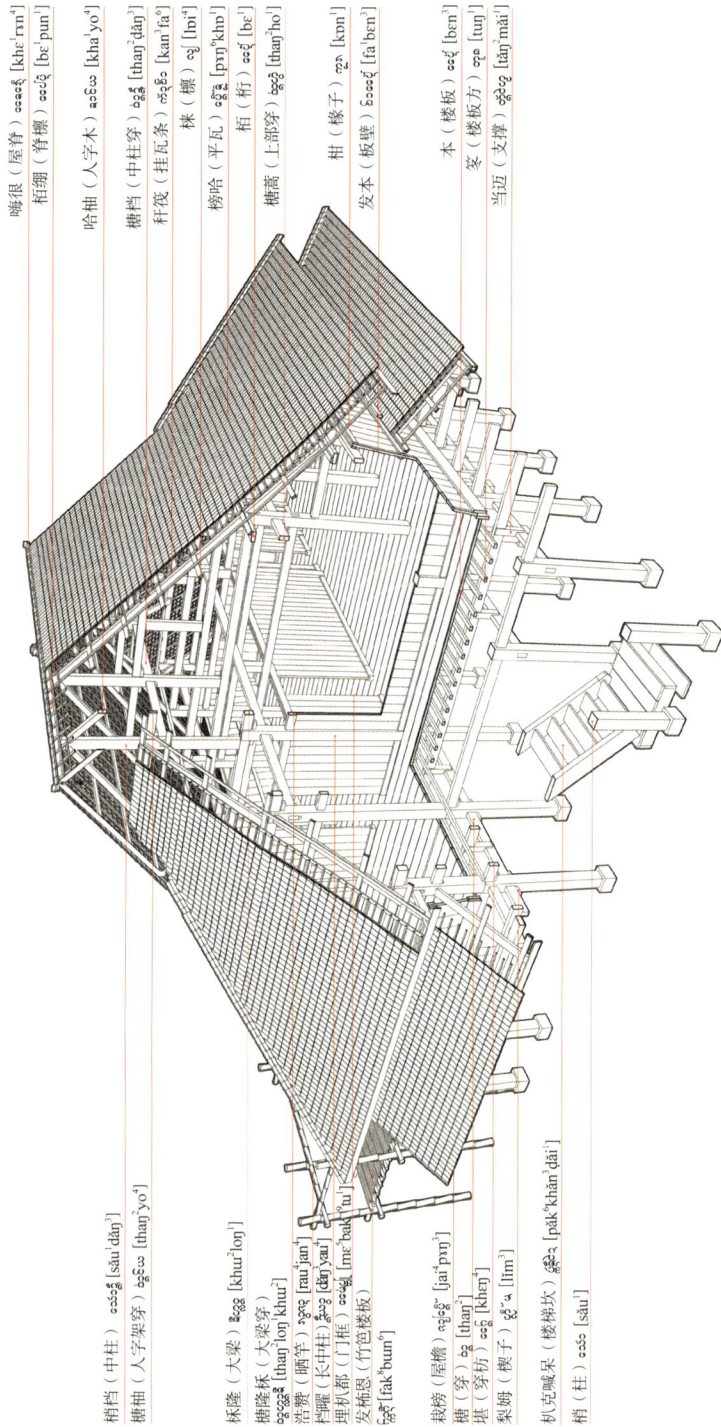

嗨很（屋脊）ဆၢၼ်ႈ [khɛ¹rɯn⁴]
栢猵（脊檩）ౚဝ၁ပ [bɛ¹pun¹]
哈柚（人字木）ﾁﾞၢ [kha¹yo⁴]
糖档（中柱穿）ﾁﾞၢ၁ [thaŋ²dan¹]
秤筏（挂瓦条）ﾆﾞ [kan¹fa⁶]
榜哈（平瓦）ﾆﾞ [lbi⁴]
栢（桁）ﾆﾞ [bɛ¹]
糖嵩（上部穿）ﾁﾞ [thaŋ²ho¹]
柑（椽子）ﾁﾞ [kɔm¹]
发本（板壁）ౚౚ၁ [fa¹bɛn³]

本（楼板）ﾆﾞ [bɛm³]
茎（楼板枋）ﾆﾞ [tun¹]
当迈（支撑）ﾁﾞ [tǎŋ¹mǎi¹]

梢档（中柱）ﾁﾞ [sǎu¹dǎŋ³]
糖柚（人字架穿）ﾁﾞၢ [thaŋ²yo⁴]
柯隆（大梁）ﾆﾞ [khu²lɔŋ¹]
糖隆穿（大梁穿）ﾁﾞ [thaŋ²lɔŋ¹]
浩罕（晒台）ﾆﾞ [rau¹jan¹]
档瑶（长中柱）ﾆﾞ [dǎŋ¹yau⁴]
埋机郡（门框）ﾆﾞ [mɛ¹bak¹tu¹]
发栖恩（竹笆楼板）ﾆﾞ [fak⁶bun⁹]

栽榜（屋檐）ﾆﾞ [jai¹pɯŋ¹]
糖（穿）ﾆﾞ [than³]
堪（穿枋）ﾆﾞ [khɛŋ³]
梨姆（楔子）ﾆﾞ [lim³]
机克喊采（楼梯坎）ﾆﾞ [pak⁶khǎn¹ǎi¹]
梢（柱）ﾆﾞ [sǎu¹]

图2-15 西双版纳傣族住宅构件名称图

‖ 2.4　释塔 ‖

2.4.1　中原地区对"塔"的认知

《说文解字》曰"塔，西域浮屠也，从土荅声。""塔"字随着佛教传入，由印度梵文引入当无异议。汉代以前，文献中还没有"塔"这个名称，该字如何转译而来并没有形成共识。

清代阮元在《揅经室集》的《塔性说》中说道，"东汉时称释教之法之人，皆曰浮屠。而其所居所崇者，则别有一物，或七层、九层，层层梯阑，高十数丈。梵语，称之曰窣堵波"，明确指出塔是供佛教徒居住和礼拜的、高三四十米的构筑物。"晋宋姚秦间，翻译佛经者，执此窣堵波求之于中国，则无物无文字以当之，或以类相拟，可译之曰'台'乎。然台不能如其高妙，于是别造一字曰'塔'以当之，绝不与台相混"❶。早期，由于没有对"塔"这一物专门的称呼，且看上去与"台"类似，因此有人将其称为"台"，但台不能准确表达出塔的各方面特征，于是造了"塔"字，这便是中原地区"塔"字的由来。

同时，与塔相对的还有一物，"浮屠家说有物焉"，此物"即有梵语可称，亦不过如窣堵波徒有其音而已""彼时经中性字纵不近，彼时典中性字已相近，于是取以当彼无得而称之物"❷。也就是说，当时翻译者用"性"字与此物相对，并未另造一字。

另一个与"塔"有着相近意义的词，"支提"并未在中原汉文化地区普及，只是在南传上座部佛教区域内传播。弗格森（Fergusson）在《印度与东方建筑史》中认为狭义的支提相当于窣堵坡，也就是坟冢义的引申；广义的支提可用来指以窣堵坡为中心的可环绕礼拜场所，甚至以圣树、佛像、碑铭和其他佛教圣迹为中心的礼拜空间均可以被称为支提❸。可见，与"塔"经常同时出现的另一词"支提"更加强调包括塔在内的活动空间，而"塔"特指空间中的实体，但有时支提也被用来指代类

---

❶ 阮元. 揅经室集[M]. 北京：中华书局，1993：1059-1060.

❷ 阮元. 揅经室集[M]. 北京：中华书局，1993：1059-1060.

❸ FERGUSSON J. History of Indian and Eastern Architecture[M]. London：John Murry，Albemarle street，W.，1910：54-55.

"塔"之物或"塔"。

鲍鼎认为"塔的梵名为窣堵坡（Stupa），又名塔婆（Topes），在我国文字里还有译作浮图的……塔之原义是与坟墓有同等性质的，兼含一种宗教性信仰礼拜的意味"[1]。塔婆、窣堵坡与浮图的意义有明显的区别，浮图翻译为"佛"，而"塔"则指埋有"释教之法之人"遗骨的建筑物，含有坟墓的意义在其中，因此不应混同。

常青教授认为，塔的概念有着一种歧义现象，一方面可以作为庙来理解，另一方面有坟的意义。"塔的双重含义，一个来自以坟丘为原型的窣堵坡，另一个来自窣堵坡演化而成的佛精舍或浮图，二者在佛寺中成对出现"[2]。

2.4.2 "支提" ၊ၐၒၛ [ce¹ti⁷yǎ⁸] 与 "塔都" ၣ[dha⁴tǔ⁷]

由于傣文许多词汇的发音是随着南传上座部佛教的传入直接来源于巴利语，因此傣语中许多佛教用语都直接传承于古印度巴利语的发音。傣语对于"塔"的称呼有两大类，一类是 ၊ၐၒၛ[ce¹ti⁷yǎ⁸]，音译为"栽堤亚"或"支提"；另一类是 ၣ[dha⁴tǔ⁷]，音译为"塔都"。这两个词随着南传上座部佛教的传入而广为流传。

与中原地区相同的是，"塔都" ၣ[dha⁴tǔ⁷]在傣族地区被使用得更为广泛；不同的是，以"塔都"为核心的"四塔"（也称"四大"）理论随着南传上座部佛教传入傣族地区，而在中原地区并未被汉文化接受，只保留了"塔"字。在傣语中，"支提"与"塔都"有着明显不一样的内涵，厘清两者之间的差异对于理解南传上座部佛教文化对傣族建筑文化的影响有所助益。

（1）"支提"或"栽堤垭"

对于佛塔中的舍利塔、墓塔，一般都用 ၊ၐၒၛ[ce¹ti⁷yǎ⁸]，发音"栽堤垭"。有时在泛指塔和佛塔时也会用 ၊ၐ[ce¹di⁴]，发音"栽滴"，类名"角"，专名"美好、平安"，直译为"美好的角"，该词主要在泰国僧人中使用。可能是因为泰国泰族的发音习惯比较靠近口腔上颚齿龈部位，所以"栽堤亚"由于方言差异导致发音变成了"栽

---

❶ 中国营造学社. 中国营造学社汇刊（第六卷第四期）[M]. 北京：知识产权出版社，2006：1-29.

❷ 常青. 西域文明与华夏建筑的变迁[M]. 长沙：湖南教育出版社，1992：58-59.

滴"，两者的意义是一致的❶。这两个词都可以指佛教纪念场所和朝拜场所，类名都是"角"。ᨡᩮᨯᩦ[ceˡdi⁴]在汉语文献中往往被翻译成"斋滴"；ᨧᩮᨲᩥᨿ[ceˡtǐ⁷yǎ⁸]音译为"支提"，英文作Chaitya。

由"栽堤垭"作为专名组词构成了一类特殊的塔，分别建在宗教中与佛陀相关的四处地点，被专门称为ᨷᩣᩁᩥᨻᨠᨧᩮᨲᩥᨿ[pǎ⁷rǐ⁸bho⁴gǎ⁸ceˡtǐ⁷yǎ⁸]。傣族地区群塔较多，而在群塔中"巴利婆噶栽堤垭"并不是指中间的大塔，而是指四周围护着的那些小塔，这些小塔包含有对大塔供奉的含义。

（2）"塔都"

另一个词"塔都"ᨵᩤᨲᩪ[dha⁴tǔ⁷]，特指安放遗骨、骨灰等的佛塔，又有物质本质（本源）之意。"塔都"又有"塔""界"的含义，"塔"为音译，"界"为意译，两者应为同一概念；声母ᨵ是低辅音，发音为[dh]，与塔的声母发音完全相同。可见，汉字的"塔"是对于ᨵᩤᨲᩪ[dha⁴tǔ⁷]省去后缀音的音译。

"土（地）塔"ᨵᩤᨯᩥᩫ[dha⁸ḍin¹]，音译为"塔丁"；"水塔"ᨵᩤᨶᩣᩴ[dha⁸nǎm⁶]，音译为"塔喃"；"火塔"ᨵᩤᨺᩱ[dha⁸fǎi⁴]，音译为"塔发唉"；"风塔"ᨵᩤᩃᩩᨾ[dha⁸lum⁴]，音译为"塔陆姆"。可见，"四塔"中的"土塔、水塔、火塔、风塔"用"塔"ᨵᩤ[dha⁸]构词时，均省略了后缀音"都"[tǔ⁷]。但是，ᨵᩤ[dha⁸]在傣语里不能单独使用，只能作为类名与其他专名组合在一起来表达词义；表达安放有遗骨、骨灰等的佛塔时只能用"塔都"，这是"塔"与"塔都"两者根本上的区别。

（3）"塔都"与"支堤"的比较

对比"塔都"ᨵᩤᨲᩪ[dha⁴tǔ⁷]和"支提"ᨧᩮᨲᩥᨿ[ceˡtǐ⁷yǎ⁸]两词，"塔都"是埋藏遗骨的构筑物；而"支提"是由佛塔、舍利塔、墓塔及周边环境所建构的仪式场所。

笔者认为，至少在傣族文化中，"塔都"一词来源于南传上座部佛教的四塔理论，以及在其上发展而来的五蕴学说。但由于"四塔五蕴"学说对中原地区的影响并不十分显著，汉语中的"塔"是否也来源于此，还需要其他方面的考证。"四塔五蕴"随着南传上座部佛教的传入，从塔的营造，到佛寺、住宅的营建过程，再到匠作风

---

❶ 笔者求教于勐腊县曼纳伞佛寺住持都比聪团所得，该僧曾在缅甸、泰国、西双版纳等地学习。

习等方面，对傣族建筑文化产生过重大影响。

2.4.3 从"塔都"ဘ္ [dha⁴tǔ⁷] 到"四塔五蕴"学说

（1）四塔

"四塔" ဘ္ဘ [dha⁴tǔ⁷dǎŋ⁴si²]，音译为"塔都当司"，类名为"塔都"，专名为"全"和"四"，直译为"四全塔"，来源于古印度南传上座部佛教，传入傣族地区后被融入其文化的方方面面。傣文典籍《傣方药；"四塔"、"五蕴"阐释》中认为"风、火、水、土（地）"周遍于一切'色法'，是物质的基本组成元素❶。

建筑是存在于自然界中的人工物，在傣族看来也是由"四塔"构成的一类"生命体"，在人与自然环境之间起着重要的调节作用。傣族住宅内部，如何合理地安排"四塔"，特别对于"风塔"的布置，是傣族住宅空间布局的文化之根。

（2）"五蕴"

"五蕴"傣语为 ၕၕဇ၌，音译为"憨塔当哈"；"蕴" ၕ၌，是"积集"的意思。"五蕴"包括了"色蕴" ၐၛ၌、"受蕴" ၑၘၟၐၕ၌、"想蕴" ၐၐၐၕ၌、"行蕴" ၐၐ၌ၐၕ၌、"识蕴" ၐၐၐၕ၌。"色蕴"之"色"，指物质，"色蕴"有形体相状之意，产生"识蕴"（想象）、"受蕴"（感受）和"行蕴"（行为或造作）。

"识蕴"，有"心蕴""心识"之说，是稳定意识之蕴。"心识"具有统领、派生"受蕴""想蕴""行蕴""识蕴"这"四蕴"的作用。"受蕴"是感受，心中所想所思的东西都属于"受"，包括眼、耳、鼻、舌、身、意引起的感觉。"想蕴"之"想"，指思想、想象，是知觉，即对所见所闻产生的想象。"行蕴"指行为或造作，即由思想指挥而动，依思维而造作的种种，多指人体组织、人的肌体、面貌特征等❷。

（3）"四塔""五蕴"与傣族佛塔的关系

在傣族文化中，"四塔"和"五蕴"，是构成物质的元素。"土（地）塔"是基础，"水塔"提供水分，"火塔"提供热量，"风塔"提供伸缩走动的动力。"四塔"和"五

---

❶ 《中国贝叶经全集》编辑委员会. 中国贝叶经全集（86）[M]. 北京：人民出版社，2010：347.

❷ 《中国贝叶经全集》编辑委员会. 中国贝叶经全集（86）[M]. 北京：人民出版社，2010：356-364.

蕴"很像中原地区塔文化中的"塔"与"性"。

南传上座部佛教的佛塔一般由五部分构成：基座、覆钵、平头、伞杆和伞盖，佛塔作为象征物，随佛教的传入改变了未传入之前傣族先民对于世界的认知和观念。佛塔作为一种立体的宇宙模型，极为直接地传达了其所包含的丰富文化含义，同时将四塔五蕴学说极为简要地融入"塔都"的意象中，或用颜色，或用动植物的隐喻象征，或用群塔的组群关系来表达（图2-16）。

塔庄慕（重建于明代）　曼飞龙塔（清代）　曼崩铜塔（清代）　曼春满塔

图2-16　傣族佛塔源流图❶

---

❶ 图片来源：根据*The Ancestral stupas of Shwedagon*文中的图片改绘，后四座为西双版纳地区典型佛塔。

‖ 2.5　铜鼓文化语境下的傣族传统建筑 ‖

从文献、考古中已发现的实物来看，至迟在公元前7世纪，我国南方（特别是西南民族地区）及东南亚地区开始出现铜鼓，直到今天仍在流传和使用。虽然不同时期、不同民族、不同地域的铜鼓有着形制上的差别，但都拥有着基本的共同特征，"通体皆铜，平面曲腰，一头有面，中空无底，侧附四耳"。在中国，铜鼓主要分布于岭南和西南地区各省，包括广东、海南、广西、云南、贵州、四川、重庆、湖南等地，国内学者大多认为云南是铜鼓的发祥地❶（图2-17）；在东南亚地区，铜鼓分布于越南、老挝、缅甸、泰国、柬埔寨、马来西亚、印度尼西亚等国，特别是被称为"东山文化"的越南北部红河流域出土了大量铜鼓，其中有许多是早期铜鼓的代表。

1902年，奥地利著名铜鼓研究专家弗朗茨·黑格尔（Franz Heger）在其巨著《东南亚古代金属鼓》论述铜鼓的起源及其意义时说道"中国的苗族、倮倮族居住的地方和后印度泰族及克伦族聚居的地方，是一个最值得一访的地方……那些民族还保留着一些十分古老的、原始的风俗习惯"，他认为铜鼓的起源地"并不一定就是有海岸线的国家"，因为"这些鼓自古以来就是中国南方各省蛮人的特产"❷。

黑格尔分析了165面铜鼓，按形制、纹饰等方面的特征，划分为四个主要类型和三个过渡类型，其中"黑格尔Ⅲ型"❸被认为"可能是后来掸邦（和克伦人）地方化以后才产生的"❹。当时，黑格尔还不知道云南边境傣族地区大量存在此类型铜鼓，其广泛分布于澜沧、西盟、沧源、孟连、勐海、思茅、普洱、景洪、勐腊等地，且大多都是传世品、民间使用之物❺（图2-18）。黑格尔认为，Ⅲ型铜鼓源于Ⅰ型铜鼓，而Ⅰ型

---

❶ 蒋廷瑜.古代铜鼓通论[M].北京：紫禁城出版社，1999：37-40.

❷ 弗朗茨·黑格尔.东南亚古代金属鼓[M].石钟健，黎广秀，杨才秀，译.上海：上海古籍出版社，2004：384-392.

❸ 国内学者在黑格尔的划分方法基础上细化后，根据标准器铜鼓的出土地名将铜鼓的器型分为八种类型：万家坝型、石寨山型、冷水冲型、遵义型、北流型、灵山型、西盟型、麻江型。石寨山型、冷水冲型相当于黑格尔分类中的Ⅰ型，北流型、灵山型相当于Ⅱ型，西盟型相当于Ⅲ型，遵义型、麻江型相当于Ⅳ型。由于笔者关注铜鼓上镂刻的建筑特征所展现的文化特性，用地名分类法显然不利于论述，因此以黑格尔的类型学命名法为参照。

❹ 黑格尔在其著作中对铜鼓分为"基本型Ⅰ型（$H_Ⅰ$）、基本型Ⅱ型（$H_Ⅱ$）、基本型Ⅲ型（$H_Ⅲ$）、基本型Ⅳ型（$H_Ⅳ$）"和"过渡型Ⅰ_Ⅳ型、过渡型Ⅰ_Ⅱ型、过渡型Ⅱ_Ⅳ型"，国际上习惯省略在每一类型前的"基本型""过渡型"字样，而冠以"黑格尔"来指代其划分的某种类型。

❺ 李伟卿.铜鼓及其纹饰[M].昆明：云南科技出版社，2000：247-262.

铜鼓是昆明晋宁石寨山古滇文化和越南北部东京地区东山文化的典型代表（图2-19）。

　　目前，已知傣-泰族群所拥有的铜鼓大多属于"黑格尔Ⅲ型"，该族群直到今天都是使用铜鼓的主要民族。唐代刘恂《岭表录异》载，"贞元中，骠国进乐，有玉螺、铜鼓，即知南蛮酋首之家，皆有此鼓也"。宋代《桂海虞衡志》也有"铜鼓，古蛮人所用……四角有小蟾蜍"。明代钱古训《百夷传》有"铜铙、铜鼓、响板、大小长皮鼓，以手拊之，与僧道乐颇等者，车里（景洪，笔者注）乐也"❶。当时在西双版纳傣族地区，铜鼓是演奏"车里乐"的乐器之一。明洪武四年（1371年）暹罗（今泰国）国王遣使来中国进贡，贡品中就有铜鼓一项。泰国皇宫至今仍使用铜鼓，在国王主

图2-17　西汉滇文化祭祀场景中的铜鼓与"干栏"建筑　现藏于中国国家博物馆

图2-18　西汉滇文化铜鼓　现藏于云南省博物馆

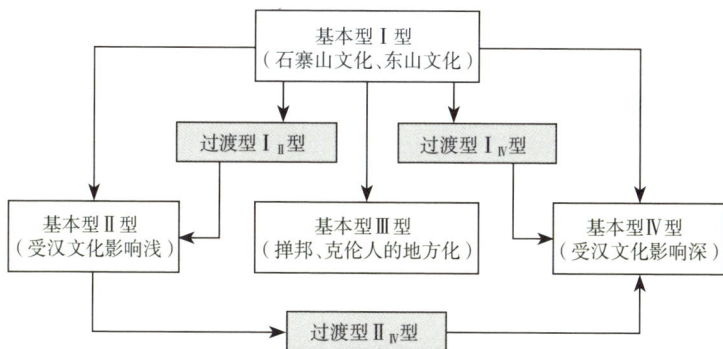

图2-19　黑格尔对铜鼓的类型划分及其源流示意图

---

❶ 钱古训.百夷传校注[M].江应樑，校注.昆明：云南人民出版社，1980.

持国会开幕大典时敲打铜鼓庆贺，许多寺庙中还保存着铜鼓[1]。

人类学家陶云逵先生于20世纪20年代在西双版纳调研时，在车里宣慰使宅邸"南边的走廊上，看到一个'铜鼓'"。他在《车里摆夷之生命环》中记述："宣慰使告诉他，这铜鼓是祖上传下来，现在既不用以鸣警，也不当作乐器，只是放在那当个摆设罢了"。也就是说，傣族宣慰使所藏铜鼓在此前很可能是用来鸣警和奏乐的，这与《百夷传》中记录的铜鼓是演奏车里乐的乐器相吻合。此铜鼓上有四只青蛙，傣族称其"虾蟆鼓"，泰国称其"金钱蛙锣"。日本东京国立博物馆现藏有一面于1901年从西双版纳大勐龙地区收集得到的铜鼓；老挝琅勃拉邦旧王宫中至今还藏有几十面古代流传下来的铜鼓，据统计老挝国内共藏有64面"黑格尔Ⅲ型"铜鼓。

在这些铜鼓中，有一部分的鼓面镂刻有干栏图案，这部分铜鼓均为"黑格尔Ⅰ型"，发现于越南北部和云南文山州，被认为是春秋战国至西汉时期的早期铜鼓；而发现建筑图案镂刻于鼓体的铜鼓均为"黑格尔Ⅳ型"，被认为产生于唐代以后，受汉文化影响较深（表2-6）。唐代以降，受到南传上座部佛教影响的傣-泰族群所使用的"黑格尔Ⅲ型"铜鼓都没有镂刻干栏图案。

唐代至明代，南传上座部佛教传入傣族地区以后，逐渐被傣族社会认可和接受，形成全民性的宗教信仰，从而对其原初的文化产生了重大影响。然而，佛教文化并没有完全取代原初文化，有些内容在原初文化的基础上重新阐释，以铜鼓为代表的礼仪、风俗仍然留存，但其表达原初社会的许多象征性纹饰，特别与祭祀相关的纹饰被佛教文化同化。例如，以"骠牛、杀人"为核心的祭祀活动图案在"黑格尔Ⅲ型"铜鼓上消失，承载这些活动的建筑纹饰随之被取消。而以竞渡为核心的风俗，在"黑格尔Ⅲ型"铜鼓纹饰上，以"船、人、鸟"三种母题抽象后被重复性地运用。这也说明南传上座部佛教传入后，傣族的建筑发生了变化，但许多风俗习惯却因袭了下来，以建筑为原初文化代表的外部躯壳得到保留，而内核中的部分内容则被南传上座部佛教同化或覆盖。

---

[1] 蒋廷瑜.古代铜鼓通论[M].北京：紫禁城出版社，1999：37-40.

表 2-6　镂刻干栏的铜鼓

鼓名	式别	带有建筑的主要纹饰特征描述	星体芒线（芒）
开化鼓	I	鼓面第6晕中有干栏式房屋两间，屋顶立大鸟，屋内有铜鼓台和罐等容器	12
东京（茂利）（72）	I	1.鼓面主晕圈有干栏式房屋四个，两两相对并相似； 2.房顶宽大，顶盖两端向上翘起，屋顶上装饰着一只大鸟，尾巴后面又有一条大肚子的鱼； 3.二层室内有两人或坐或跪，脸面相向，两人中间又有坛子或花瓶一类的东西； 4.图像的左右两边有两根直通屋顶的主柱，主柱上有一行虚线，应表示装饰图案； 5.房子中间有许多短木柱支撑着二层楼面，之间又有两根倾斜宽大的短木柱，上端支撑着大梁，这样房屋中央便出现了一个三角形空间； 6.长、短柱之间分为左右两个空间，左边空间一人前似放着一个横卧的铜鼓，右边空间放着一面铜鼓且鼓面朝下； 7.屋顶两侧都有回纹图案，图案下面又伴有一系列圆点，点下面是比较粗的垂直短线组成的弧带； 8.屋顶两端向上翘的部分各连着一个有中心点的大圆圈	14
东京（盖列特 I 号）（82）			12
德累斯顿9536号（18）	IV	鼓体的晕圈7和18构成一低矮的屋脊，屋面略呈弧形，扁平的中界线就在脊峰上；	12
广东27号（110）		鼓体的晕圈8和9两圈相交成一屋脊状，扁平的中界线就在脊峰上面；	12
皮斯科 II 号（70）		鼓体的晕圈8和9两圈，圈面平滑，交界处凸起成屋脊形，脊顶就是鼓体的中界线	12

铜鼓文化普遍分布于我国西南地区及东南亚的中南半岛，从不同历史时期所演化而成的不同类型的铜鼓来看，铜鼓文化与中原汉文化并行，后来受到古汉文化圈和古印度文化圈的影响，铜鼓文化几近消失。铜鼓与干栏的地域分布范围、类型特点和文化来源极为相近。铜鼓文化中的建筑与傣族传统建筑之间的相似性，包括但不限于以下几方面。

a. 屋架层居神灵、二层住人、底层豢养牲畜的"神、人、畜"垂直分置的上、中、下空间秩序。

b. 起结构支撑作用的"原始中柱"（房屋纵向上的两根中柱）都被赋予了丰富的文化含义。

c. 弯曲的屋脊和长脊短檐在傣-泰族群的佛寺大殿、亭阁中均有发现，大量存在于古代的壁画雕刻中。

　　d. 纵向布置的空间序列，以山墙一侧为主入口。这体现在古滇文化的铜房屋模型和镌刻于铜鼓上的谷仓图形中，大量存在于傣族佛寺和住宅等风土建筑中。

　　从傣族、泰族、佬族等傣-泰族群所大量拥有的"黑格尔Ⅲ型"铜鼓来源于上古"黑格尔Ⅰ型"铜鼓，以及傣族建筑与"黑格尔Ⅰ型"铜鼓上所镌刻的干栏图案、古滇文化中铜房屋模型在建筑特征上的相似性来看，傣族建筑应根源于上古时期中国南方地区的建筑文化（图2-20）。

（a）云南开化铜鼓鼓面　　　　　　　（b）越南东京茂利鼓鼓面局部

图2-20　"黑格尔Ⅰ型"铜鼓上的"干栏"建筑图形❶

‖ 2.6　本章小结 ‖

　　本章提取了与营造相关的几个重要词群：栏、间、架、塔，在傣语语境下阐释其含义，大致勾勒出傣族世代相传的营造观念，结合民族志、古籍文献及考古成果对傣族风土建筑有限度地向历史维度延伸，得到以下几方面结论。

　　（1）关于史籍中"干栏"与傣族建筑之间关系的结论

　　a. 通过对傣-泰族群各民族关于"屋"发音的比较和分析，说明"栏"极有可能是上古中原汉文化对其"屋"发音的音译。

　　b. 对于汉文古籍中关于獠人居所的分析得出：獠人依傍大树来搭建房屋，在中

---

❶ 图片来源：（a）《文山铜鼓》，（b）《东南亚古代金属鼓》。

原汉文化看来，还不能称其为"楼"；獠人的居所还没有出现专供上下楼层所使用的"梯"，其时很可能还未出现住宅文化；獠人是以血缘为纽带的原始氏族族群，其居所很可能类似于今天仍存在的"长屋"等三方面结果。将干栏的演变过程与傣文古籍记录的建筑对比，发现在房屋构架、住宅文化、家庭组织等三方面的演化方式极为相近。

（2）关于傣族住宅中空间构成、功能布局和构架特征的结论

a. 傣族以"块"的方式认知空间，建筑由若干大小不同的"块"组成，构成块的元素有"柱"和"壁"。"壁"除了有隔的作用外，还有区分内、外空间的作用，采光的作用不强。"卧室壁"被拆卸下来的过程，像是把内卧室这个"容器"的盖子打开，在一些仪式中（如婚礼和葬礼），"卧室壁"的拆卸标志着"容器"被打开，空间的意义转变后，仪式方可继续举行。

b. 住宅的功能空间可分为内和外两大部分，内部由内卧室、屋中和窗前组成，外部由外间、晒台和楼梯组成。内卧室在所有功能空间中最重要，可以指代整栋房屋，很可能曾经出现过"母—子"房的居住模式。"屋中"一词说明傣族住宅强调中心，其中有两个重要元素"女柱"和"火塘"。"窗前"可以理解为"家神空间"。"外间"是乘凉和会客之所，"晒台"是房屋中的不洁之处。

傣族住宅空间中具有以头为上方位，另一侧为下方位的上、下方位观；对物体"前面"方位很重视。内和外是相对的，从外间到内卧室，私密性渐次增强；与相邻的空间相比，每个功能空间都有"内"和"外"的属性。"壁"的文化含义远大于其结构和隔声作用。

c. 通过对傣族房屋构件类术语的解读，发现傣族营造观念中对"柱"的重视程度要远大于对"梁"的；"檩"和"梁"两类构件的差别不大；"穿"类构件在结构体系中具有极其重要的作用，根据其所在位置和方向的不同有六种名称；"人字木"有孕育的含义，与"女性生殖器"同为一词；"脊檩"并无特殊的意义。

（3）关于傣族"塔"来源的结论

通过对比"塔都"和"支提"两词不难发现，"塔"重在对"物"的阐释，"支提"侧重于"仪式场所"。在傣族文化中，"塔都"一词来源于南传上座部佛教的"四塔五蕴"学说。"塔"是作为一个多维立体的宇宙模型，极为直接地传达其所包含着的丰富

的文化含义，同时将"四塔五蕴"极为简要地融入"塔都"的意象中，以色彩、动植物的隐喻象征，以群塔的组群关系来表达。

（4）关于铜鼓文化与傣族建筑之间关系的结论

将傣族风土建筑置于中国西南及东南亚地区铜鼓文化语境下，从傣族、泰族、佬族等傣-泰族群所大量拥有的"黑格尔Ⅲ型"铜鼓来源于上古时期的"黑格尔Ⅰ型"铜鼓，傣族建筑与"黑格尔Ⅰ型"铜鼓上所镌刻的干栏图案、古滇文化中铜房屋模型在建筑特征上的相似性来看，傣族建筑应来源于上古时期中国南方地区的建筑文化。

第 3 章

傣族风土聚落的形制

‖ 3.1 传统聚落的八种类型 ‖

傣族的城镇和村寨在营建上有一套比较完善的体系，主要从地貌、形貌、定名三个方面规范聚落的营建模式。

地貌选择主要考虑地形与周围地质环境是否相合，可称为"地貌合宜"；从形貌方面考虑如何规避周围和场地内的不利因素，充分利用地貌上的有利条件来分布住宅和各方面设施，可称为"形貌适居"；从文化象征方面确定聚落类型，将地貌、形貌的有利条件演化为可识别的身份（identity）象征，可称为"聚落定名"。

具体而言，地貌上主要考虑山坡、平地、谷地三种地形下的"通风、蔽日、排雨、纳水"四个因素，来确定居住的适宜性；形貌以四方形态为标准；定名将傣文声母与寨名的首字母相对应并分组，再用动物标识每个类型的属性，并与"神、树、水、井"四个方面的特征要素相结合，赋予其文化含义，共有八种聚落类型。

3.1.1 地貌合宜

通常情况下，民族地区在建寨、建城之前要对拟建设用地进行适宜性评价，也就是中原地区所称的"相地"。傣族古籍对于建城、建寨有专项论述，从中可以发现傣族在选择聚落地貌上有着一套完善的标准和范式。

按照傣文古籍所述，所选地貌可分为适宜居住的"吉地"和不适宜居住的"凶地"两大类，吉地又可分为非常适宜、适宜和有条件的适宜三小类。其中，有条件的适宜类地貌要么需要有相应的处理或破解方法才可以达到较为适宜居住的标准，要么在居住的同时会带来少许灾难。其他两类则被视为无条件地适宜居住。

由于西双版纳位于热带北部边缘区域，属热带季风气候，终年无霜雪、长夏无冬，一年只分雨、旱两季，且雨季经常出现暴雨或阵雨天气，因此"通风、蔽日、排雨、纳水"成为选择地貌的主要考虑因素。针对山坡、平地、谷地三种地形，综合分析这四种因素与地形之间的关系是适宜性地貌评判的重点。

对于山坡类地貌，"缓缓倾斜"的地势对于通风和排雨有所帮助，但也应考虑如何储水。高低起伏的"马鞍形"地貌，可以避免阳光直入，两侧的谷地有利于储水，可用于鱼塘养殖，不仅解决了生活问题，也适当调节了村寨内部的微气候。"马鞍形""鸟形"（"金凤抱翅形"）是山坡类地貌的最佳选择。"宫殿形"被认为是坡度较缓的山坡类地貌，适宜居住。如果坡度过大，如"塔形"（傣族的塔是凹曲线形）地貌，则虽然通风、排雨都很通畅，但地形陡峻、不宜纳水，建寨成本必然增加，因而被认为是有条件的适宜，往往是用地紧张地区新建村寨的备选方案。

西双版纳地区山峦起伏、平地较少，一般的地形、地貌通过适当的布局调整，能较为容易地实现"通风、排雨、纳水"，如果有河流流经聚落，则会增强这三个因素的适宜程度，因而傣族村寨大多选择沿河布置。

对于谷地，"宝座形"作为最佳选择的地貌，三面被山体遮挡，另外一面可以将雨水顺利排出，部分汇入山脚的鱼塘，有利于人工疏浚聚落范围内的河流。这与中原地区的地貌最佳选择标准非常相似。"大金船形"地貌则是周围山体两面高耸，另外两面低平，比"宝座形"少了一侧高耸的山体。"高脚盘形"四周皆山，但山体都不太高，否则会成为"钵盂形"或"蛤蟆形"——四面山体较高而造成通风、排雨不畅。"蛤蟆形"地貌需要聚落范围内有大的水面，以防止存在地下溶洞而出现无法纳水的情况（云南地区喀斯特地貌特征明显）。"钵盂形"地貌在若干年后会出现负面影响，需要禳解才可继续居住。

正方形的地貌最适宜居住，"四边形""满月形（太阳形）""满弓形"都是适宜的地貌形状，"缺月形""神弓形""三角弩形"需要恰当的条件才适宜居住（表3-1、图3-1）。

表3-1　傣族聚落适宜性地貌分析

适宜程度	地形	地貌特点
非常适宜	马鞍形	有向下的倾斜山坡，像马鞍
	鸟形	金凤抱翅形，像一只垂着双翅站立在岩石上的大鸟
	狮子形	凸起像白蚂蚁堆，有两座山夹着，有水流过，有石头或者白蚂蚁堆
	宝座形	形似宝座
	平地形	地势很平缓，没有高低起伏
	河岸形	有河流从地面上流过

续表

适宜程度	地形	地貌特点
非常适宜	正方形	平坦的地方像因陀罗❶的双面大鼓的鼓面
适宜	缓坡形	地势随山坡缓缓倾斜
	高脚盘形	形似盘口朝上的高脚盘
	大金船形	形似大金船
	宫殿形	形似宫殿
	满月形	形似满月或圆月（太阳形）
	满弓形	形似拉开的满弓
	龙形	形似龙
	四边形	—
有条件的适宜	钵盂形	形似钵口朝上的钵盂
	蛤蟆形	凹下去，像癞蛤蟆肚皮朝天
	缺月形	形似缺月
	神弓形	形似神弓
	貘形	—
	三角弩形	形似三角弩
	塔形	

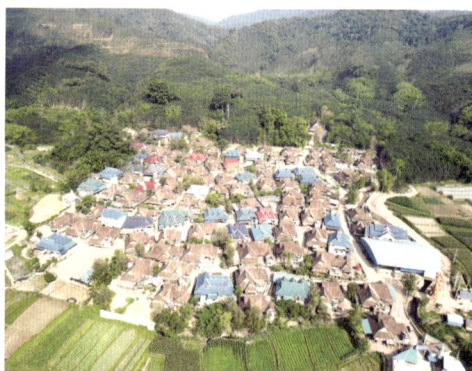

（a）曼岭村

（b）曼朗村

图3-1　傣族传统村寨典型适宜性地貌环境

❶ 因陀罗：梵语音译，即天帝。

3.1.2 形貌适居

在西双版纳傣族地区，理想的村寨空间形态比较统一，为"四方"和"界石"两种形态。这是对方位最好的诠释，可以较为容易地布置寨内道路、寨心等各项基础设施，村寨在寨民心中的意象也较为清晰并且容易辨识。

这与南传上座部佛教文化中的"十方世界"学说和重视方位的观念有着直接的关系。此学说认为，宇宙由东、南、西、北、东南、西南、西北、东北八个方位，以及上、下两个方位构成。四方形态能够非常清晰地定位前八个方位，而界石形态在此基础上又增加了上、下两个方位，因而在傣族聚落中被认为是最完美的聚落形貌。

从形态的角度来看，三角形、圆形等形态显然不适合表达聚落的方位体系，缺乏明确的方向性和秩序性。傣族建筑中只有塔可以用圆形，其他建筑类型几乎都为四方形态。如果将具有四方形态的建筑单元体块重复组合，三角形和圆形聚落会引起体块之间的矛盾和冲突，给居住者带来心理的不适感。因此，从建筑空间组合的角度来看，四方形态的聚落更容易营造和谐的内部空间（表3-2）。

表 3-2 傣族聚落空间形态适宜性分类

类别	聚落形态
最佳形态	四方形
	一块巨大的界石
需禳解类	三角形
短暂居住	鸡翅膀、鸟翅膀
	锅口朝上的饭锅
	弯曲的河流
	锅口朝上装水的土锅
不适宜	侧倒的钵盂
	侧倾的钵盂
	锅口朝上装水的土锅

3.1.3　聚落定名[❶]

傣族村寨、城镇的命名方式是将41个傣语声母分为八组，将这八组声母与寨名的首字母相对应，命名为8种聚落类型，再用8种动物与这8种类型相匹配，标识每个类型的属性和特征。4个环境特征要素"神""树""水""井"所处的方位是决定聚落类型的主要因素，4个环境特征要素彼此之间的关系则是次要因素。这8种聚落类型成为选择和营建环境要素的理想模式。例如，"曼岗纳"ဂ္ဂၣၔ[pan³kaŋ¹na⁴]属于2型（虎）聚落，"城子寨"属于3型（狮）聚落，"曼贺"ဂ္ဂ[pan³ho¹]属于6型（羊）聚落，"曼岭"ဂ္ဂ[pan³leŋ⁶]属于8型（象）聚落。

本研究中的"树"特指树龄很长的大树，有攀枝花树、酸果剌树、菩提树和榕树4种，在傣族文化中象征着"天神在那里守护"，通常情况下作为村寨里的"寨神树"。属相为"金翅鸟、虎、狮、狗、羊、象"的6类聚落均在寨神树处守护。而"金翅鸟"型聚落除寨神树以外，在白蚁堆处也有"天神"守护；猪型聚落中心为神石，龙型聚落三面被溪流环绕，猪、龙型聚落中均没有寨神树。傣族民间"神灵住在大树上"的信仰与傣族风土聚落中"树"的重要性相吻合。"火"的位置与此正好相反，必须远离大树。

水分为湖泊、河流、溪水、池塘4种，其中河流是聚落选址的首要考虑因素，除1型（金翅鸟）聚落没有对河流的方位有明确要求外，其他7个类型的聚落对河流方位均有规定。

水井所处方位与聚落朝向有着直接的对应关系，在聚落朝向的反方位（坐向）基础上顺时针移动一个方位就是水井所处的方位，例如，2型（虎）聚落朝向为西，其水井所处方位为东南。但由于傣族"以东为尊"的方位观，水井不能位于东方位，因而朝向为西南方位的1型（金翅鸟）聚落的水井位于东北方位上，而不是东方位。"金翅鸟、狮、狗、猪、象"这5个类型聚落的水井与"神、树、水"的位置不重合；2型（虎）和6型（羊）聚落的水井与"神、树"的方位一致；7型（龙）聚落三面被

---

❶ 关于"傣族聚落类型"部分的详细内容，参见笔者于2021年3月发表在《风景园林》期刊上的拙文《基于"主位"与"客位"视角的西双版纳傣族风土聚落类型研究》。

水环绕，水井的方位在西，与其中一条河流所处的方位重合。

　　总而言之，傣文声母被分成八组（作为寨名的首字母）与"神、树、水、井"环境特征要素的八种组合模式相对应，形成八种聚落类型；同时，运用比附性象征手法化繁为简，以八种动物赋予聚落美好的文化含义（表3-3、表3-4）。

表 3-3　傣族城镇名的类型分析

类型	地名	意义	发音	其他称呼
2型 （虎型）	勐刚	中间之城	$[m\gamma\eta^2kaa\eta^1]$	—
3型 （狮型）	景真	召真憨之城	$[tse\eta^2ts\gamma\eta^1]$	—
	勐遮	被水浸泡的地方	$[m\gamma\eta^2ts\varepsilon^6]$	—
5型 （猪型）	景帕	石山城	$[tse\eta^2phaa^1]$	—
6型 （羊型）	景洪	黎明之城	$[tse\eta^2hu\eta^6]$	景陇、景永、勐泐、车里、彻里、阿罗毗
	景武	蛇城	$[tse\eta^2\eta u^2]$	—
	勐罕	卷起来的地方	$[m\gamma\eta^2ham^2]$	橄榄坝、勐达沙纳管、拉玛腊他
7型 （龙型）	景岱	下边之城	$[tse\eta^2tai^3]$	—
	景讷	上城	$[tse\eta^2n\gamma^1]$	—
8型 （象型）	勐腊	茶之地	$[m\gamma\eta^2la^4]$	传说释迦牟尼曾将茶倒在地上形成南腊河而得名，腊即"茶"的意思
	勐龙	过分的地方	$[m\gamma\eta^2lo\eta^2]$	龙罕、岗麻腊他布里
	勐往	湖泊的地方	$[m\gamma\eta^2va\eta^2]$	—
	勐倮	最后一个平坝的地方	$[m\gamma\eta^2l\mathfrak{d}^1]$	—

表 3-4　傣族村寨常用名类型分析

类型	汉语用词	汉义	村名举例
1型 （金翅鸟型）	易比	胖女人	$[?i^1pi^2]$
2型 （虎型）	刚	中间	曼刚（中间村）$[baan^3kaa\eta^1]$、曼刚纳（田坝中间村）$[baan^3kaa\eta^1naa^2]$

续表

类型	汉语用词	汉义	村名举例
2型 （虎型）	涡、戈	树	曼戈播（龙竹村）[baan³kɔ¹pok⁷]
	嘎特	街道、街	曼嘎（街子村）[baan³kaat⁹]
	广	山	曼广（山村）[baan³kɔŋ²]
	缟	老	曼缟（老村）[baan³kau⁵]
	曼降囡	偏僻的小村	[baan³keŋ⁵nɔi⁴]
3型 （狮型）	养	草坪	曼养利（剩有鱼坝村）[baan³jaaŋ²li⁶]、曼养办（苎麻数新村）[baan³jaaŋ²pan⁵]、曼养（草地村）[baan³jaaŋ²]
	浓	池塘	曼浓岱（鱼塘下边村）[baan³nɔŋ¹tai³]
	纳	田	曼纳伞（向田告别村）[baan³naa²saaŋ²]
	庄	头、顶	曼庄（头村）[baan³tsɔm¹]
	掌	替土司养象的村	[baan³tsaaŋ⁴]
5型 （猪型）	派、排	偏坡	曼派讷（斜坡上村）[baan³faai⁵nɤ¹]
	法	—	曼法讷（天上村）[baan³faa⁴nɤ¹]
	丙	平	曼丙龙（大平村）[baan³peŋ²loŋ¹]
	飞	树	曼飞龙（大青树村）[baan³fɤi¹luŋ²]
	坝	荒地、平地	曼坝老（芦苇林村）[baan³pa⁵lau²]、曼坝过（开辟荒地村）[baan³pa⁵kɔ⁵]
	迈	新	曼迈（新村）[baan³mai⁵]
	版	千	曼版（千挑谷子村）[baan³pan²]
	么囡	小卜巫	曼么囡（小卜巫村）[baan³mɔ¹nɔi⁴]
	景缅	延伸	曼景缅（延伸的村）[baan³tseŋ²mɛn²]
	么怀	水牛塘	曼么怀（水牛塘村）[baan³bok⁹xvai²]
6型 （羊型）	回欠	野花椒	梭回欠（野花椒菁口村）[sop⁷hoi³xɛn⁵]
	沙	作揖	曼沙迈（作揖新村）[baan³saa¹mai⁵]
	回	山菁、小溪	曼回勒（菁上游村）[baan³hoi³nɤ¹]、曼回（菁上村）[baan³hoi³]
	贺、伙	头	曼贺ฆ๊[pan³ho¹]；曼贺科（桥头村）[baan³ho¹xo¹]；曼贺东（沼泽地头村）[baan³ho¹tuŋ⁴]；曼贺浓（池塘头村）[baan³ho¹nɔŋ¹]

续表

类型	汉语用词	汉义	村名举例
6型 （羊型）	怀	百丁	曼怀（百丁村）[baan³hɔi⁴]
	扫	火钳	曼扫景（二十火钳村）[baan³saau²tseŋ²]
7型 （龙型）	诺董	刺桐树花	曼诺董（刺桐树花村）[baan³dɔk⁷tɔŋ²]
8型 （象型）	竜	大	曼竜岱（绕过之下村）[baan³luŋ²tai³]、曼竜囡（大小村）[baan³luŋ²nɔi⁴]
	兰	百万	曼景兰（百万人城村）[baan³tseŋ²laan⁴]
	列	巡视、监视；扩大地盘	曼列（观看村）[baan³lɛ²]、曼列讷（巡视上村）[baan³lɛ²nɣ¹]
	岭	观望；供养	曼岭（观望村）[baan³leŋ²]
	两	光亮	曼两囡（光亮小村）[baan³lɛŋ²nɔi⁴]
	累	上游	曼累讷（从上游下来村）[baan³lɔi²nɣ¹]
	陇因岱	站立的狭长坝子村	[lɔŋ²lim²tai³]
	令	陡峭	曼令迈（陡峭的新村）[baan³liŋ⁵mai⁵]

‖ 3.2 聚落构成模式的演化 ‖

傣文古籍《论傣族诗歌》（成书于1615年，傣历976年）收录了《谈寨神勐神的由来》（成书于1542年，傣历903年）一书，其中详细记述了傣族先民在历史上所经历的四个时代："篾桓蚌"（竹虫集中）时代、"盘巴"（狩猎首领）时代、"叭桑木底"（农耕首领）时代和"沙厦纳"（佛教）时代。本文所描述的傣族聚落四个发展阶段的主要特征与上述四个时代相对应，从觅食野果、穴居野处的无中心分散状态，到狩猎时期的猎神殿"单中心"，再到农耕稻作文化初期的寨心"单中心"，一直到南传佛教传入后的寨心与寺心并置的"双中心"。总体来讲，傣族聚落可分为早期原初文化的遗存和南传上座部佛教文化的影响两部分，相互融合，形成了今天的傣族传统聚落。

3.2.1 从"猎神殿"到"寨心勐心"

"自从有了'盘',就有了寨头,有了寨头才有勐头,有了勐头就产生了'首领'和'王'"❶。傣族古籍记述,从"盘巴"时代开始才有"猎神猎鬼"的祭祀仪式,出现了中心空间"猎神殿";到了"叭桑木底"农耕时代,以"寨心勐心"为中心建立村寨和勐❷。

寨心和勐心的产生并不是一蹴而就的,二者的成因有着深层的社会文化因素。根据傣文古籍的记载,寨心、勐心是随着"叭桑木底"农耕时代定居生活而产生,佛寺制度是在水田稻作农耕时代,南传上座部佛教完全掌控傣族地区以后才逐渐成为规制。傣文古籍将佛教传入之前的傣族历史分为三个时代:"篾桓蚌"时代、"盘巴"时代、"叭桑木底"时代。

(1)"篾桓蚌"时代的穴居野处"无中心"

傣族诗歌《巴塔麻戛捧尚罗》所述的第一阶段"北方冷森林"时期,傣族祖先居住在山洞里,经历了数千年。《沙都加罗》把这一时期的生活方式比作"篾桓蚌","祖先不会用刀,不会挽弓射箭,以石头木棒为武器,却会用粗野藤来绊鹿子脚,百条才绊着一条,千条才绊着一条,男男女女,老老小小,满山遍野,东追西堵,累得全身流汗,快到日落,才捉住鹿子",这个时代傣族先民过着觅食野菜野果、穴居野外的生活。

(2)"盘巴"时代的猎神殿"单中心"

"盘巴"时代"傣族祖先由原来的集中,开始走向大分散……逐步从冷森林的山洞开始向热森林转移……哪片森林有动物,人群就朝哪片森林走",过着随畜迁徙的生活。这个时期出现了一位著名的首领"沙罗",创造出一种新的狩猎方法,被傣族先民们崇拜。

---

❶ 祜巴勐.论傣族诗歌[M].岩温扁,译.昆明:中国民间文艺出版社(云南),1981:40.

❷ 勐:若干村寨组成的地区或部落。

为了使狩猎得到的食物能够被公平分配，沙罗规定"从今天起，我就是你们的头，你们就叫我为'盘'……不管打得麂子，不管打得马鹿，从头到脚，从肠到肚，从心到肺，从皮到骨，都要平分。大家一起吃，大家一起饿……我会给你们拴住马鹿，我会给你们撵来麂子，我会给你们驱散灾难。现在我活着，大家听我管，到我死了……要是你们把我忘记了，麂子马鹿会跑掉，大火会烧天。不管什么人，打得麂、鹿，捕得野猪，就是捉住松鼠，也要分给大家尝……有苦大家受，有乐大家享，子孙才兴旺……"❶。

沙罗死后，人们"围拢在大树下，搭起木架子，插上花和绿叶，绕上绿草绳，把沙罗尸体抬放在架上，立大树和木架为'管反'❷（猎神殿），封沙罗的头颅为'沙罗反'（猎神王）。选出一老人，专管'猎神殿'，负责祭'猎神王'，取名叫'摩反'（祭猎神者）❸。"在这个时期里，"没有村寨和住房，除了打猎求生，就是自然配偶和生育"，多数人"继续不断往南迁移"，少数人"仍守在沙罗死地"，出现了"多领头多首领"分散的状态。❹

傣族先民在向南迁徙的过程中由专人看守猎神殿，在狩猎前、后均由专职人员"摩反"举行祭祀仪式，有了祭祀习俗，出现了原始宗教。一方面，猎神殿成为傣族先民精神层面的"中心"，祭祀猎神使部族凝聚力得到加强，狩猎活动比以前相对容易；另一方面，分配制度使部族内部的生活相对稳定。

（3）"叭桑木底"时代寨心勐心的"单中心"

在"多领头多首领"（多首领多猎王）的分散状态时，傣族先民继续向南部森林迁徙，为了争夺猎物、食物，部落、猎首领间争斗不断，随后出现了一个宣传"盖房建寨，定居种瓜"主张的首领"叭桑木底"，开启了"叭桑木底"农耕时代。

叭桑木底领着傣族先民们"用红石头栽在寨子中央，周围插上十根木柱，立为

---

❶ 原文出自傣族古籍《沙都加罗》，转引自古籍《论傣族诗歌》中的《谈寨神勐神的由来》一文。

❷ 管反：猎神殿。"管"，衙门、庭或殿；"反"，麂子。"管反"直译为"管麂子魂的殿庭"，这里指的是"管打猎的神的衙门"，即"猎神殿"。"沙罗反"则为"猎神之王"的意思。

❸ 摩反：专管祭猎神猎鬼的人。"摩"，直译"能者、熟练、精通、能手"，这里指的是"祭猎神者"。

❹ 祜巴勐.论傣族诗歌[M].岩温扁，译.昆明：中国民间文艺出版社（云南），1981：99-103.

'寨心'，表示人类的'定心柱'。接着在寨子旁边，选了一片树木高大的森林，在这片森林中央的大树下，搭起长方形的木架子，用奇形怪状的石头和树根支在上面"。

同时，制定了"寨神勐神"的规矩。"把设立'寨神勐神'的森林命名为'竜曼竜勐'即'寨神勐神林地'。规定每年到建寨的这一天，全寨祭'寨神勐神'一次，一年祭一次'寨心'"❶。

从此，"盘巴"狩猎时代逐渐转入"叭桑木底"农耕时代。以"寨神勐神"为中心，男人打猎、女人种瓜和饲养牲畜，村寨以寨心为单中心的空间形态开始形成并逐步推广到傣族其他地区，"盘巴"时代的猎神渐渐被归入寨神勐神的体系下。

由于叭桑木底在狩猎末期、农耕初期建立了村寨管理制度，巩固和推动了傣族农耕经济的发展，傣族先民从依赖天然食物步入了定居生产的新阶段，因而尊其为建寨和建房的始祖。他死后，凡是建新寨新房，傣族先民都要先祭祀叭桑木底，而每年祭祀寨心的仪式都象征着对傣族民族信仰体系的祭祀。

在狩猎时代，先民们为了寻找野菜和追捕猎物"经常东奔西跑，哪里天黑便在哪里住宿，没有固定的家"，到了狩猎时代后期、农耕初期，从流动的狩猎生活变为固定的农耕生活，很多人不习惯，有的先民仍然想流动。为了巩固定居农耕的生活方式，制止流动乱跑的现象，叭桑木底规定："每个新建立的寨子都要埋一个寨心，这个寨心任何人都不准搬动；每个寨子都要设四道寨门，所有的人都要从这四道寨门出入，不得乱走"❷。这实质是一种原始的户籍管理制度，对制止流动狩猎，巩固定居农耕的过程起到了很大的推动作用。

随着农耕经济的不断发展，傣族先民们越来越意识到稻作生产中水的重要性，于是针对建寨又建立了一系列详细的规定。据史料记载，每个村寨在建寨之初，要从山间或江里选一个完整的巨卵石作为寨心石，选定后以蜡条祭献，抬回寨后在选好置寨心处挖坑埋石，再用树桩、石头护之，意为"寨心"，有人说同时要埋少许谷子和金银，象征寨子兴旺和富足。寨心石之上，露出土面处以四个大卵石相护，如果取石方便，地面上将置大石块相围；也有用木桩相护，桩顶端多呈尖塔状，也有

---

❶ 祜巴勐.论傣族诗歌[M].岩温扁，译.昆明：中国民间文艺出版社（云南），1981：109-110.

❷ 祜巴勐.论傣族诗歌[M].岩温扁，译.昆明：中国民间文艺出版社（云南），1981：109-110.

在木桩之外再以竹笆相围的。竹笆木桩都是相围的标志，而不是寨心[❶]。

可以看到，挑选寨心石的仪式是为了确保一年的谷物丰收，而农耕生产是由溪河、沟渠的畅通和自然气候等因素决定的。因此，寨心起源的实质是傣族先民们试图将年年风云变化的自然气候这一不可预知性，在一定程度上转变为年年祭祀的可控制性的实体对象，让寨心与河流尽可能产生联系。祭祀河边或江边非同寻常的一块巨型卵石——寨心石，实质是起到祈求自然护佑的目的。如此，便保证着农耕顺利、稻谷丰收，也就保证了村寨的平安、持续发展、人口繁衍和兴盛富足。

那么，寨心石所处的位置和周围环境就显得十分重要，用卵石、木桩、竹笆护卫寨心石，寨心石旁的水网节点一方面模拟了溪河，成为寨心与河流间的联系，另一方面成为祭祀活动中实实在在的物象。原始宗教通过对实体物质的具体表象"把控"着水网系统，从而达到了"把控"聚落的发展并得到认可的目的。

3.2.2　从"单中心"体系到"双中心"模式

南传上座部佛教传入后，傣族文化逐渐转向二元构成，即佛教文化和原始宗教文化的并置和共存。傣族聚落逐步形成了以寨心空间代表原始宗教文化和以寺心空间代表佛教文化的"双中心"空间特征。

佛教传入傣族地区之前，傣族文化已步入稳态的发展阶段。早期，佛教刚刚传入西双版纳地区的时候遇到了许多阻力，曾经与原始宗教对立过一段时期，随后在与原始宗教的对峙中逐步掌控了傣族的社会文化。

南传上座部佛教经过了较长时间融合本土原始宗教文化，在傣族地区走向了兴盛。此过程中，佛教自身进行了一些调适，融合了傣族原初的文化习俗，将佛教的信仰和世界观融入生活生产中，得到了傣族的认同。如将佛寺空间与水井空间并置，或将佛塔空间与水渠节点重合，其逻辑与原始宗教中寨心空间与水网节点的重合相得益彰。此时的傣族人认为，佛寺庇护着生活用水和生产用水的同时，也护佑了全寨生命的繁衍和生存，以及聚落的良性发展和演化（图3-2）。

---

❶《民族问题五种丛书》云南省编辑委员会.傣族社会历史调查（西双版纳之九）[M]. 昆明：云南民族出版社，1983：254.

综上所述，无论是原始宗教还是南传上座部佛教，水网节点与祭祀空间节点的重合是观念、信仰"把控"聚落并得到认可的一种重要方式。

如果说在当时傣族人的观念中，寨心在聚落中护佑着显性因素（水利灌溉和生活用水的排污泄洪），则佛寺守护着聚落的隐性因素（水井和生活用水的供给）；如果说寨心空间与水网

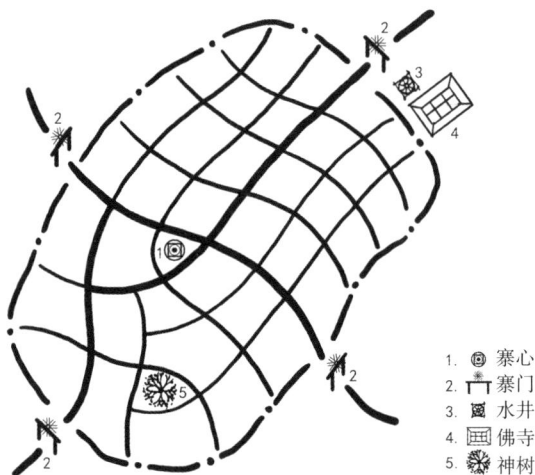

1. ◎ 寨心
2. 宀 寨门
3. 図 水井
4. 囲 佛寺
5. 紫 神树

图3-2　傣族传统村寨构成示意图（图片来源：作者自绘）

节点的重合是村寨中心与地上水网节点的叠合，那么佛寺与水井节点的重合则是寺心与地下水系重要节点的叠合；如果说寨心是聚落的心脏，那么佛寺就好像聚落的头颅，两个"中心"共同把持着聚落的"动脉"和"静脉"，维系着聚落的供给和输出。

▌ 3.3　聚落构成的特征要素 ▌

傣族聚落一般由"1界、2心、5区域、多节点"构成。1界指"村寨的边界"，2心指"寨心"和"寺心"，5区域指"山—林—水—寨—田"，多节点由"水井、寨门、寨神树、凉亭"等要素构成。

依据傣族聚落在历史上的演化过程及其在傣族人观念中的重要程度，可将傣族聚落特征要素分为节点和标志物、区域和边界、路径这三种。节点和标志物以"双中心"（寨心和寺心）特征来呈现，区域和边界由"山—林—水—寨—田"的立体分布和仪式活动中所标识的村寨范围来构成，路径以路网和水网的编织来达成。

3.3.1 "双中心"特征：寨心与寺心

傣族谚语有"不搬动佛寺的基石，莫移动寨神的木桩"[1]，佛寺"寺心石"和村寨"寨心石"的不可触碰，说明二者在聚落中同等重要，寺心和寨心构成了傣族传统聚落的"双中心"特征。

（1）寨心

"寨心"傣语为ᨾᨱᨣᩢᨸᩢ，读作[kaŋ¹cǎi¹pan³]，由类名"中心"ᨾᨱ[kaŋ¹]、专名"心脏、心灵"ᨣᩢ[cǎi¹]和专名"寨子"ᨸᩢ[pan³]组成，直译为"寨子的心脏中心"。傣族将村寨看成一个完整的生命体，支配着现实世界的村寨实体，寨心被视为这个村寨生命体的心脏，与任何有机生命体的心脏相似，维系着村寨结构系统的正常运行。"寨心"需要特别呵护，同时也需要与村寨的其他部分，如寨门、水井、寨神、寨神树、佛寺等有机联系，因此所处位置四通八达（图3-3）。

与此同时，要用占卜的方式以寨心的位置来确定寨址，寨心的特殊作用和象征意义使得其所在区域必定成为聚落空间形态上的重心。寨心使人们的意志凝聚在一

（a）围护寨心石的柱桩　　　（c）以前围护寨心石的竹竿　　　（d）聚落中传统寨心的构法[2]

（b）寨心石

图3-3

---

[1] 高立士. 傣族谚语[M]. 成都：四川民族出版社，1990：219.

[2] 图片来源：《The Dai or the Tai and their Architecture & Customs in South China》。

（e）传统寨心（勐海县曼贺村）　　（f）城市化影响下的寨心❶

图3-3　寨心和寨心空间

起，全寨每个家庭、每位寨民都以守护寨心为己任，住宅随后围着寨心按先后建盖的顺序排列。"叭、召曼（村长）的房屋不仅大些，也常建在寨中央。例如，勐阿的曼迈、曼宋、曼段和曼波，勐遮的曼根。曼迈的召曼兼叭的房屋门前就是寨桩（寨心）"❷。住宅距离寨心的远近与宅主人在村寨中所拥有的话语权大小、权力等级，以及迁入村寨的早晚有着较为直接的对应关系。寨心是村民日常生活的场所，代表着村寨"世俗"的中心。

（2）寺心

"寺心"傣语称为ᨠᩢ᩠ᨦᨩᩣ᩠ᨿᩅᨯ᩠ᨲ，读作[kaŋ¹căi¹văt⁸]，直译为"佛寺的中心心脏"。在确定寺院佛殿位置时需要先确定寺心，佛像所在位置与寺心有着密切的关系。"佛像眼睛注视前方的地面下是佛寺的寺心，在建造大殿时要埋置金银财宝等物品"❸。傣族村寨几乎每村都有佛寺，而寺心则是村寨的另一个中心，一般埋置于佛殿几何中心的地面下方，看不到其实体部分（图3-4）。

傣族南传佛教寺院在布局上不似汉地北传佛教寺院那样依循"定式"有明显的轴线对称关系，特别是寺院中佛塔所处的位置不固定，以塔、殿为中心的布局方式，

---

❶ 景洪市勐罕镇橄榄坝；图片来源：王冬教授拍摄。

❷《民族问题五种丛书》云南省委员会. 西双版纳傣族社会综合调查（一）[M]. 北京：民族出版社，2009：132-133.

❸ 笔者于2017年5月28日采访西双版纳傣族自治州勐腊县龙脑香禅林住持召温香勒（当地民众对其的尊称）所得。

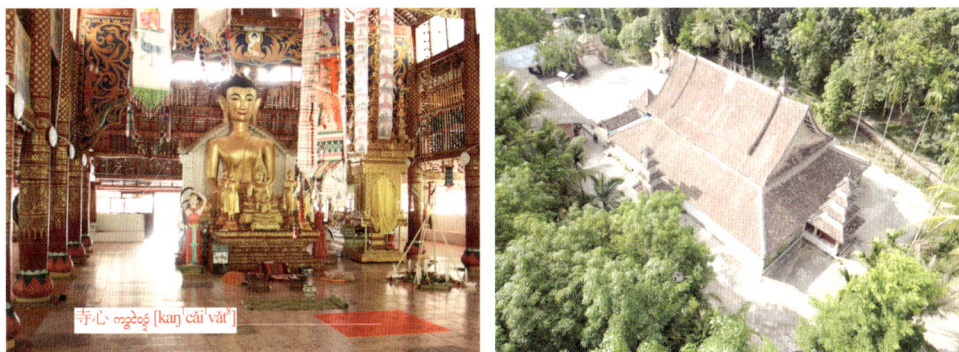

（a）曼岭佛寺大殿中的寺心位置　　　　　　（b）曼岭佛寺大殿鸟瞰

图3-4　傣族传统聚落中的寺心与佛寺大殿

体现出直接传承于古印度早期佛教建筑文化的痕迹。寺院和大殿的主入口一般在东面，殿内佛像居于西面山墙的中柱前，面东而坐（朝向东、东北或东南），因此整个佛殿随佛像的朝向呈东西长向、纵轴布置。塔、戒堂、鼓房、僧舍等建筑的布局较为灵活，但一般不会位于大殿东面的轴线附近，大多分而置之，也有僧舍、鼓房与大殿用连廊连为一个整体，位于大殿的西、西北或西南面的。这就使得寺心成为组织寺院平面秩序的中心。

寺院的地势一般略高于所在村寨，不建在寨中或寨脚，而在村头的寨门外。在赕曼（祭寨）仪式之前，用白线绳围绕村寨边界一圈，形成一个封闭的区域，即标示该村寨所拥有的居住领地；在祭寨期间禁止任何非本寨人员步入该区域，而白线绳所围成的区域会将佛寺置于边界之外，本村僧人与外村人一样，亦不能步入。

佛寺虽然不位于村寨的重心，但相较于寨心，在村民的心理层面有着更为"中心"的地位，且其所处的地势通常位于高处，更增强了在村民心中的庄严感。日常的赕佛和众多节庆活动都在寺庙范围内举行，如傣历新年、泼水节、关门节、开门节等，仪轨一般以寺院大殿为起点，途经村寨中的寨神树、寨心、水井、寨门等各个节点后，又归于寺院的佛殿内。显而易见，佛殿所代表的寺心是村民日常朝拜等礼仪行为的场所，代表着村寨"神圣"的中心。

（3）寨心与寺心的文化含义

寨心空间与寺心空间是村民活动聚集的重要场所，但在空间感知上却表现出非常大的差异，即"俗"和"圣"的二元对立❶。寨心空间作为与村民日常生活息息相关的重要节点，充满着平和与愉悦，除寨心石被柱桩或小石龛保护着以示其重要性之外，村民均视其为日常生活的一部分，即"俗"的场所。佛寺空间作为村内老人每日清晨及日暮做赕，以及重大节庆活动仪式的场所，则表现出庄严与威仪。对于村民来说，佛寺空间是一个枢纽，是现实世界中的人们与祖先沟通的枢纽❷，即"圣"的场所。人们身处"寨心空间"时可以无话不说、无题不谈，而一旦跨入寺院大门，敬畏之心便会悠然而生，话不可多说、目不可斜视。

因此，寨心空间代表着世俗社会中村寨的中心，寺心代表了与彼岸理想国沟通的枢纽，二者共同构建了傣族风土聚落"俗"与"圣"二元对立的空间概念（图3-5）。

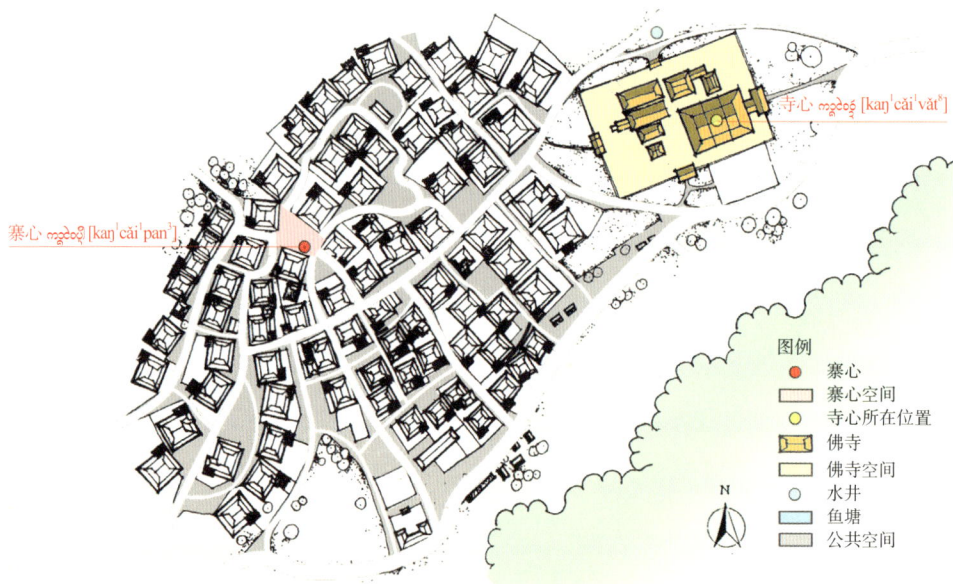

寺心 ကွ၁ၑၵ္ [kaŋˈcăiˈvǎtˣ]

寨心 ကွ၁ၑၷ [kaŋˈcăiˈpanˣ]

图例
- ● 寨心
- ▢ 寨心空间
- ○ 寺所在位置
- ▦ 佛寺
- ▢ 佛寺空间
- ○ 水井
- ▢ 鱼塘
- ▢ 公共空间

N

图3-5　傣族传统聚落的寨心与寺心❸

---

❶ 文中所说的"圣、俗"是指圣空间和俗空间的空间概念，而非具体的圣物或俗物，傣族先民在其生存环境中十分注重"理想"和"现实"的意义，二者是差异关系，而不是矛盾关系。"二元对立"一词是为了表达圣空间与俗空间"成对出现，相对而立"，二者"统一、互化"，并不互为矛盾。

❷ 傣族观念中的聚居环境有狭义和广义之分，本文用"村寨"和"聚落"加以区别。村寨是指生者居住的范围，与外部共同构成了聚落。村寨范围内，傣族的日常生活以寨心空间为中心，基本与神林没有太多关联。村寨外聚落范围内，地势较高的上方位一般为佛寺和神林，在南传佛教传入后，神圣的中心逐渐转移至佛寺空间（举行赕佛、赕祖等祭祀活动）。因此，佛寺在"现实"与"理想"之间起到了枢纽作用。

❸ 勐海县曼贺村20世纪60—80年代；图片来源：作者改绘。

3.3.2　区域与边界："山—林—水—寨—田"立体分布

傣族谚语有"建寨要有林和箐，建勐要有千条沟"，傣族村寨大部分建在田坝四周的丘陵地段，背靠山林，前临稻田，水渠从寨脚田头流过。傣族聚落在营建中非常重视"山—林—水—寨—田"之间的关系，及其与自然环境的关系，这五个区域的基本布局方式是根据聚落的类型来确定的。虽然在傣文古籍中并没有明确描述这五个区域的理想布局模式，但通过对众多历史资料的记录、口述史访谈等资料的研究可知，"山—林—水—寨—田"体系的构成早已被生态学、民族学等其他领域学者证实。下面以勐海县曼贺村作为典型案例加以分析和讨论。

曼贺村周围的地貌具有以下特征：西面是陡峭的石山（象山），坡度在30°～40°，不适合居住；从象山脚下向东呈一缓坡丘陵地带，坡度在5°～10°，大约向东1000米后坡度急速变大（15°～30°）；南北方向上，由南向北呈缓坡状逐渐降低，是典型的"马鞍形"地貌。

为了顺应地形地貌，曼贺村的村寨部分最初呈东北—西南向，建筑基本沿等高线方向布局。聚落在选址之初并没有选择低凹的谷地，也没有选择陡峭的山地，而是将寨心布置在坡度为5°～10°缓坡丘陵地段的中上部，紧邻东南部的一座小山（竜山）；佛寺布置在竜山脚下村寨东北角的地势最高处；鱼塘位于寨心的东北方位，紧邻村寨和佛寺的北部，与第6型（羊型）聚落中"湖"的方位基本一致，在村寨与竜山之间（图3-6）。

村寨脚下地势较低的谷地是由主灌渠阆南丹河灌溉谷地的农田；一条小溪流经东部地势较高的竜山脚下，与发源于竜山上的另一条小溪共同灌溉着缓坡上的农田，并供给鱼塘用水；鱼塘在干旱缺水的季节又起到调节农田灌溉用水的作用。阆南丹河支渠由南向北穿过村寨，位于中部的缓坡丘陵地带，主要供全寨生活用水和灌溉缓坡丘陵地带的农田，4条河水最终汇入流沙河。可以看到，位于不同区域的河渠、溪流起着不同的作用，协同保障着山、林、寨、田的水源供给。

第6型（羊型）

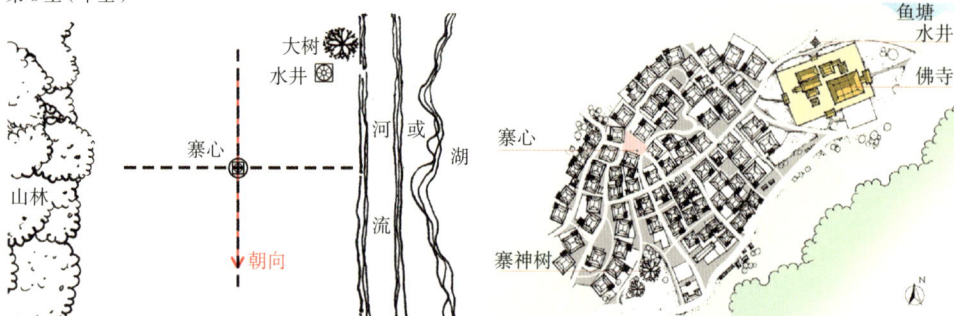

（a）羊型聚落各特征要素方位图　　（b）20世纪60—70年代曼贺村总平面图

图3-6　第6型（羊型）典型聚落——勐海县曼贺村❶

经过调查和研究发现，曼贺村从高处到低处存在着一种"三段式的构图"。上段为山、林，由竜山、竜林、薪炭林和寺院园林构成；中段为村寨、鱼塘、寺院；下段是农田。"竜山"可被译为"神山"，有时泛指有山神的大山，其作用有如汉族所称的"玄武"之地。竜山上的森林均被视为"竜林"（神林），在传统意义上是寨中诸神灵、祖先们居住的地方，被视为禁地，同时涵养着发源于竜山上的水源地，维护着村寨与周围环境的微观生态系统。中段以村寨为核心，寺院位于村寨的上方位（地势较高处），鱼塘紧邻村寨和寺院布置，村寨一方面是居住、生产与生活的中心场所，另一方面是现实世界中聚落生成、演化，与周围环境发生关系的控制中心。下段的农田大部分位于谷地，是寨民主要耕作、生产的场所，在流沙河水系和闷南丹河水系灌溉系统的共同作用下形成一片片相对均质的网状"斑块"，一直以来是聚落的"控制中心"，为村寨及其村民提供着物质保障，也是聚落赖以生存的基础。

勐山为勐林❷提供着生态保障，孕育着穿过村寨的闷南丹河支渠，在为村寨周边稻田提供着灌溉用水的同时保障着村寨的日常生活用水的供给和污水的排放。同时，流沙河和闷南丹河为大面积稻田提供着生产用水。不同级别的山、林、河保障着区域内供水的来源，四条河流在最大程度上保障了聚落生活、生产和安全方面对水的

---

❶ 图片来源：作者改绘。

❷ 勐山：地区级的大山。一个勐有好几处勐山，以景洪坝子为例，有"竜南""竜景维""竜召法龙""竜梭洼""竜邦朋""竜洞阳""竜丢拉天"7处。勐林：勐山上的神林。高立士.西双版纳傣族传统灌溉与环保研究[M].昆明：云南人民出版社，2016：41.

需求，水的供给所组成的系统又为村寨和稻田提供着基础性条件，进而稻田又为村寨提供着赖以生存的物质基础（图3-7）。

第2型（虎型）

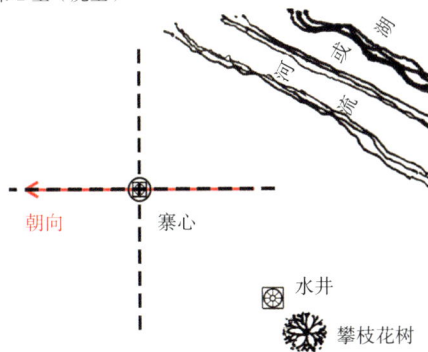

（a）虎型聚落各特征要素方位图

（b）曼岗纳村总平面图❶（白棉线所示即为祭祀寨神时的村寨边界）

图3-7 第2型（虎型）典型聚落——勐腊县曼岗纳村

3.3.3 路径："水网"与"路网"的编织

路网往往以联系佛寺与寨心的道路为主通道，佛寺空间和寨心空间作为公共区域成为村民活动聚集的场所。而水网的构成层级依次是：田旁主水渠—田内主水沟—田间支路水沟—寨中沟渠，鱼塘作为面状水域成为调节水利的场地。这种呈树状的体系中均有点状或面状区域形成的节点中心，使其二者具有相似的格局模式。

在构成元素方面，相邻道路之间的距离以道路所承载的邻里单位的极限为标准，水网所分割的单元大小则以水渠所承载的良田面积的极限为基准。两个体系并不是均质的，一般而言，靠近佛寺的路网密度会高于另一侧，聚落周边的水网密度高于其他部分。同时，主道路的走向与主水渠的走向往往一致。

（1）路网、水网的特点

路网与水网系统表现出的格局、骨架、构成方式，以及肌理等大量要素个体，

---

❶ 图片来源：《家屋的生命周期》。

都具有相似性。

在宏观层面,村寨中南北方向和东西方向的主路构成了路网系统的骨架;中观层面,聚落内部各支路在结合地形地势的基础上呈东西走向,起着疏导和连接南北向主路交通流量的作用;微观层面,聚落内部的路网体系分别以佛寺和寨心为中心,向周围发散,与主路和支路形成了网格状体系。

归纳起来,傣族聚落的路网有如下特点:路网在顺应地势的基础上呈网状布局;路网以南北或东西方向为主;寨心是路网的节点中心,寨心附近的路网密度明显高于其他区域;佛寺是进入聚落内部路网的重要节点。路网的构成层级依次为:寨旁大路—寨中主路—寨中支路—门前小路。

水网系统与路网的构成方式相似。再以曼贺村为例,宏观层面,主水网由两河一溪组成,即流过坝谷区的流沙河支流、流过村寨及其附近耕作区的闷南丹河和一条由竜林附近流入鱼塘的小溪。这三条干流均由南向北流经该村的耕作和居住区,最后汇入流沙河;与路网系统相似,中观层面的水网支流亦呈东西走向,联系着三条南北走向的主干渠;微观层面,水网系统以东北部的鱼塘为蓄水池,该鱼塘也是与邻村曼景竜的边界,其附近的水系朝向西部呈网状放射。

归纳起来,水网系统有如下特点:在顺应地势的基础上,呈网状交织;水网以南北向为主干渠;鱼塘这一面状水域成为与相邻聚落的边界;南部的水网密度高于北部的。水网的构成层级依次是:田旁主水渠—田内主水沟—田间支水沟。

对比路网与水网系统,可以明显看到两者之间所表现出的一些相似现象。

两个体系均在顺应地势的基础上呈网状布局,且路网的单元大小以道路所承载的邻里单位的极限为基准,水网的单元大小以水渠所承载的稻田面积的极限为基准,两者的格局相似。

两个体系的主要骨架均是以南北向为主,起主导作用;以东西向为辅,起联系作用。路网的主要入寨人流方向是从北向南,水网的主要入田水流方向是由南向北,两者的构法相似。

两个体系由主到次的层级方式极其相似,呈树状模式,体系中均有点状或面状区域,作为体系的中心起着节点的作用。

两个体系中的网络都是非均质的。路网中北面的密度高于南面，水网中南面的密度高于北面，肌理相似。

从路网与水网系统表现出的格局、骨架、结点，以及肌理等大量要素以相同或相近的组合方式，很好地说明了两者构成的相似性。

虽然路网与水网之间表现出相似性，但是两者如何组织在一起，共同对聚落发挥作用的呢？通过调查和研究发现，聚落中的路网体系与水网体系是通过叠合的方式组织在一起的，既相互独立又相互协调，融合成为一个有机的不可分割的整体。总的来说，有三种形式，即水与路重合、水远离路、水与路相交。

在具体表象上则是，两个系统格局的叠合、骨架的叠合、结点的叠合和肌理的叠合。首先，路网像是嵌入水网的格局中，其形态有机地溶入水网。两系统的骨架网络相互穿插、相互渗透，路网通过寨心和佛寺的转换插入水网，水网中一条主干渠贯穿聚落、穿过寨心，基本与路网相重合。其次，鱼塘向四周所发散的水网与寨心向四周所发散的路网大部分相离，通往勐海县城的主路气象路，与穿越寨心的闷南丹河相交。最后，北侧高密度的路网与南侧高密度的水网相互叠加，在总体上平衡了聚落网格化的肌理，形成了均质化的聚落网络体系。在这种叠合的作用下便形成了水网与路网若即若离的关系（图3-8）。

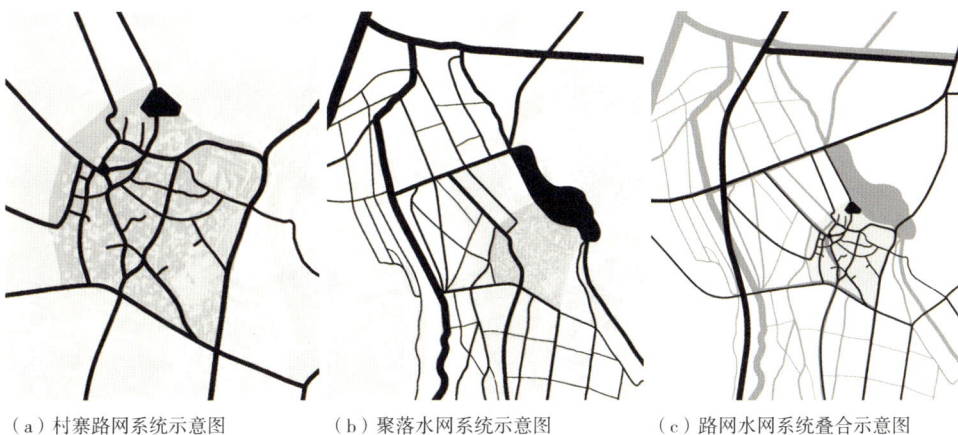

（a）村寨路网系统示意图　　（b）聚落水网系统示意图　　（c）路网水网系统叠合示意图

图3-8　路网与水网系统叠合示意图

（2）构成模式

在农耕社会，傣族聚落是一个相对封闭的系统，在日常用品充足的情况下，居者可以几个月甚至一年都不出村寨，日常活动主要集中于住居、农田、寨心、佛寺等聚落内部的私密和公共空间。因此，聚落路网的内部系统相对便利，稻田间的水网系统较为发达，寨心与佛寺、寨心与住宅、住宅与佛寺、住宅与田地、佛寺与田地这几部分频繁的联系构成了道路的主要系统。而在日常的生活、生产中，尤以住宅与稻田的联系最为密切。

据高立士先生研究所示：勐海坝传统的较大引水渠有十条，它们是闷南短、闷南丹、闷南农召、闷贺两、闷南腊、闷南回尾、闷贺勒、闷南浓亮、闷南先、闷南海，灌溉全勐四十六个傣寨，三万亩水稻田。其中闷南丹的坝头在曼丹，由南向北灌溉曼丹、曼谢、曼买、曼贺等四寨，汇入流沙河，是曼贺村三条干渠中的第二条，也是最主要的一条。"闷"为渠，"南"为河，"丹"为甘，直译为"甘河渠"，因该河水味甘，故名❶。此条河渠在曼贺村内从南向北流过坝区，直接决定了聚落路网的主路方向为由北向南，这样在保证与北面勐海县城有良好交通联系的同时，还避免了主路网与主水网的交叉，从而减少了营造桥梁的数量。

西双版纳是一个多雨的热带雨林地区，勐海坝年平均降雨量为1260~1965毫米，雨量集中于每年5—10月的雨季，其余6个月为旱季，旱季降雨量仅占全年雨量的10%~15%。旱季需要灌溉，雨季需要排洪，洪水主要集中于7月和8月，两季的水位相差甚大。可以设想，这类季节气候下的地区，不可能像江南水乡那样主河水穿寨而过，形成"小桥流水人家"的美景。如果那样，建桥的数目和每年修桥的频率可想而知。因此，为了避免水患，最为有效的方法就是水网系统与路网系统平行布置，或水网和路网分离布置，这样就可以尽可能地减少水、路交叉，从而使两者之间的关系多为水在路一旁，或水在路两旁，这样有利于岁修水利系统，疏通水沟和河道。最终，路网的主导方向由水网主方向所决定。

傣族是依河沟来建寨的民族，全寨的生命体系强烈地依附于水的发现和使用上。

---

❶ 高立士.西双版纳傣族传统灌溉与环保研究[M].昆明：云南民族出版社，1999：133-134.

傣族有句谚语："先有水沟后有田，先有百姓后有官"❶，很能说明这一点。还有谚语说："建寨要有林和箐，建勐要有千条沟"，也间接说明了先天自然环境中的水网系统决定了村寨选址和布局中的路网系统。"至12世纪末召片领一世帕雅真统一了西双版纳三十余部（勐），建立了以景洪为中心的'景龙金殿国'。为了巩固其统治，召片领及辖下各级政权，非常重视水利灌溉事业……经过几个世纪的努力，各勐均建成蜘蛛网状的灌溉系统"❷。

历年来，水利设施的兴建都是聚落发展的头等大事。事物发生的先后顺序是先有"水沟""百姓"，才有"田"和"官"，并且将"水沟"放在第一位，更说明了其在百姓生活中极其重要的地位，水网的运行要得到绝对的保障。

聚落的发展要在水利灌溉系统的框架下完成，路网的形成要以不妨碍水网系统的运作为前提。建寨的选址要考虑"林和箐"对寨子的庇护和流经村寨溪水的涵养，"建勐"要解决好"千条沟"灌溉的问题，实质也是以保障各寨水网系统的正常运行为首要任务。从而可以断定，聚落的发展演化要以不妨碍水网系统的运行为前提条件。

在多年治水中得来的水利灌溉系统营建的经验，或直接或间接地运用到聚落路网的施工组织和修建中。从12世纪末开始，在帕雅真统一了西双版纳后，逐步将原先各勐的水利灌溉系统进行整合、疏通，形成大规模共享式的"蜘蛛网状灌溉系统"，之后仍非常重视水利灌溉设施的兴建。可以看到，在大规模的营建过程中所积累的经验（如"蜘蛛网状共享模式"）势必会运用到聚落的营造上，形成了诸如"蜘蛛网状"的路网模式。

这样，稻作中水网系统从总体上控制了聚落和聚落路网的形态。因此，上述条件下所呈现出的最佳解便是：曼贺村路网系统的网状布局和构成方式是其水网系统网状结构的同构结果。

路网和水网系统的构成模式就像是树的生长方式一样，越靠近根部和树干部分，养分供给也就越多，枝条也就越粗壮；越远离根部，养分需求量就越少，供给能力偏弱，枝条就越纤细，同时也就越稀疏。曼贺村的主水渠闷南丹河，从地势较高的

---

❶ 高立士.西双版纳傣族传统水利灌溉及其社会意义初探[J].云南民族学院学报：哲学社会科学版，1994（3）：28-31.

❷ 高立士.西双版纳傣族传统灌溉与环保研究[M].昆明：云南民族出版社，1999：126-127.

南部流向北部，经水坝分流后进入该区域，加之竜山发源而下的溪流亦由南向北流过该区域，致使南部的供水量大，水网密度明显大于北部，越向北供给能力越弱。而路网系统的根在北部，入寨的人流方向主要由北向南，聚落北部道路的使用频率明显大于南部，加之寨心和佛寺均在北部，因此北部的路网密度大于南部。此外，由于大部分水网不能穿流村寨，使得水网系统对村寨北部稻田的供给偏弱，而这一区域多为寨心、佛寺和寨门等公共场所。与其互补的南部水网发达，因此尽可能多地形成保水田，此处的路网也无须密度很高，总体上达到了一种土地利用的平衡关系，在上述条件的制约下达到了土地利用率最大化和合理化，最终形成了两者肌理同构的现象。

总体来讲，西双版纳的气候特征、傣族的稻作观念和土地的利用方式，共同决定了路网系统与水网系统的格局同构、骨架同构、构成同构和肌理同构等现象。

‖ 3.4　聚落运行机制 ‖

3.4.1　以"水"为核心的生态体系

上文已论述，傣族聚落一直以来存在着一种理想的"三段式构图"，上段为山林，由竜山和竜林构成，中段为村寨、鱼塘，下段是稻田。

"竜山"在傣族文化中被视为保护村寨的神居之地，为禁地，同时也涵养着水源，保护着村寨与周围环境的生态系统。中段的村寨、住宅围绕着寨心。"寨心"一方面是村民居住、生产和生活的中心场所，另一方面是"现实世界"中聚落的生成、演化及其与周围环境发生关系的控制中心。下段的稻田大部分位于坝谷平地，是村民的主要耕作、生产场所，与周边和内部的水系共同形成一片片相对均质的网状"斑块"，提供着物质保障，也是传统村寨赖以生存的基础。

"三段式构图"很好地处理了傣族生产、生活与自然环境（即竜山、竜林、河水溪流、聚居地、稻田）这几部分之间的关系，构成了一个完整、生态的"山—林—

水—寨—田"生态体系。竜山为竜林提供着生态基础，涵养着流入鱼塘溪流的水源，调节着不同时令聚落对水的需求。勐山为勐林提供着生态保障，孕育着穿过村寨旁的河流，为村寨周边稻田提供灌溉用水的同时，保障着村寨日常生活用水的供给和排放。

在这个体系中，"水"成为建构立体生态系统的核心。不同级别的山、林保护着不同级别的水源地，保障着村寨和稻田对"水"的基本需求，为村寨提供赖以生存的物质基础。需要特别指出的是，村寨在这个生态循环体系中仅仅是一个终端要素，并被强有力地保护着；"山—林—水—寨—田"的构成模式也一直维系着傣族传统农耕文明与聚落的演化与发展（图3-9）。

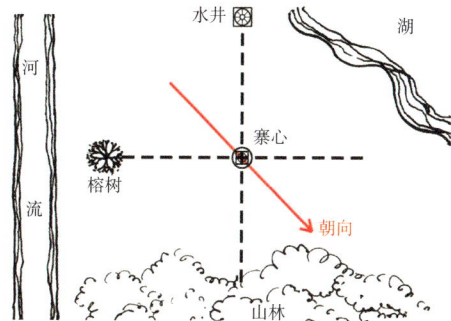

（a）象型聚落各特征要素方位图　　　　　（b）曼岭村总平面示意图

图3-9　第8型（象型）典型聚落——勐腊县曼岭村

（1）生态观

西双版纳地区自古就有着茂盛的植被和良好的生态资源，但傣族从来不把这作为可以开发的资源和享用的对象，并非傣族先民没有这个能力，而是因为千百年来他们把"森林"看成"父亲"，"大地"看成"母亲"，千般呵护、万般崇敬。傣族的能力都运用到了如何去保护这个生态资源，如何最小限度地对其造成影响，如何恰当地融入这个生态系统中，达到和谐共生。从而形成了非常朴素的以"水"为核心的生态观念，做到了节制、适度地利用，达到了可持续发展的目的。

据有关资料记载，傣族在开发自然资源以获取生存的长期实践中，通过总结正反两方面的经验教训形成了自己的生态观。他们认为人从属于自然，"森林是父亲，大地是母亲，天地间谷子至高无上"。认为人与自然应和谐相处，其排列顺序是：林—水—田—粮—人。"有了森林才会有水，有了水才会有田地，有了田地才会有粮食，有了粮食才会有人的生命"❶。基于以上认识，人类理应保护森林、水源和动植物。

因此，"水"在傣族观念中不仅是生存的基础，因其提供食物、衣物、居所和出行的物质支持，更是维系聚落及其周边生态系统的重要保障。从而，傣族大部分的活动都是以保护"水"的核心地位而进行的。

（2）生态系统

①宏观生态系统

在传统社会，整个西双版纳有三十余个大小不等的自然勐（类似于今天行政建制中的"乡"）。每勐均有"竜社勐"，即勐神林，为干性季节性雨林；每寨均有"竜社曼"，即寨神林（以下简称"竜林"）。勐景洪最大的勐神林"竜南"，屹立在景洪坝之西，勐海、勐遮坝之东，勐龙、勐混坝之北，面积几万亩，主峰海拔2196米，这五个勐的主要河流均发源于"竜南"。如果包括山坝区，1950年之前的西双版纳被"竜社勐"所保护的"竜林"面积不低于10万公顷，约150万亩。像"竜林"这样的干性季节性雨林，具有较好的保土保水能力，并提供着生物植被的多样性。然而，"以箭毒木、龙果、橄榄为标志的干性季节性雨林，在我国分布在西双版纳各山间盆地上，目前只有神山（即寨神林、勐神林）中存在"❷。可见，千百年来认为万物有灵的傣族正是在以保护"水"为核心地位的生态观念下，大规模地守护住了国内目前仅存的干性季节性雨林，为村寨的"山—林—水—寨—田"生态体系提供着基本保障。

②中观生态系统

从中观层面来看，在确保这种特殊的雨林得以长期保护以及"水"的核心地位

---

❶ 刀国栋. 傣族历史文化漫谈[M]. 昆明：云南民族出版社，1992：41-42.

❷ 刘宏茂，许再富. 西双版纳傣族神山林和植物多样性保护[J]. 林业与社会，1994（4）：9-10.

得到保障的基础上，傣族先民以"竜林—坟林—佛寺园林—住宅庭园—人工薪炭林—经济植物种植园—蔬菜园—鱼塘—水稻田"的模式构建了中观生态系统。"有寨就有竹林绿，有竹就有人家住"主动地描绘了这一生态意象。

"竜林"作为村寨的保护神和溪水发源地在前文已有详细论述，其作用不再赘述。在此需着重指出的是佛寺园林，其中常见栽培的具有宗教意义和实用价值的植物至少有五十八种，如佛陀"成道树"菩提树、榕树、缅桂、石梓、樟树……佛经载体贝叶树、构树及赕佛用的香料、水果、花卉植物等。❶佛寺庭园俨然成为"佛教植物园"，是中观系统中聚落人居环境中非常重要的一片区域，由于佛寺一般都位于聚落地势较高处的村寨头部，因此佛寺庭园也往往成为村寨地势最高的人工生态"斑块"，一定程度上直接涵养和佑护着全寨生态，衔接着村寨、竜林以及周边的生态环境。人工薪炭林种植铁刀木，俗称黑心树，常栽在寨边路旁，以便管理和运输，一户种上十几棵即够炊用，使居民的生活对"竜林"以及周围自然环境的影响降至最低，从而保护了"水源地"的生态环境。菜园和鱼塘通常位于沟边和田边，便于排水、放水及灌溉管理，从而实现了"水"的灵活运用；经济植物种植园（如龙竹、芒果、柚子、甘蔗、菠萝园）通常位于村寨附近的山坡上，形成竜林与村寨之间的生态过渡区。稻田位于坝谷，使得村民赖以生存的生产方式对自然生态系统的影响降为最低。

同时，这一中观生态系统是呈立体分布的。"竜林"位于最高处，其次是佛寺和经济植物种植园，中间为村寨和人工薪炭林，以下为菜园和鱼塘，地势最低的河谷地带则是大片水稻田。各部分或作为水系的水源地，或保护水系的水源地，或避免对水系的破坏，或将对水系的影响降至最低。最终，在中观生态系统中，形成了傣族普遍认可和崇尚的以"水"为核心的生态观念（图3-10）。

---

❶ 高立士.西双版纳傣族传统灌溉与环保研究[M].昆明：云南民族出版社，1999：42-43.

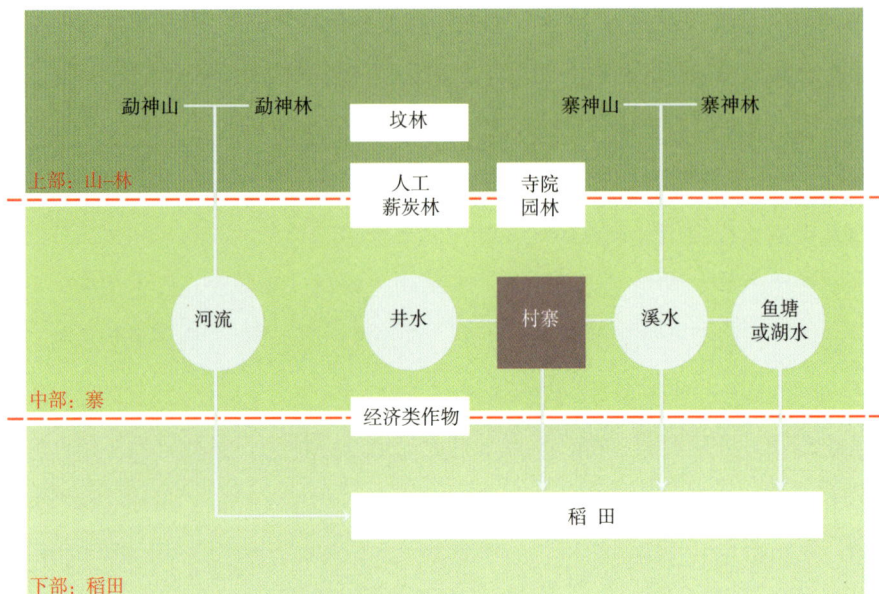

图3-10 傣族传统聚落生态系统结构示意图

③微观生态系统

村寨和房屋在选址时多选择依山面水之势，一方面背靠竜山，另一方面溪河从村头寨脚流过。这种选址的生态学价值在于：背靠竜山，有助于减缓暴风风速，并利于部分小型云团的形成；面朝流水，既便于接纳夏从西南方向掠过水面的凉风，又方便灌溉和生活用水；缓坡阶地，既避免洪涝之灾，又使村落拥有开阔的视野。傣族住宅所运用的底层架空建构方式，有着显著的排水抗洪能力，同时最大限度地降低了对生态系统的影响。

可以看到，在宏观层面主要以保护"竜社勐"的理念，保障区域生态系统的稳定运行和水源供给；中观层面以立体分布的农耕生态系统来保证人工与自然的和谐共生，维持水系正常运行；微观层面则以村寨和房屋的选址，以及住宅形式，将人们从生产到生活对自然环境的影响降至最低。这些相互关联的因素共同构成了一个有机生态环境，体现了以"水"为核心的生态观。

然而，值得我们深刻反思的是，1958年以后全州大部分"竜林"已遭到破坏，有的靠山村寨砍了"竜林"，即断了水源，不仅无水灌溉，人畜饮水均成了问题，从而被迫搬迁。以至于全州各地产生了年均气温逐年增高，最低月温下降；相对湿度逐年下降；雾日减少，雾时缩短，雾量降低；蒸发量已明显大于降雨量等气候恶化的现象。❶从而在颠覆了以"水"为核心的生态观念下生态环境失调，继而造成了诸多恶劣的后果。

这也从侧面反映出，傣族传统以"水"为核心的生态系统对于在地风土气候适应性的智慧与优越之处。

3.4.2　水田稻作文化

"傣族是世界上最早种植水稻的民族之一。东亚水稻栽培大约出现于公元前7000年到公元前4000年的中国长江以南及东南亚地区，这里的居民包括今傣族在内的古代百越各族系"❷。在漫长的岁月中，"适应特定自然环境的稻作农耕技术是傣族稻作文化体系的核心。其内涵并非一成不变，而是一个随着时代进步和环境变化不断调适的动态过程"❸。在这一动态过程中，为适应特定自然环境而创造的独特方法，为聚落提供试验范本的同时深刻影响着聚落的发展和演化，这些方法构成了傣族有别于其他民族的稻作生产方式。

据民间传说记载，傣族首领叭桑木底带领先民们"立寨盖房子，挖地种野瓜"，❹率领大家划田地、分山水，在从狩猎转向农耕定居的过程中逐渐形成了与稻作相关的文化，将野生稻谷驯化进行人工栽培，其特点是用人工进行"脚耕手种"的旱稻栽培。从那时起，傣族先民便开始了定居生活，聚落初现。

据有关学者研究，傣族"远在两千多年前，即已种植水稻，在云南各民族中，成为植稻最早的民族"❺。旱稻向栽培水稻的发展过程中，水利灌溉起着关键作用，农耕技术分别经历了象牛踏耕、踏耕与犁耕并存、犁耕取代踏耕等阶段，逐渐发展形

❶ 高立士. 西双版纳傣族传统灌溉与环保研究[M]. 昆明：云南民族出版社，1999：44-45.

❷ 马曜. 傣族水稻栽培和水利灌溉在家族公社向农村公社过渡和国家起源中的作用[J]. 贵州民族研究，1989（3）：1-5.

❸ 郭家骥. 西双版纳傣族的稻作文化研究[M]. 昆明：云南大学出版社，1998：29-30.

❹ 祜巴勐. 论傣族诗歌[M]. 岩温扁，译. 昆明：中国民间文艺出版社（云南），1981：108.

❺ 《傣族简史》编写组. 傣族简史[M]. 北京：民族出版社，2009：42.

成了一套较为完备的稻作文化，其独创之处在于休闲肥田的耕作制度和极其发达的水利灌溉技术（图3-11）。

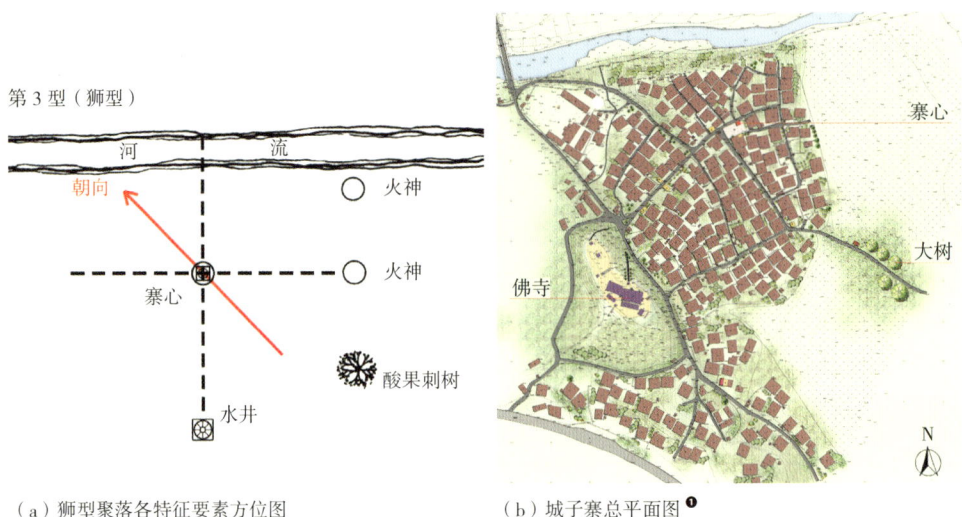

（a）狮型聚落各特征要素方位图

（b）城子寨总平面图❶

图3-11　第3型（狮型）典型聚落——勐仑城子寨

20世纪60年代以前，整个西双版纳傣族地区地广人稀，人均耕地面积较多。如曼贺村1960年有61户人家，248人，却有耕地1199亩，人均4.83亩。在如此宽广的土地上一年种一季谷物已使粮食自给自足，自然形成了一年种一季稻，其余时间放荒休闲的耕作制度。这种耕作制度导致土地利用率和土地产出率都较低，但却在当时的社会条件下保障了稻作农业的持续发展（图3-12）。

傣历六月新年过后，傣族开始备耕、修水沟、验水渠，再经过浸种、晒种、播种、栽秧、管水、除草等一系列复杂的程序，一直到来年一月的

图3-12　傣族理想居住环境与生态布局意象图❷

---

❶ 图片来源：朱良文教授提供。

❷ 图片来源：《西双版纳傣族传统灌溉与环保研究》。

选种、收割、堆谷、打谷、入仓，经历7~8个月的时间来完成一个周期的稻作生产。在这个过程中，最为重要的是保障水利灌溉几个阶段的顺利实施，即修水沟、水渠阶段，检查验收阶段，分水、管水阶段。傣谚有"狗头大的黄金，不如寨脚一丘水田"，可见水田在傣族生活中的重要地位，以及水利灌溉在稻作生产中的重要程度。

在营建方面，每年傣历七月撒秧到十二月收割，土地休闲期长达半年。在傣历二月粮食入仓，便开始备料，直到六月新年之前，4~5个月的时间里都适合建新房和修缮旧屋，这也是一年中聚落向外扩展和内部整合、演化的时期。其中，包括新立户、迁徙户建盖房屋，寨中道路的修缮和扩充，佛寺、寨心的维护和扩建，以及祭祀活动的举行等。整体上是一个"稻作—肥田、建房—稻作"的循环机制（表3-5）。

表 3-5　傣族传统主要农事活动表 ❶

月份		主要农事活动
公历	傣历（音译）	
1月	三月（冷山）	砍山地，割草、备料盖房子，砍烧柴
2月	四月（冷伙）	继续砍山地；盖房子
3月	五月（冷哈）	烧地，拣地；盖房子
4月	六月（冷哄）	过新年；过完年后即开始备耕，修水沟
5月	七月（冷基）	犁耖耙秧田，理秧厢、浸种、晒种、播种；同时种玉米、花生
6月	八月（冷别）	犁、耖、耙寄秧田，拔小秧，栽寄秧，山地种旱谷，收菠萝
7月	九月（冷告）	犁、捂、堆、耙、平大田，拔寄秧移栽入大田；山地薅草
8月	十月（冷取）	继续栽秧，砍竹子编篱笆围栅稻田，管水；山地薅草；种菠萝
9月	十一月（冷西别）	稻田管水，除草；山地收玉米、花生、豆等；准备篱笆、镰刀、弯棍等打谷工具
10月	十二月（冷西双）	稻田开始收割，山地收旱谷并搬运回寨
11月	一月（冷惊）	稻田选种、收割、堆谷、打谷
12月	二月（冷干）	水稻收打完毕，搬运粮食入仓。开始准备木料盖房子

在西双版纳地区，虽然年降雨量和地表水资源都很丰富，但因降雨和河水的时空

---

❶ 郭家骥. 西双版纳傣族的稻作文化研究[M]. 昆明：云南大学出版社，1998：36.

分布不均，稻作农耕对人工水利灌溉设施的依赖性很大。历史上，勐海地区的傣族经过长期努力，修建了多达10条人工灌溉沟渠，形成了全勐性纵横交错的水利灌溉网络和较为发达的水利灌溉系统。对于村寨而言，平坦的地势意味着雨季大量的雨水不便于迅速排泄，但水利灌溉相对容易实施，适于水稻等农作物的生长和耕作。为了确保可耕地面积和水利灌溉的通畅，聚落大多选在耕地旁边地势稍高的荒地上。这样，每个村寨靠着竜林和山区中保留的枯枝落叶腐殖层，经过雨水和山间流水的冲刷，沿着小溪河流和人工沟渠进入稻田，成为上等的天然肥料，因此傣谚有"林茂粮丰、森毁粮空"的说法；由于干栏底层透空，大雨将村寨周围的人畜粪便和泥土带入田中淤积下来，既肥田又能改良土壤，收到了水利灌溉和改土肥田的双重功效。

聚落选址和"干栏"形式也体现出营建过程中首先保障稻作生产的观念。聚落的演化不仅需要营建技术，还需要在营建过程中考虑采取何种组织方式。在疏通水沟、水渠，扩张水田、水网中所积累的方法和经验，在聚落营建中自然而然地被运用其中。水利灌溉中所实施的营建技术，如测量、挖沟、渡槽、筑坝、质量检验等，被运用到建造和修缮住宅、道路、佛寺等建筑技术中；灌溉中所实施的管理制度，如组织方式、管理体系、分配制度等，又与村寨的管理规章有很多相似之处。

可见，上文一些相似现象的出现是傣族在处理一些相似性问题时所得出的相似解。一定意义上，水利灌溉成为聚落更新过程中考虑符合其特定地域条件下实实在在的试验场所，聚落的演变又为来年水利灌溉的实施提供着参考，两者相得益彰，互相促进。因此，正是由于这种休闲肥田的耕作制度和水利灌溉方式使得傣族的稻作生产为聚落营建提供试验范本的同时，呈现着更替式发展。稻作文化驱动着聚落的演化。

3.4.3 贝叶文化

"贝叶文化"不仅指南传上座部佛教文化和贝叶经，更是对傣族传统文化的一种象征性称谓。它涵盖了原始时期产生的原始宗教文化，佛教传入后的南传上座部佛教文化，以及长期农耕生产中所总结和流传的稻作文化等内容，并包含了在这些文化影响下所发生的历史事件。由于贝叶经是傣族历史文化的核心载体，"贝叶文化"一词因此成为傣族社会历史和文化的统称。

贝叶文化源远流长，历史悠久，上可追溯到先秦的"百越文化"。有民族学家认为，"秦汉以后，长江流域以南百越族群自东向西次第汉化，唯西南百越族群幸存，以傣壮民族为主体的百越后裔，传承了当年的百越文化，其所创造的'贝叶文化'，核心部分全部是当年百越文化的真传"❶。贝叶文化与其他民族的文化相比，有着许多与众不同的地方，是"多元文化"因素并含的较为特殊的文化现象。

归纳起来，它主要是傣族原始宗教文化与南传上座部佛教文化相融并存的产物。早期，傣族原始宗教文化独立存在；中期，南传上座部佛教文化与原始宗教文化并存；后期，原始宗教文化融入南传上座部佛教文化，产生了贝叶文化这一"融合体文化"。

因此，从贝叶文化的多元性角度来看，傣族村寨的公共空间，如寨心空间和佛寺空间，实际是原始宗教文化和南传上座部佛教文化在聚落中的印记，其与水网节点的重合也就是两种文化与稻作文化的深度融合。这些公共空间可以说是百越文化中掺入本土和外来文化的"融合体文化"在不同时期的不同结果。

贝叶文化并不是一种史前遗存的"活化石"，也不是一种考古性质的"文物"，而是具有世俗性、普遍性和全民性特点的"生命体"，经历了完整的生长和发育过程。贝叶作为这一"生命体"的核心载体，在广博的中国文化中独树一帜。纵观浩瀚的贝叶典籍，包括了大量的伦理道德、宗教教义、礼仪形制、哲学、历史民俗、政治与军事、经济生活、天文历法、时令节气、医学理论和医疗知识、工艺美术、水利与建筑、文学艺术、自然科学、传统武术及体育等，几乎囊括了社会文明的方方面面。傣族社会的各个方面，几乎都在贝叶文化上得到了全面的记述和传承，是傣族的"大百科全书"。

傣族人民世世代代以贝叶经这一"大百科全书"作为教科书，在寺庙、社会和家庭等各个阶层，以佛寺为教育机构，综合地传习、传承和孕育着傣族传统文化，几乎产生"全民教育"。正是这种全民式的教育，使"以'水'为核心的生态观念"和"稻作生产方式"等当时较为先进的农耕文明代代相传、持续发展；经典的自然科学与人文艺术实时传播于民众，使水利灌溉与聚落空间形态的关系在千百年来长

---

❶ 黄惠焜. "贝叶文化"十论[J]. 思想战线，2000（5）：37.

久存留和持续演化。

从地域范围来讲，贝叶文化的覆盖区域实际上远大于西双版纳、德宏等云南傣族地区，推及整个东南亚及南亚次大陆地区，几乎有上亿人还在传承和使用这种文化。广义的"贝叶文化"是一种跨国、跨地域、跨族群的文化，而非某个地区范围内所呈现的孤立文化现象。因此，贝叶文化以极大的包容、开放的姿态融入了各种新生文化和异域文化，如中原文化、东南亚文化、周邻兄弟民族的文化等，使其不断扩充成为经过整合后的兼容性文化。正是这样的兼容、开放和包容，使贝叶文化在继承百越文化，以其为核心的基础上，不断地吸纳其他文化的精华，通过融合、交流使其生命力更加旺盛，持续性地创造着人类文明史上独特的"水"文化。

‖ 3.5 本章小结 ‖

本章通过对傣族选择聚居地各种方法和类型的研究，通过历史上傣族聚落构成模式几个阶段的演化研究，以及对聚落构成特征要素的研究，力图得到傣族风土聚落的形制，并解析该形制的运行机制。得到以下几方面的结论：

一是傣族聚落对于地貌的选择主要关注"通风、蔽日、排雨、纳水"等四个方面的因素。傣族聚落善于选择盆地中部的平地（坝区），并且大多沿河布置。山坡地往往是用地紧张分寨后的傣族或其他民族才会选择，谷地的选择需要在三面都被山体遮挡的同时，另外一面可以将雨水顺利排走。

二是四方形态被认为是傣族聚落最佳形貌的选择，这与南传上座部佛教文化中的"十方世界"学说和重视方位的观念有着直接关系。

三是处理好聚落各方位特征要素之间的关系是八种聚落类型的核心内容。这包括了"神、树、水、井"四要素与方位之间，四要素彼此之间的关系；对八个方位赋予意义的程度不同，各方位的属性不同；"树"和"水"这两个特征要素对于村寨来说至关重要，河流和聚落的位置关系是聚落类型的先决条件，也是聚落选址的重要因素。

四是聚落构成模式的演化从"篾桓蚌"穴居时代到"盘巴"猎神时代，再到

"叭桑木底"农耕时代。"篾桓蚌"穴居时代，傣族先民过着觅食野菜野果、穴居野处的生活。"盘巴"猎神时代，出现了祭祀猎神的猎神殿"单中心"。"叭桑木底"农耕时代，猎神被请到神林中与众神灵相合，"单中心"转换成为"寨心"或"勐心"。

五是南传上座部佛教传入后，傣族文化逐渐转向二元构成的现象，即佛教文化和原始宗教文化的并置和共存，逐步形成了以寨心代表原始宗教文化和以寺心代表南传上座部佛教文化的"双中心"特征。"双中心"共同构成了傣族村寨的灵与魂。寨心是村寨有形文化的节点，佛寺是与"平行世界"沟通中无形文化的枢纽；寨心空间代表着现实世界，佛寺空间代表着彼岸的理想国。

六是傣族聚落以水为核心的"山—林—水—寨—田"立体生态系统，主要是通过以水网和路网为路径，以双中心为重要节点来实现的。

第4章
傣族风土建筑的类型

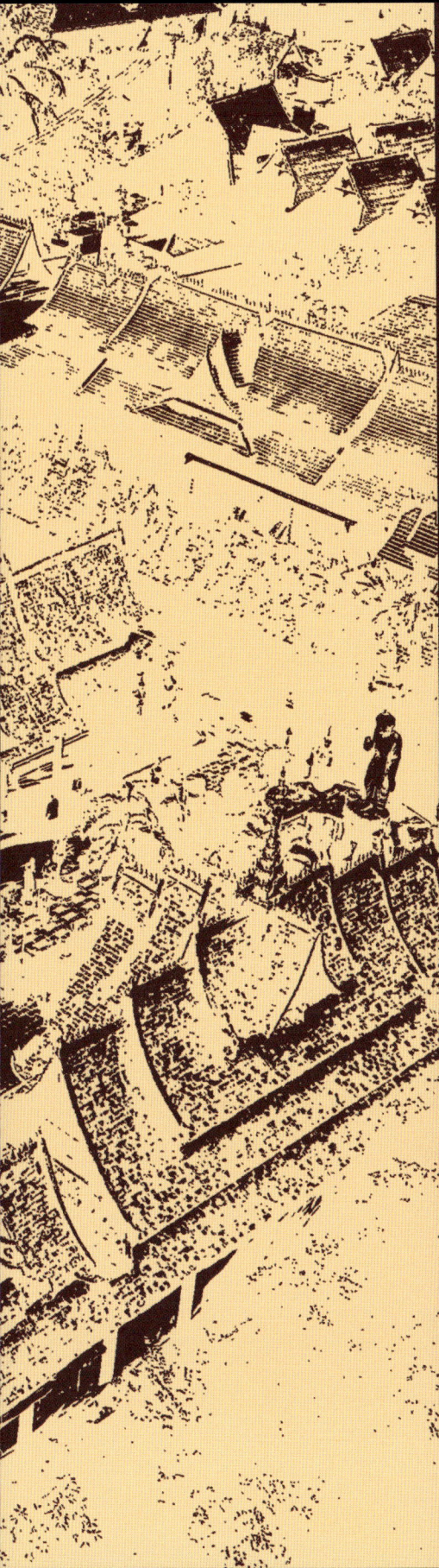

‖ 4.1 建筑原型的构成 ‖

原型是类型的原初形态（Original Type/ Archetype），卡尔·荣格（Carl Gustav Jung）认为"集体无意识（Collective Unconscious）的内容是原型（Archetype）"，从本质上讲，"原型是一种无意识内容，这种无意识内容通过成为有意识和被感知而被改变，原型从显行于其间的个人意识中获取其特质"❶。原型是对柏拉图的"理念"一词的解释性释义，"在柏拉图的用法中，'理念'（Idea）与原型同义"❷。

建筑原型作为建筑类型的原初形态，部分承载着原初社会的集体无意识的内容，不同时代的社会观念赋予建筑以不同的身体感知和意义，发展成各种建筑类型。历时性地还原建筑类型的各方面意义，从功能（习俗、制度、场景）、空间（构成、秩序、观念）、结构（体系、构件、材料）等方面探寻核心"理念"，或许能够得到傣族社会对其传统建筑的集体无意识内容——傣族建筑原型。

傣族建筑发展到今天，其平面形式及空间形态越来越多样化，且有被汉文化和其他周边文化影响日益增强的趋势，但踪其根源，傣族建筑的原型一直存在于千百年来的傣族传统建筑中，延续至今。

20世纪30年代，姚荷生对傣族传统住宅的记录，为我们提供了一幅栩栩如生的画面。

"有一次我到宣慰街附近去工作，承朋友的介绍借住在一位夷人的家里。这家位于山半的一个小寨中，环境优美而清静。屋子是典型的摆夷的建筑。矮矮的竹篱围着一方院子，院子中央造着一座小竹楼。楼下养着一只猪和几只鸡，还有一张织布机，一套舂米的器具。从竹梯上楼，一进门左边是间小寝室，对面是间大寝室（内卧室），房门口都挂着青布门帘。两寝室之间是客堂兼厨房（屋中）。左端是贵宾席，铺着萱花毯，右端有一个火塘，火塘附近靠门的一边墙上有几个竹架，装着炊具碗盏，对面是一个小竹龛，里面供着丢玛拉神（家神）。此外还有一张小篾桌和几只小竹凳。楼板是寸余宽

---

❶ C.G. JUNG. The Archetypes and the Collective Unconscious[M]. London：Routledge，1981：4–5.

❷ C.G. JUNG. The Archetypes and the Collective Unconscious[M]. London：Routledge，1981：75.

的竹片铺成的，洗擦得很干净。屋外右边有一方晒台，堆着纱车农具盛水的土锅……这也是夜间的厕所，排泄物落到楼下，为家畜的食料。主人把小寝室让给我住。室里有一张离楼板约半尺高的床，也挂着一顶方帐。床上的被褥枕头，全是青布的，里面填着攀枝花（木棉）絮，轻软而温暖"❶。

院中的干栏建筑、牲畜、织布机、碓皆在下层，二层的内卧室、屋中、火塘、神龛、晒台构成了傣族住宅的基本"意象"（图4-1）。

总体来讲，傣族建筑原型在功能上是以双中心"柱"为核心，住宅由室内和室外两大部分组成，分别是室内的内卧室、屋中和窗前，室外的外间、晒台和楼梯；在空间上，主要由"圣—俗""上方位—下方位""内—外"等几组二元对立的空间

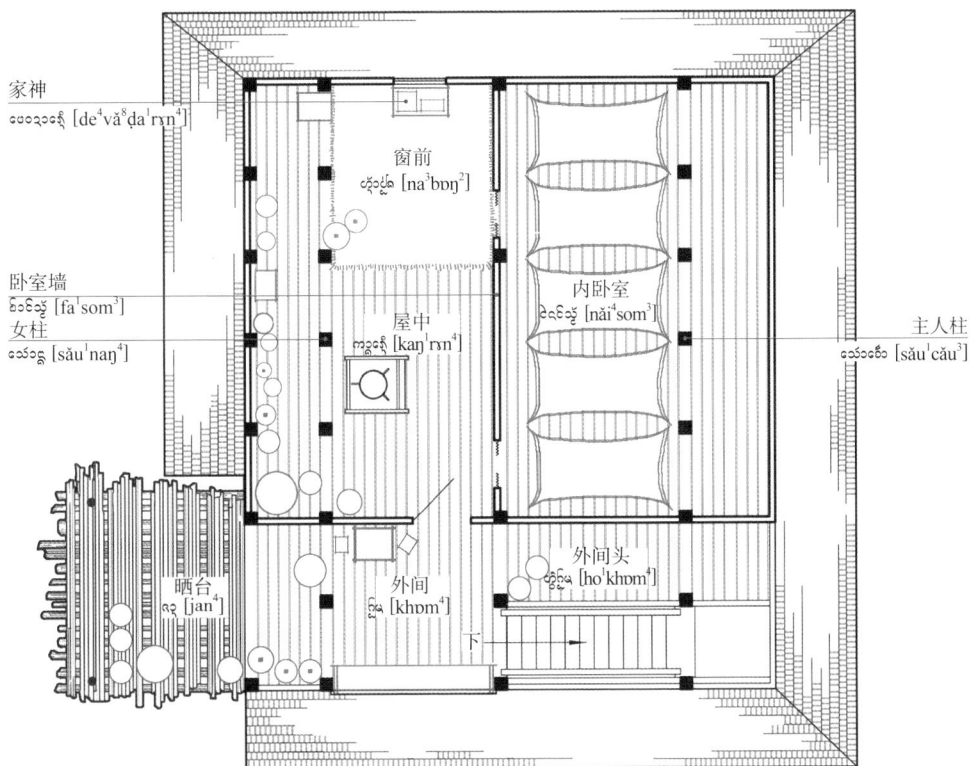

家神 ၈ဝၥၶၥၦ [de⁴vǎ⁸ɖaˀrɤn⁴]

窗前 ၵင်ြၸ် [naˀbɒn²]

卧室墙 ၸင်ၸ် [faˀsom³]
女柱 ၸၥၥၸ [sǎuˀnaŋ⁴]

屋中 ကၼ်ၼၥ် [kaŋˀrɤn⁴]

内卧室 ၸင်ၸ် [nǎi⁴som³]

主人柱 ၸၥၥၸၥ် [sǎuˀcǎu³]

晒台 ၸ် [jan⁴]

外间 ၶၥ် [khɒm⁴]

外间头 ၸၶ်ၸ် [hoˀkhɒm⁴]

下

图4-1　傣族住宅原型平面图

❶ 姚荷生.水摆夷风土记[M].昆明：云南人民出版社，2003：148-149.

概念构成空间秩序；在结构上，原始中柱（承脊柱）支撑屋脊，与二层矩形框架共同构建成以"穿—柱"为特征的穿斗构架体系。

4.1.1 原型构成之一：以"柱"为核心的双中心

（1）佛殿中的"双中心"——东、西中柱

佛殿的东、西中柱现象一直存在于傣族的传统佛寺建筑中，它不仅仅是结构上的核心构件，更重要的是其所承载的文化含义，成为傣族传统佛殿不同于汉地佛殿的根本因素。

傣族佛殿与汉地佛殿在平面上虽然均为长方形，但傣族佛殿为东西纵向长方形，汉地佛殿为南北横向长方形。这一重要差异主要是由佛像的朝向引起的，傣族佛像一般均位于大殿西端，面东而坐，建筑主入口位于东边；而汉地佛像大多位于大殿的北端，面南而坐，建筑主入口位于南边。这就使得汉地佛殿的两根中柱隐于两侧山墙中，主要起到承重作用，而傣族佛殿的东、西中柱除了起结构作用以外，在自东向西的空间序列上成为极其关键的两个构成要素。

位于东侧的中柱是内殿与廊庑的分界标志，当人们脱了鞋，赤脚从东侧蹬上几级台阶进入主入口后，经过低矮的廊庑空间，正对的就是东侧这根粗壮且高耸的木柱。向前绕过这根中柱后，殿内空间突然拔高，阳光透过屋顶的间隙洒落在大殿的墙地和柱上时，使人豁然开朗，之前的压抑感顿然消失。东侧的中柱携周围柱架所构建的空间在观者心理上起到了先抑后扬的作用（图4-2）。

在大型节庆活动中，大殿内部几乎被各家各户赕佛的供品挤满。东、西中柱的连线起到分界的作用，以佛像所处的方位观之，大殿左侧（北部）是女性所在空间，右侧（南部）是包括僧人在内的男性空间。左、右两部分以性别呈现出的空间差异正是由东、西中柱及佛像所在的屋脊线作为分割，具有"男性空间—女性空间"分界的意义，成为寨民心中极为突出的性别界线。

人们以东侧中柱为中心向南、北两个方向依次就坐，东侧的中柱空间象征着世俗、物质层面的现实世界。西侧中柱紧靠佛像，与佛像背后的绘景墙融为一体，墙两侧的高处陈列着各种兵器，从观者的角度向上看去，它似乎支撑了整个天空，极

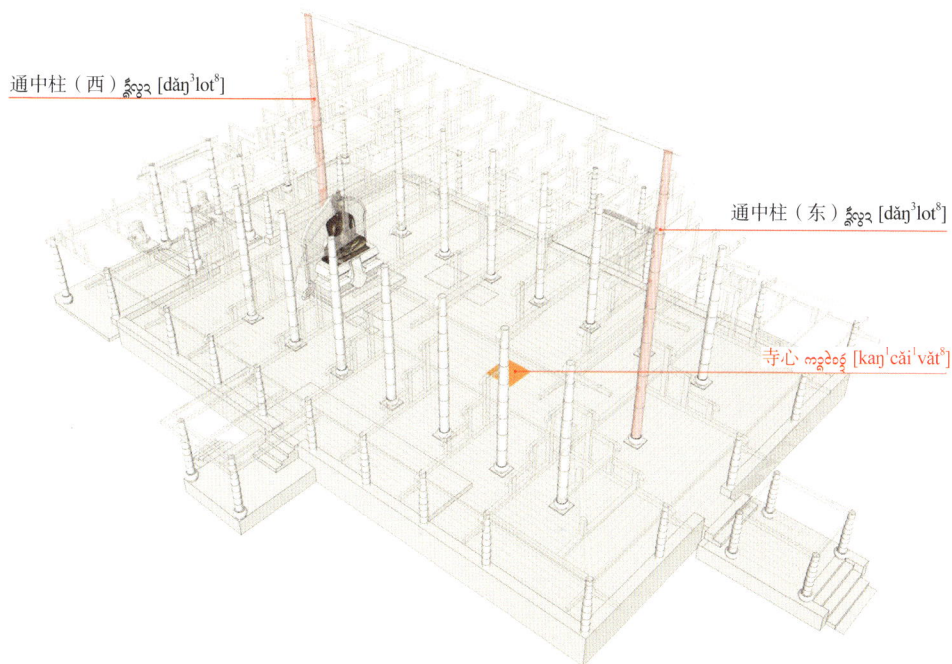

通中柱（西）ꩦꩦꩦ [dǎŋ³lot⁸]

通中柱（东）ꩦꩦꩦ [dǎŋ³lot⁸]

寺心 ꩦꩦꩦꩦ [kaŋ¹cǎi¹văt⁸]

（a）双中柱与寺心位置关系示意图

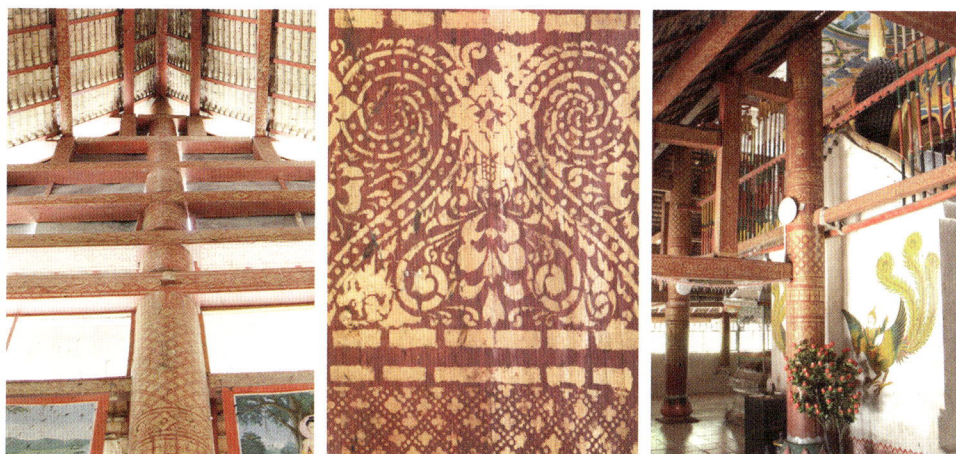

（b）佛殿通中柱（东）上半段　　（c）柱上的典型装饰图案　　（d）佛殿通中柱（西）下半段

图4-2　傣族佛寺大殿双中柱（勐腊县曼岭佛寺）

尽威严、刚毅之力。倚靠于西侧中柱上的绘景墙与西侧屋架所形成的廊庑通道，形成了西侧赕佛空间与僧众空间的分隔，这个通道只供僧人出入，作为僧众通往大殿的唯一通道，体现出理想与世俗的区别。如果将环绕东侧中柱的空间视为前殿，环绕西侧的中柱空间则是后殿；西侧中柱构建起理想世界，东侧中柱承载着连接两个世界的入口。

东、西中柱构建了在"枢纽"中从世俗到理想的空间序列，使现实与理想产生对话；它们与佛像、屋脊共同构成的分界线标柱了南北"男性—女性"空间的性别属性；在结构上承托起高耸向上的内殿空间。

（2）住宅中的"双中心"——主人柱与女柱

与佛殿建筑相似，住宅建筑中也有两根起到控制空间秩序功能的柱子，只是相较于佛殿的双中柱在结构方面所起到的重要作用，这两根柱的文化意义尤显突出。但与佛殿不同，这两根柱并不承托屋脊，其连线不与屋脊线重合，而是与其垂直，在每个家庭中都具有极其重要的身份和象征意义，被称为"主人柱"和"女柱"。

可以肯定的是，傣族住宅中的双主柱现象在南传上座部佛教未传入之前就已存在，从选材到奠基、立柱、贺新房等一系列营建过程和重大仪式中，原始宗教的祭祀活动始终以这两根柱为中心，但双中心的位置是否有所变化则还需另外考证（图4-3）。

这两根主柱所选用的树木必须在经过严格的筛选和祭祀仪式后才能用来作为主人柱和女柱。在伐木的日期上要进行选择，以傣历一、二、四、五、七月为吉，每个月又有固定的"吉日"和周期。

"待伐木这一天，众人来到村寨后山的树林中，由房主或家族长挑选出拟作中柱❶的树木，此树不仅要求笔直，而且必须枝叶茂盛，预示着主人今后子孙繁荣。随后，在此树前放一个用竹篾做的小桌，上置各种祭品，祭祀树神。祭时，主祭人面向东方，取米少许，绕树三周，且行且撒；再取酸角水，绕树一周，且行且洒，口诵经文。诵毕，主祭人面向东方，下第一刀，开刀之后，由他人协助砍伐。

之后，根据树倒的方位辨吉凶。倒向东、东南、西南、西北、东北5个

---

❶ 中柱在这里指两根主柱，即主人柱和女柱。

（a）西汉时期古滇国铜鼓上的祭中柱场景❶　　（b）云南开化铜鼓上的剽牛场景❷

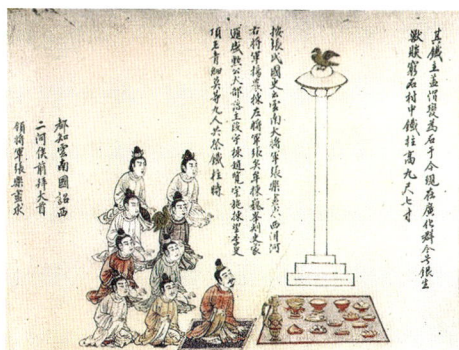

（c）唐代时期南诏图传中的祭铁柱❸　　（d）傣族开门节中烧白柴活动中的右旋仪式

图4-3　云南地区古代的中柱崇拜与傣族开门节中绕旋仪式对比

　　方位被认为吉，倒向南、西、北3个方位则为凶。在树倒下来的时候，未压及其他树，其声如铃响为吉；如果倒在其他树上，其他树被压倒，以致此树未能倒到地面，则为不吉。砍倒之后，由主人亲自以臂去量，然后照所需的尺寸而斫断之，乃由亲友将所砍之木料，逐件抬回家去。

　　在奠基时，选定的吉日由村寨佛爷举行完动土仪式后，就开始将地基打平，挖坑，竖柱。挖坑先挖四个，再挖其他。各坑挖好，即竖柱

❶ 图片来源：《滇青铜文化与汉文化在云南的传播》。

❷ 图片来源：《文山铜鼓》。

❸ 图片来源：《南诏大理国新资料的综合研究》。

子，先竖房屋四角之柱。竖时，请一处女，以水泼在这柱子上以驱除污秽
之物。"❶

待新房建好，贺新房"赕很迈"仪式时，家长将宝刀、宝袋置于主人柱前，将
事先准备好的白布系在主人柱上端，内置蜡条、棉花芯子、一小片芭蕉叶和甘蔗苗，
柱侧分别挂盛米和盛糖汁的小竹筒，作为常年供奉。主人要准备4桌特殊的酒宴，其
中有一桌献给寨神（丢拉曼）或勐神（丢拉勐），一桌献给居住在家神柱的家神（丢
拉很）。❷

在内部空间的使用上，这两根柱分别代表了性别在空间上的特征。在日常生活
中，主人柱和女柱分别是内卧室和屋中这两个构成住宅最主要功能空间的中心。白
天，家庭的起居、休憩、交流、待客、餐饮等行为活动以女柱和旁边的火塘为中心
展开；夜晚，家庭成员的床榻以主人柱为中心向上部（远离楼梯一侧）"尊"和下部
（近楼梯一侧）"卑"的顺序排列，一般情况下男主人的床榻紧邻主人柱。

在婚礼上，卧室与屋中之间的隔墙被移除，室内形成一个完整的大空间，长老
们在卧室内主人柱旁的上方位主持结婚仪式，新郎、新娘面向长老们在下方位跪拜；
前来祝贺的亲朋好友们则围绕在屋中的女柱周围观看仪式。而在婚礼后的宴会上，
长老们聚集在主人柱旁的空间宴饮，其他人则聚集在女柱周围欢庆。

在丧葬仪式上，逝者在家人、家族老人们的陪护和长老们的念经声中，头朝向
内卧室的主人柱，脚向着女柱一侧，度过生命的最后一刻。逝者被放入棺木时，头
依然朝主人柱方向，脚依然朝女柱方向；主人柱与女柱之间用一根线绳相连，位于
棺木之上并悬空，绳上搭着逝者在世时所穿的衣物。

在包括匠作技艺、匠作禁忌，以及匠作仪式在内的整个营造活动中，主人柱和
女柱都受到了特殊而重点对待。从用材选择、竖立到身份转换，以这两根柱为中心
的各种仪式代表了建筑营造过程中的几个重要时间节点。而在内部空间的日常使用
上，主人柱和女柱又呈现出明显的性别属性，日常活动与休憩都围绕着这两根柱分
别展开，主人柱象征着管理内卧室起居休憩和等级秩序的男主人，女柱象征着主导

---

❶ 陶云逵.车里摆夷之生命环[M].北京：生活·读书·新知三联书店，2017：234-237.

❷《民族问题五种丛书》云南省委员会.傣族社会历史调查（西双版纳之九）[M].北京：民族出版社，2009：235.

屋中空间社会交往和家庭活动的女主人。在婚礼和葬礼上，主人柱和女柱又承载着不同的文化含义。

（3）双中柱探源

在傣族神话中，英叭"搓动他的污垢，用它捏成镇挟天地的架子，像屋架一样把整个天地固定下来"，同时"他又搓下身上的污垢，捏成了四块西拉石……这四块西拉石就变成了四棵定天柱……从此，定天柱形成，天地的东南西北分得清了，那四棵定天柱就是天地的东南西北四个方位体"❶。傣族民间歌谣中习惯将柱比作山，如"三座山啊，我要破成三根柱，就是天上的太阳，也要拿来当火塘烤干巴"❷。柱崇拜在傣族远古社会中就已存在，很可能来源于山岳崇拜。

《论傣族诗歌》中说到"傣族的房子本来是叭桑木底设计盖成的，'王子柱'❸和'公主柱'❹就是一个推不翻的真凭实据"，因为"中柱本来是叭桑木底盖时就有，那是两根从地面直通到房顶的原始中柱，一夜之间怎么会换成支放在底楼上的两根中柱了呢……帕召真智慧聪明，把叭桑木底的两根中柱偷换了，这房子该算是谁设计的呢……人们在祭房祭寨时，只好明中暗里地把叭桑木底和帕召混为一谈"❺。

这"原始中柱"即是从地面直通到房顶的两根承脊柱。上文已论述，傣语中这两根承脊柱被称为ꨅꨯꨤꨵ[dǎŋ³lot⁸]，ꨅ[dǎŋ³]是这类柱的类名，根据其位于屋脊下方的位置，译为"中柱"；ꨯꨤꨵ[lot⁸]的意思是"连接、连通"；ꨅꨯꨤꨵ[dǎŋ³lot⁸]直译为"连接、连通的中柱"，将其翻译为"通中柱"较为合适。"连接、连通"的中柱很可能隐喻傣族神话中源于上古社会的"定天柱"，寓意着连接并连通天和地，是上古傣族社会遗存下来的文化特征。

因此，"通中柱"与《论傣族诗歌》中所称的"原始中柱"无论从历史还是文化

---

❶ 祜巴勐.论傣族诗歌[M].岩温扁，译.昆明：中国民间文艺出版社（云南），1981：14-15.

❷ 祜巴勐.论傣族诗歌[M].岩温扁，译.昆明：中国民间文艺出版社（云南），1981：58-59.

❸ 王子柱指主人柱。

❹ 公主柱指女柱。

❺ 祜巴勐.论傣族诗歌[M].岩温扁，译.昆明：中国民间文艺出版社（云南），1981：75-76.

的角度来看，都应该是一物。而文中所说"一夜之间换成支放在底楼上的两个中柱"恰好指出了在南传上座部佛教文化的全面影响下，原始中柱在空间中被置换成与屋脊相垂直的另外两根主屋侧柱，原始中柱的文化含义被逐渐淡化，而这两根侧柱随着佛教的兴盛逐渐代替了原始中柱的功能，成为傣族营造过程和住宅文化中的核心内容，随即全面影响傣族先民的风俗习惯，这两根侧柱就是今天存在于傣族传统住宅中的"主人柱"和"女柱"。

4.1.2 原型构成之二：空间秩序

傣族传统居住方式构成了空间秩序的基础，通过解读人们在日常生活起居和特殊仪式期间行为活动及其空间感知，可以总结出傣族传统住宅中构建空间秩序的两个基本观念：通过"上方位—下方位"区分等级、尊卑，以及性别；通过"内—外"象征"神圣—世俗"。

这两种观念普遍存在于日常生活中，而在婚礼和葬礼的仪式过程中则更为突出。随着住宅规模的扩大导致居住空间的增加，新的空间概念在婚礼仪式中产生，传统空间秩序发生了一定程度的变化，但其内在的核心观念却始终并未改变（图4-4）。

（a）僧人和长老所在区域　　　　　　　　（b）女性所在区域

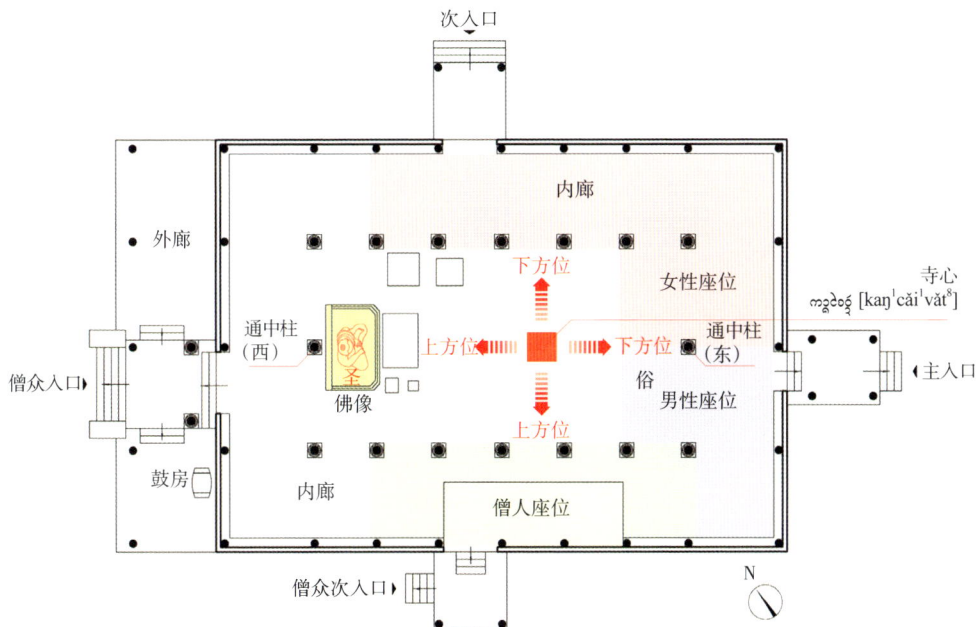

（c）佛寺大殿中的"圣—俗"和"上方位—下方位"

图4-4　开门节仪式傣族佛寺大殿内的空间秩序（勐腊县曼岭佛寺大殿）

以往，研究者多关注以火塘为中心的生活方式，认为傣族住宅的空间秩序是以火塘为中心，傣族诗歌中也有"既然我是生长在矮小的竹楼，火塘把我抱在她的怀中，我就像火一样什么也不怕，我只知道随着青烟飘动"[❶]。然而，笔者认为火塘是席地而坐、而卧的重要标志，也是干栏产生的重要原因之一，但并不是傣族住宅的绝对中心，只是体现空间秩序的重要组成部分。

（1）日常生活中的"上方位"与"下方位"

在傣语中，有一对专门表达空间方位的词语，"上方、上面"ကျ[ဝ}ဃ[bai⁴nɤ¹]（ကျ，方面、边、部位；ဝ}ဃ，上、面、顶）；"下方、下面"ကျ[ဝ}ဆ[bai⁴tǎi³]（ဝ}ဆ，下、底下），这两个词不仅仅表达方位关系，也表达了等级观念和性别属性。在日常生活中，"上方位"通常是男性专属的空间，位置由祭司、长老、村长或家庭年长者占据，例如，"窗前"位于"屋中"的上方位；与其相对，"下方位"则是年轻人和女性所

---

❶ 祜巴勐.论傣族诗歌[M].岩温扁，译.昆明：中国民间文学出版社（云南），1981：45-46.

在的区域，例如相对于"内卧室"，"屋中"位于下方位。

内卧室以主人柱为中心，靠近神柱、远离楼梯一侧为"上方位"，远离神柱、靠近楼梯一侧为"下方位"。家族长者的床榻布置在靠近神柱最内一侧（家主人床榻更上一级空间）的上方位；家主人的床榻紧邻主人柱，靠近神柱一侧的上方位；子女的床榻根据长幼，依次在主人柱靠近楼梯的下方位一侧布置。

"屋中"和"窗前"共同组成了住宅内部的公共空间，一般以火塘上方位（远离入口一侧）的中柱（承脊柱）作为领域划分的标志。屋中是指火塘及其周边区域，是起居、餐饮、休憩、交流，以及会客等日常活动的场所。其中，火塘的上方位（靠近神龛一侧）紧邻"女柱"，下方位紧邻"女婿柱"，火塘、女柱和女婿柱共同构成了"屋中"（房屋中心）。以女柱和旁边的火塘为中心，靠近窗前一侧为上方位，靠近女婿柱、楼梯一侧为下方位（图4-5）。

屋脊下，由一块两米多高不通顶的板壁（卧室壁），将住宅内部空间分隔成公共对外开放的"屋中、窗前"，和日常生活中只允许家庭内部成员使用的"内卧室"。一般情况下，在卧室壁的靠近楼梯一侧和家神龛一侧（远离楼梯一侧）各开一扇门，供家庭内部成员出入使用，外人严禁步入内卧室；火塘四周，男人和女人一般分区域就坐（图4-6）。

（a）建房驱雎仪式场景　　　　　　　　　　　（b）拴线驱疾仪式场景

图4-5　住宅仪式场景中的上方位与下方位

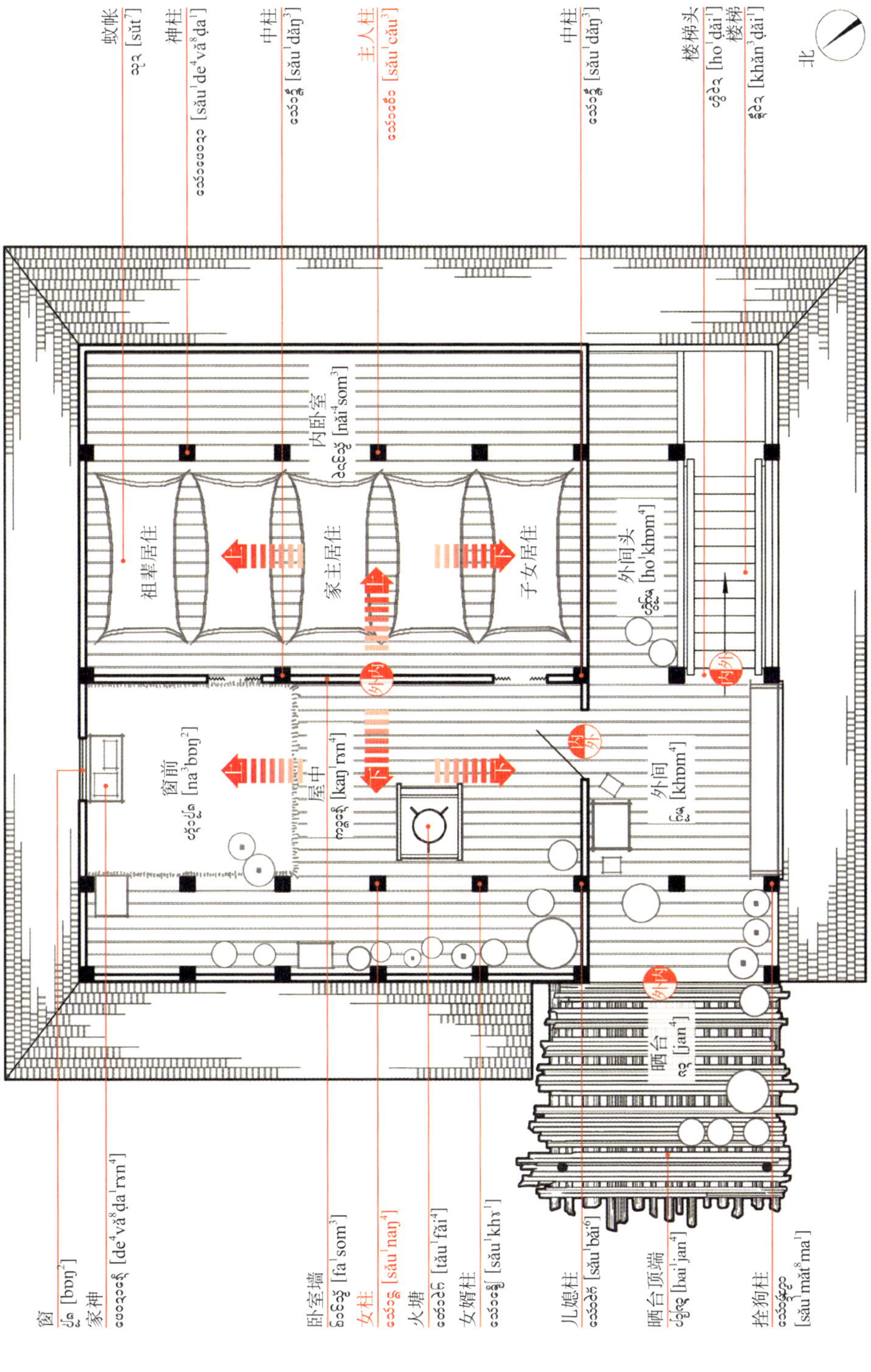

图4-6　傣族住宅日常生活中的空间秩序

窗 ปं [boŋ²]

家神 ໑໐໐ຊຊຊຊຊ [de⁴va⁸da⁴rɯn⁴]

卧室墙 ๑๑ຊຊ๋ [fa¹som³]

女柱 ໑໐ຊຊຊ [sau¹naŋ⁴]

火塘 ๑๑ຊ๋ 六 [tau¹fai⁴]

女婿柱 ໑໐ຊຊຊ๋ [sau¹khɯ¹]

儿媳柱 ໑໐ຊຊຊ๋ [sau¹bai⁶]

晒台顶端 ๑๑໐ปๆ [bai¹jan⁴]

拴狗柱 ໑໐ຊຊຊ๋ [sau¹mat⁸ma¹]

蚊帐 ใ้ไ [sut¹]

神柱 ໑໐໐ຊຊ๑຃๑ [sau¹de⁴va⁸da¹]

中柱 ໑໐ຊຊຊ๋ [sau¹daŋ³]

主人柱 ໑໐ຊຊຊ๋ [sau¹cau¹]

中柱 ໑໐ຊຊຊ๋ [sau¹daŋ³]

楼梯头 ໑໐ປຊ [ho¹khmm⁴]
楼梯 ໑໐ป๋ [khan³dai¹]

北

内卧室 ໑໐ป๋ป๋ [nai¹som³]

外间头 ๑๑ปๆ [ho¹khmm⁴]

祖辈居住

家主居住

子女居住

窗前 ๑๑ป๋ป๋ [na¹boŋ²]

屋中 ໑๋ป๋ [kaŋ¹rɯn⁴]

外间 ปๆ [khmm⁴]

晒台 ซๆ [jan²]

（2）婚礼仪式上的"男性空间"与"女性空间"

傣族婚礼一般由订婚、结婚和宴饮等三个仪式组成。订婚仪式一般在女方家的"窗前"举行，女方由亲属、长老和村长作为代表，坐在窗前的上方位（里面、靠近家神龛一侧），男方由父亲和亲戚三人作为代表坐在下方位（外面、靠近入口一侧）。

结婚仪式有两种形式，一种是在"窗前"举行新娘、新郎迎接仪式，这一形式通常被认为保持了传统的婚礼仪式。在仪式上，祭司和长老们坐在"窗前"靠近里侧的上方位，而新娘、新郎位于入口方向的下方位，与祭司和长老们相对，这与日常生活中的上、下方位的空间秩序相一致。在这种情况下，窗前和屋中一起构成的"内"ɗ£[nǎi⁴]成为承载仪式的场所，也是之后举行宴会的场所。内卧室与屋中之间的卧室壁不被移除，但日常生活中不许外人出入的卧室空间在举行仪式时会对外来者开放。

另一种形式，举行仪式的中心场所在内卧室，主人柱附近的空间作为上方位依次排列摆放着被褥、枕头和衣服等"嫁妆"。而内卧室与"屋中—窗前"之间的卧室壁被移除，这样整个住宅的室内形成一个通畅的大空间。仪式开始之前的这段时间，新郎的朋友在内卧室靠近楼梯一侧的下方位互相打招呼、聊天，并表示祝贺。举行仪式时，祭司和长老们坐在内卧室的主人柱旁被认为是上方位的位置，前面放着两个枕头，新郎和新娘在对面的下方位呈跪坐姿势。这时，"内卧室"与"屋中—窗前"构成了上方位和下方位这一相互对立的空间概念，其他人在火塘附近的"屋中"观看仪式（图4-7）。

在宴饮仪式上，"内卧室"的上方位依然是祭司和长老们所在的区域。而上方位"窗前"是男性所在的场所，下方位"屋中"是女性所在的场所。总体来看，对于"内卧室"和"屋中—窗前"这两个空间内部，上方位都是在靠里（远离楼梯、入口）一侧；下方位都是在靠外（近楼梯、入口）一侧。在婚礼的各阶段仪式中，"主人"位于上方位。例如，在女方家举行的订婚仪式中女方作为"主人"象征着女方家庭的认可；结婚仪式中祭司、长老作为其"主人"的代表；在宴会仪式中男人则作为村寨或各家庭的"主人"主持宴席。因此，上方位和下方位的二元对立表达的是"主人"与"非主人"之间的关系。

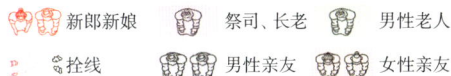

（a）传统婚礼中拴线时的场景 ❶

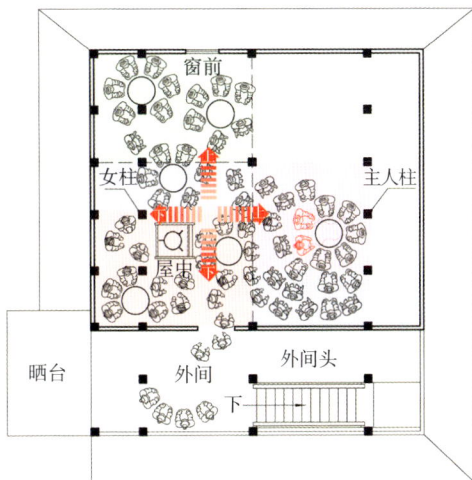

（b）婚礼仪式中的拴线场景

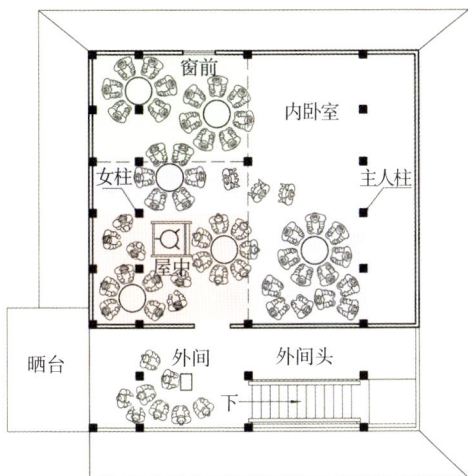

（c）婚礼前的场景

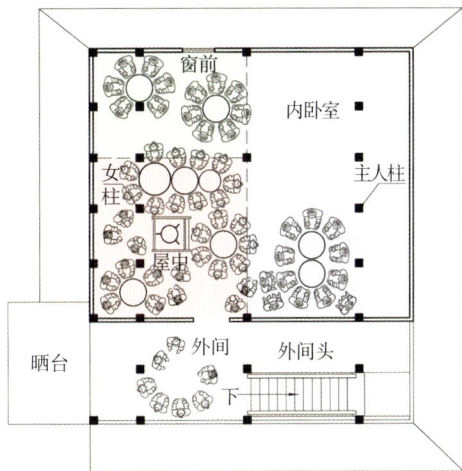

（d）婚礼后宴饮场景

图4-7　婚礼仪式场景

　　上、下方位的空间观念还表现出明显的男性空间和女性空间的属性。在订婚仪式中，新娘的家庭代表们位于窗前的上方位，新郎的家庭代表们位于下方位。在举行婚礼和宴饮时，窗前所代表的上方位聚集着男人，屋中所代表的下方位聚集着女人，两个空间明显分开，并且被赋予了性别属性，男、女的行动地点分别对应着上

❶ 图片来源：《傣族村社文化研究》。

方位和下方位。此外，人们将靠近内卧室的位置标识为上方位，远离内卧室标识为下方位，以此来判断各自的身份等级。在宴会上，窗前上方位和屋中下方位分别对应男人和女人的座位，与其垂直方向上的内卧室上方位和屋中下方位则对应老人和年轻人的座位。

除了场所，人们的行为方式也体现出上、下方位的空间观念。在仪式中，根据人们在不同空间中的坐姿也可以分辨出空间等级的高低，远离主人柱的区域可以阅读到较低级别的空间。女人位于屋中火塘周围的下方位，基本采取低坐姿或跪跪；男人在窗前上方位，多采用臀部坐在地板上的平坐；位于内卧室主人柱旁的祭司、长老和老人们，高坐于地板或椅子上。总的来说，在上方位一侧高坐或平坐，在下方位一侧低坐或跪跪，婚礼仪式中坐姿和场所共同表达了"上方位"和"下方位"空间等级的观念。

（3）"俗"空间与"圣"空间的相互转换

"圣—俗"和"上方位—下方位"这两组重要的空间概念在傣族传统聚落、佛殿中一般同时、同地出现，"圣"空间被置于"上方位"。而在傣族传统住宅中却并非完全如此，大多数情况下住宅内部都是作为"俗"的空间概念，"圣"空间在某些特殊仪式活动（如婚礼、葬礼）的特殊时间段内才会显现出来，通过卧室壁的移除与恢复，并配合着仪式的举行来达到变换空间概念的目的，这就是"俗"空间与"圣"空间的相互转换。

在婚礼上，内卧室与屋中之间的卧室壁被移除后，室内形成一个完整的大空间。这时，主人柱已经被转换为代表着家族祖先的象征，"见证"着婚礼这一重要事件。

毫无疑问，主人柱和女柱同时承载着"上方位—下方位"和"圣—俗"这两对空间概念，但与聚落的"双中心"和佛殿的"双中柱"有所不同，主人柱需要通过某个时间点的身份变换来达到"圣"与"俗"之间的切换。在日常生活中，住宅的内部是一个完整的"俗"空间概念，"圣"的空间概念不会与其同时存在。除非在某些特殊仪式活动中，通过卧室壁被移除，并且举行相应的仪式，"圣"空间会以主人柱为中心呈现出来，"主人柱"转换为"圣"的过程也代表着房屋身份从"俗"空间转变为"圣"空间；要想恢复至"俗"空间，必须将卧室壁复原，并同时举行另一种祭祀仪式。特别值得注意的是，当"圣"空间出现时，该房屋不能被用来居住，即不能当作完全是"俗"空间时的住宅，这说明"圣"空间与"俗"空间在傣族文化观念中所具有的二元对立性。

住宅中"俗"空间与"圣"空间的相互转换，显示出傣族在时间维度上筹划不同空间属性的观念，这相较于只在三维空间的布局显然有着更加积极的意义。

（4）结论

人们在住宅中的行为和空间感知创造了一定秩序，并形成了约定俗成的观念。因此，从人们的行为中读取到的空间概念，说明一直存在于傣族住宅中的空间秩序，并看到了一种长期稳定的原初居住模式——原型中的空间秩序。

傣族住宅在发展过程中，窗前、屋中、火塘等下方位空间一直有被扩张的趋势。而空间秩序及其变化的另一种趋势，则是随着居住空间的增加和新的空间概念在婚姻仪式中的产生而发展的。此外，傣族对空间和人们行为的理解与"家神"的宗教观念有关。这里的空间概念并不是一成不变的，而是随着仪式内容的变化，空间的属性也有所改变，但却在仪式行为和空间识别中得到了很好的保存和体现。

同时，住宅的构成及其变化可以通过人们在仪式中的行为来说明，或许可以表明，傣族传统住宅的建造主要是基于非日常生活需求的考量。

4.1.3　原型构成之三：以"穿"为结构特征的构架体系

在傣族传统建筑中，与空间秩序相对应的是以"穿"为特征的构架体系，这可以理解为建筑结构维度上的最佳解决途径。梁、穿、楼板的搭接方式和方向选择是为了实现上与下、内与外、圣与俗的空间秩序。

前文已经详述了柱在傣族建筑结构体系中的重要作用，另一类起稳定和支撑作用的"穿"类水平构件亦大量存在于结构体系中，"穿"与"柱"相"斗"而生成了"穿斗"结构体系。"穿"在傣族建筑中至少有以下五点作用：结构拉结，稳定立柱；施工中与柱形成临时性框架；作为施工中的脚手架；直接承载楼板或楼楞；悬挑承托屋檐（图4-8）。

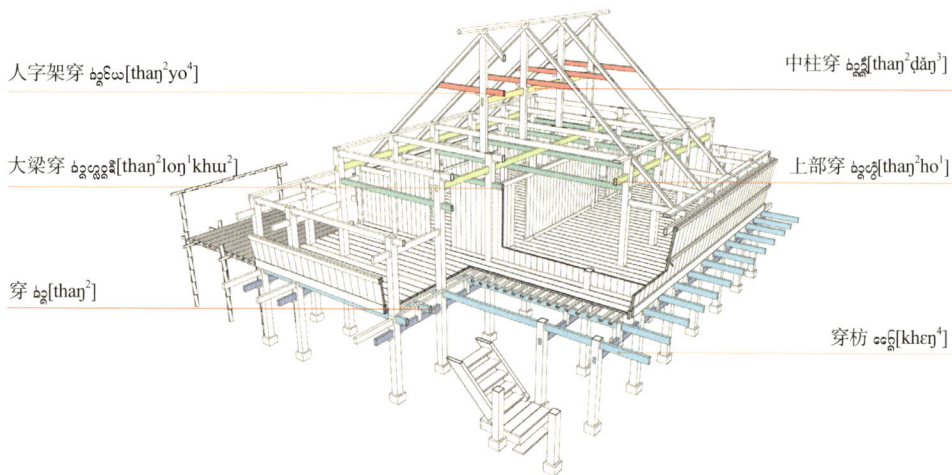

图4-8 傣族住宅结构体系中的"穿"类构件

　　傣族住宅中"穿"类构件多达六种，除了"人字架穿"，其他五种"穿"构件均完全穿透于垂直构件"柱"。在建筑一层开间和纵深方向上起结构拉结作用的构件分别叫"穿"ᦵᦡᧃ[thaŋ²]和"穿枋"ᦵᦃᧃ[khɛŋ⁴]，穿枋同时还起到梁的作用，直接承托"楼板"ᦵᦢᧃ[bɛn³]或"楼楞"ᦎᦳᧂ[tuŋ¹]。这两类构件穿过最外一圈立柱，直接承托起一层的屋檐。

　　在二层的横、纵方向上，由"上部穿"ᦵᦡᧃᦠᦸ[thaŋ²ho¹]和"大梁穿"ᦵᦡᧃᦵᦟᦲᧂᦃᦳ[thaŋ²loŋ¹khuɯ²]来稳定"柱"的上端。这两类构件穿过最外一圈立柱，直接承托起二层的屋檐。

　　屋顶部分也由纵横两个方向上的"穿"构成，分别是拉结人字木的"人字架穿"ᦵᦡᧃᦍᦸ [thaŋ²yo⁴]和拉结支撑人字木中柱的"中柱穿"ᦵᦡᧃᦡᧃ[thaŋ²ɗăŋ³]，前者拉结两根人字木，后者拉结一榀一榀的人字架。无论是在住宅还是在佛寺大殿中，"人字架穿"与中柱的交接部位均采用半榫卯构造。

　　总体来看，傣族传统建筑的核心结构部分是由16根木柱与横梁相互搭接支撑起一个矩形平面空间单元，其中纵深方向的两根中柱承托脊檩，脊檩与横梁间的若干人字木共同构成双坡屋面，这一核心结构不仅呈现于傣族的住宅，还广泛存在于佛寺等公共建筑中，构成方式基本一致。在住宅中，核心结构部分正好从脊檩处被卧室壁分割为"内卧室"和"屋中"两部分，但卧室壁并不起结构作用，本质上核心结构为一个完整的矩形框架；而在佛寺等公共建筑中，核心部分作为一个完整的内殿，同样构成一个完整的矩形框架。

近年来，住宅屋顶的三角形人字架部分与屋身矩形框架部分一般都分开设置，这从中柱被分为上、下两部分就可以看出。但根据现有资料推测，傣族传统住宅的中柱应该经历过直通屋脊的阶段，在佛寺大殿中还遗留着这种传统做法。

日本学者高野惠子（Takano Keiko）将中间核心结构部分称为"主屋（母屋）"❶，由纵向两侧各6根、中间2根，共14根"入侧柱"（围绕核心空间周边的"柱"）和中部2根"栋持柱"（中柱或承脊柱）组成竖向承重体系。上部承载6根横向布置的屋梁与纵向两侧各6根柱相对应，起到拉接和承载上部屋架的作用，上部一般由4组"叉手"（人字架）组成的人字木组分别坐于中间4根横向屋梁上，与承脊柱共同承载着脊檩，共同构成横向承重体系。这种以"穿"为结构特征的构架体系非常稳定地存在于傣族建筑中，即使受到现代工业文明的冲击，其核心结构体系仍然保持不变。

‖ 4.2　建筑类型 ‖

使用者在一定"观念"下的"行为模式"，确定了构建空间秩序的各种特征，匠人们用适当的结构逻辑和构造语汇来表达和建造，实现了在此"观念"下某种建筑类型的生成。然而，在日常或非日常的空间使用过程中，由于仪式、风习、制度等文化层面和风土气候适应性（如材料、技术等方面）的变化，使得使用者的"行为模式"发生改变，从而影响到"观念"，这样会使下一次建造活动以改变了的"观念"而产生不同于之前建筑类型的新类型，当然产生的也有可能是现存的某种类型或之前已被遗弃的某种类型，如下所示：观念→行为模式→空间秩序→结构

---

❶ 高野惠子. 東南アジアの住居設計方法に関わる研究——中国雲南省ダイ・ル-族を中心として[J]. Housing Research Foundation Annual Report，1996（23）：77-86.

逻辑→建筑类型……新空间秩序→新行为模式→新观念……新建筑类型（先后次序表达的是决定建筑类型各内在因素的重要程度，而不一定完全如上所述的顺序生成）。

然而，在傣族传统农耕文明社会，由于稳定的文化构成和普遍安土重迁的观念，使得这种变化极其缓慢，导致各地区建筑呈现均质化现象，各种建筑类型并不十分丰富。近年来，随着工业文明影响下的快速发展，傣族传统文化逐渐衰弱，周边强势文化的同化，以及人为破坏自然环境下的气候变迁等各方面影响，傣族传统文化逐渐衰弱，住宅和寺院都迅速出现了多种新的建筑类型。鉴于本研究聚焦于傣族传统建筑，近些年出现的新建筑类型属于另一个系统性的研究课题，本文将不作详细讨论。

4.2.1 住宅

（1）住宅的类型

傣族住宅的差异主要体现在：屋中、窗前、内卧室、外间的空间大小和朝向；楼梯、外间头是否紧靠内卧室，以及卧室壁的不同；火塘的变迁与谷仓位置的不同等三个方面。

第一个方面，屋中、窗前、内卧室、外间的位置一般相对固定，会随着村寨的朝向和主人的属相进行整体调整。住宅以内卧室的朝向为基准布置其他各功能空间，例如，内卧室朝东南，则住宅的朝向为东南。一般情况下，内卧室大多朝向东、东北或东南等整体向东的方位上。传统傣族住宅中，内部功能的相对位置并没有本质区别，因此不作为建筑类型差异的主要影响因素。

第二个方面，内卧室与屋中之间的隔墙"卧室壁"是否变为储物空间，即木质组合家具；内卧室的内部是否用隔墙来分割原本连通的空间（有时会依据家庭成员的多少来确定）；家神龛位于窗前空间还是内卧室的上方空间；是否有外间头；楼梯的位置是否紧靠内卧室。

其中，"卧室壁"变为储物的组合家具对于住宅类型的影响程度比其他几个因素都要大。在举行婚礼和葬礼时，原本要将"卧室壁"拆除的习俗由于无法拆除组合家具而变通为将家具旁的门拆除。此后，虽然外人可以随意出入内卧室，但由于无法拆除"卧室壁"而得不到大空间，在婚礼和葬礼中只能使用十分局促的屋中和窗前空间举行仪式，显然无法满足宴饮、拴线等活动对大空间的需求（图4-9、图4-10）。因此，很多傣族住宅都将屋中空间，或者屋中和窗前空间整体向外侧拓展，以增大屋中的面积，从而形成了2型和3型住宅的基本格局。同时，由于新增加的结构与原结构体系相互结合，从而形成了增加空间部分的屋顶与主体屋顶的正交或并置。可以说，组合家具的普遍使用成为2型和3型住宅产生的根本原因。

　　第三个方面，火塘的变迁与谷仓位置的不同，可以说是形成各种类型住宅的核心因素。近几十年来，随着现代生活中炉灶的普及使用，火塘在傣族日常生活中的作用日益减弱，直至最近几年基本退出家庭生活，成为历史记忆，但火塘所承载的文化意义在一些地区仍然有残存痕迹。在火塘被炉灶取代的过程中：第一阶段，火塘向远离内卧室一侧移动，同时屋中的空间增加至原来的两倍左右。第二阶段，火塘向新增加的屋中空间一侧迁移的过程中，炉灶开始出现，二者共存。第三阶段，窗前空间随着屋中空间的扩大而扩大，火塘逐步被炉灶取代，并继续向远离卧室一侧迁移。第四阶段，炉灶最终移至室外，一般位于外间和晒台的交接处，并远离屋中，形成独立的功能区域。

　　第一阶段和第二阶段产生了2型住宅（图4-11），第三阶段和第四阶段产生了3型住宅（图4-12）。在实际调研和对现有文献资料分析后发现，上述四个阶段并不一定按顺序发展，在一些地区会出现跳跃式演变的现象，如1型直接到3型；在更多的地区会出现多种住宅类型并存的现象，更说明了不同家庭对于火塘和炉灶的"观念"差异导致了不同的住宅类型。随着以传统火塘为中心转变为以屋中空间为中心，炉灶取代火塘后逐渐向室外迁移所产生的几种住宅类型，都与傣族逐渐接受现代厨卫设施的过程息息相关。

　　谷仓与住宅的位置关系共有四种模式。第一种，布置于住宅地面架空层。例如，主人为家族中的大儿子，则谷仓放置在内卧室上方位最尊贵的位置东北边（家庭最年长者或家神龛所在之位）的正下方，为一木结构的长方体，底部架空，离地0.6米左右。第二种，同样是在房屋内最尊贵位置的上方位，但是要离开住宅一定距离，单独建造一个两坡顶、底部架空、楼板距离地面1~1.2米的木屋。第三种，建在二层紧邻外间或晒台的周边，底部架空，楼板距离地面2~2.6米，与住宅二层楼板的标高基本持平，并与住宅连为一体。第四种，是一种较为独特的谷仓设置方式，村寨内部各家各户的谷仓集中统一设置于村内的某一地点，一般多设置于河流旁。这几种谷仓与住宅的位置关系产生了住宅类型中的几个亚型。

总的来说，谷仓在住宅中的方位由屋主在家族中的长幼辈分来决定，"长子，粮仓建在东北边；长女，粮仓建在东边；老三，粮仓建在东南边；老四，粮仓建在南边；老五，粮仓建在西南边；老六，粮仓建在西边；老七，粮仓建在西北边；老八，粮仓修建在北边。"❶同时，谷仓的逐步消失与火塘向现代厨卫设施发展有着一定的关联。

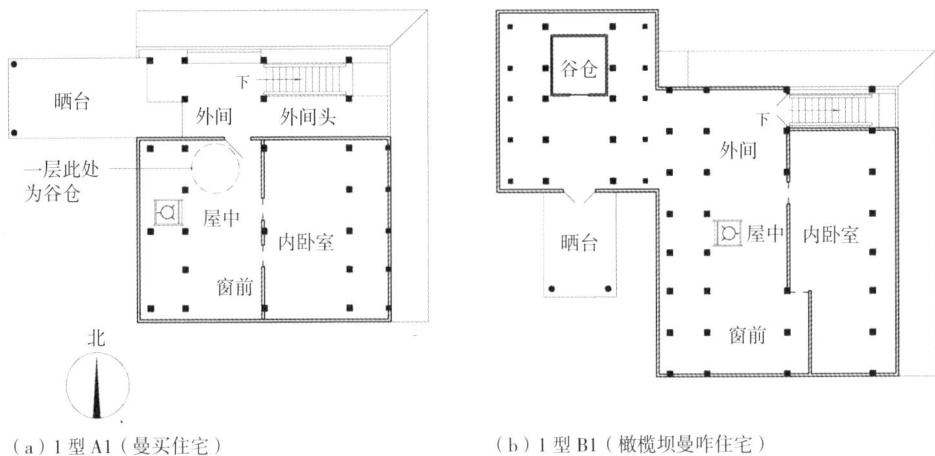

（a）1型A1（曼买住宅）　　　　　　　　　（b）1型B1（橄榄坝曼咋住宅）

图4-9　1型住宅类型图（一）❷

---

❶《中国贝叶经全集》编辑委员会.中国贝叶经全集（73）[M].北京：人民出版社，2010：302-303.

❷ 图片来源：《云南民居》。

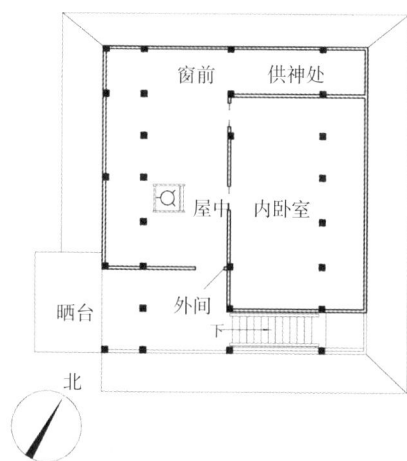

（a）1 型 A2（曼戛住宅）

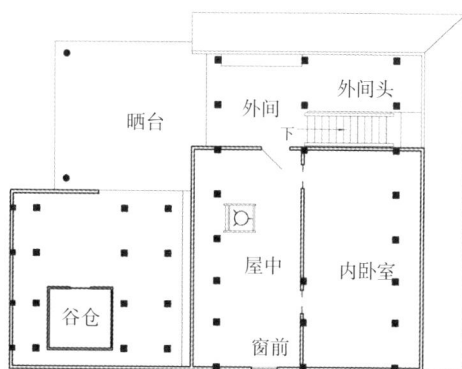

（b）1 型 B2（景洪市曼景傣住宅）

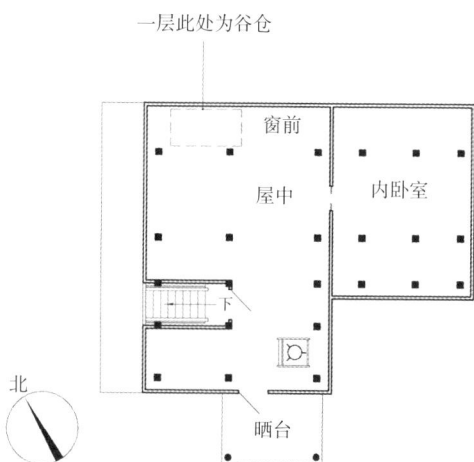

（c）1 型 A3（橄榄坝曼咋住宅）

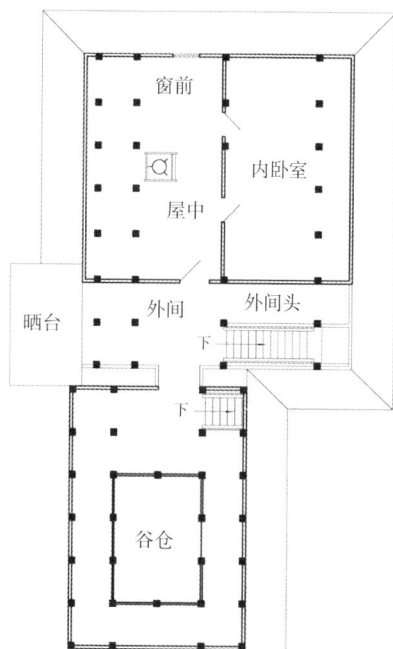

（d）1 型 B3（勐遮曼景住宅）

图4-10　1型住宅类型图（二）❶

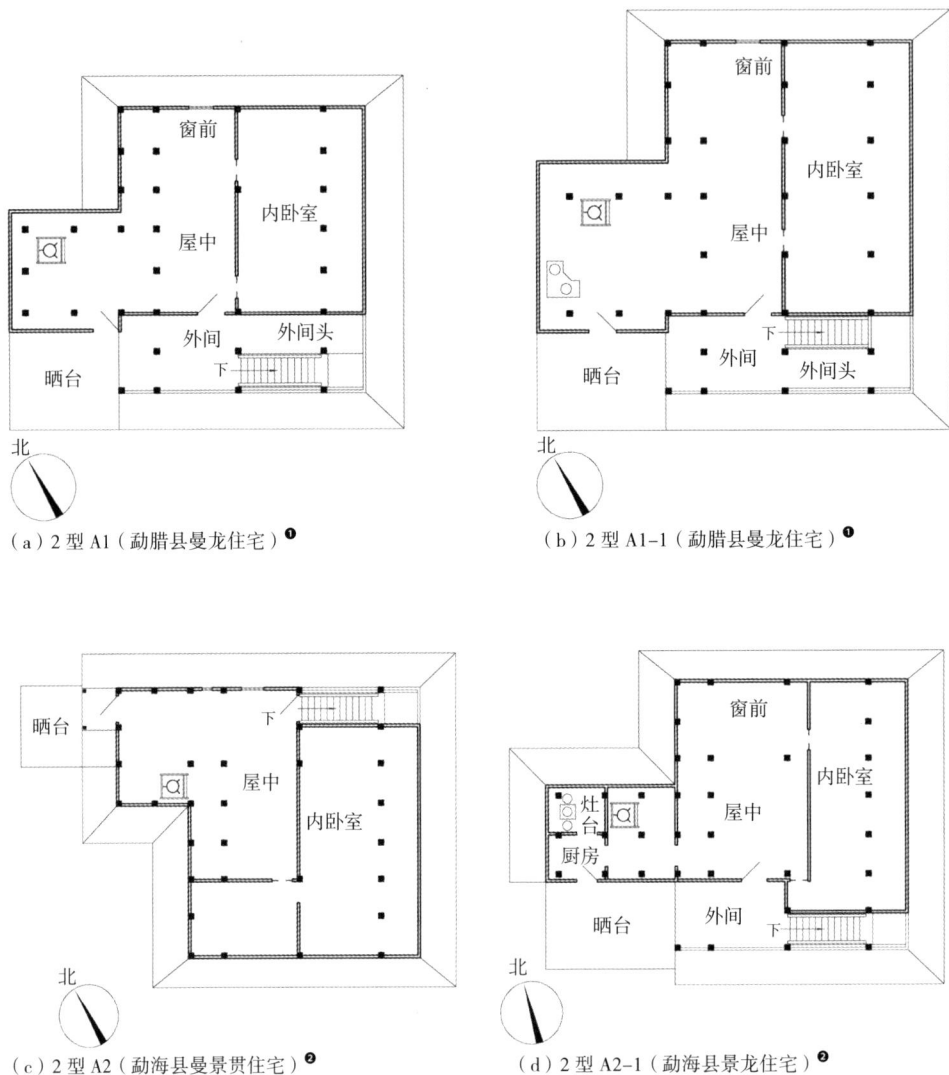

（a）2型A1（勐腊县曼龙住宅）❶

（b）2型A1-1（勐腊县曼龙住宅）❶

（c）2型A2（勐海县曼景贯住宅）❷

（d）2型A2-1（勐海县景龙住宅）❷

图4-11 2型住宅类型图

❶ 图片来源:《ダイ·ルー族の住まいにおける空間認識と行動から見いだされる空間概念》。

❷ 图片来源:《云南民居》。

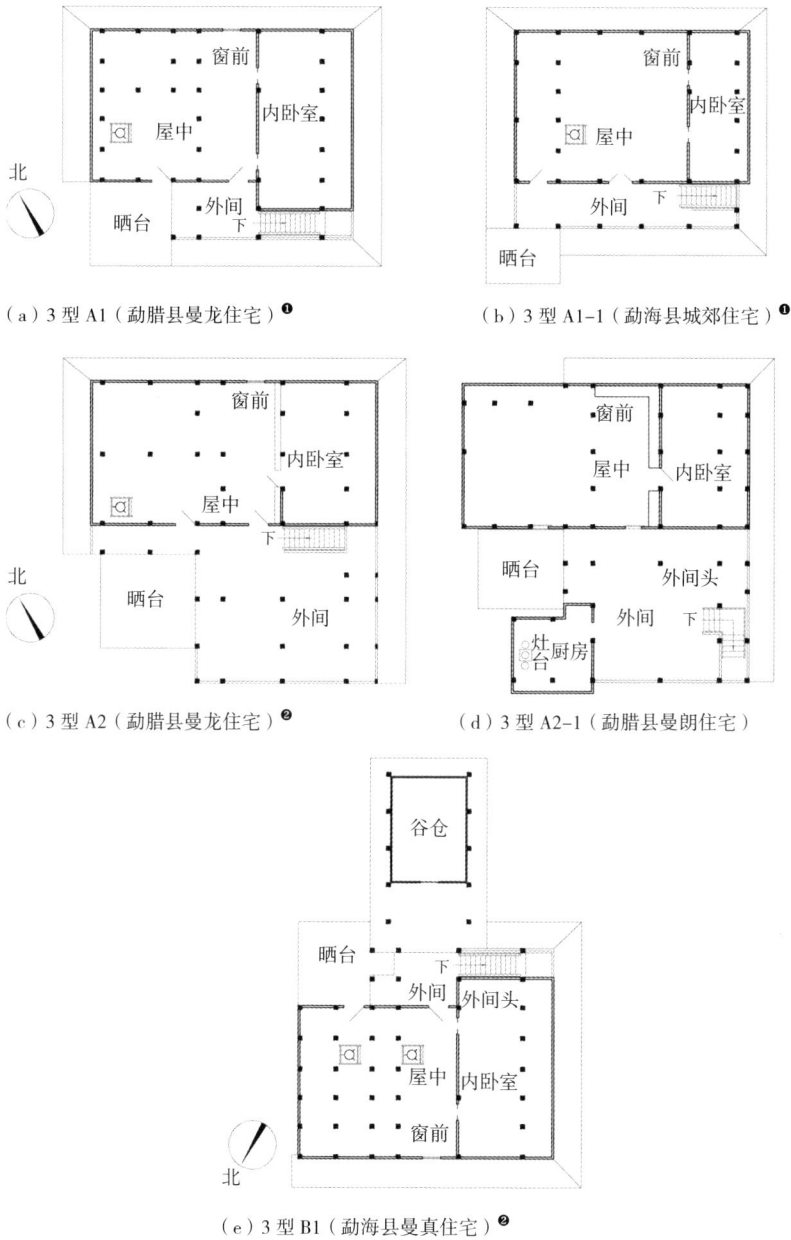

（a）3 型 A1（勐腊县曼龙住宅）❶

（b）3 型 A1-1（勐海县城郊住宅）❶

（c）3 型 A2（勐腊县曼龙住宅）❷

（d）3 型 A2-1（勐腊县曼朗住宅）

（e）3 型 B1（勐海县曼真住宅）❷

图4-12　3型住宅类型图

---

❶ 图片来源：《ダイ・ルー族の住まいにおける空間認識と行動から見いだされる空間概念》。
❷ 图片来源：《云南民居》。

（2）住宅的等级规制

除了上述因素，住宅的等级规制对傣族住宅类型发展的影响也是极为重要的。傣族住宅在农耕文明社会相当长的历史时期没有发展出多样的类型，与古代傣族社会对住宅等级规制的严格要求有着直接的关联。

①以柱的数目作为等级规制的基本要求

"最高封建领主召片领（宣慰使）的房屋木柱，可多达124棵❶；一般平民的房屋，木柱只限于40棵以内；贵族官员'四大卡贞'❷，各勐土司及议事庭较大官员，可以比平民百姓的木柱略多一些，但不能超过100棵。"❸可见，"40根柱"和"100根柱"为平民百姓与贵族土司、贵族土司与宣慰使司之间建造住宅等级差异的两个重要标志。

而在同一村落的内部，也存在一定的等级差异。"勐阿曼迈的叭、召曼和鲊❹的房屋就是有过梁和28棵柱子的大房子，但傣勐❺却住无过梁的房屋。叭的房屋柱脚粗，柱脚垫石也大，而一般村民房屋的柱脚细，而垫柱脚石也小。"❻这种用过梁来区分等级高低的观念，说明了住宅规模大小在村寨内部也受到一定程度的等级限制。

②瓦屋面成为区分住宅等级的重要标识

烧"瓦"技术的落后制约了瓦屋面铺装材料的广泛使用。明代时，傣族贵族居住的宣慰使司府与平民百姓所居住宅的屋面材料并无差异，如《百夷传》中描述傣族先民"摆夷"头目所居住的宣慰使司府"以草覆之，无陶瓦之设，头目小民皆以竹为楼"❼。

到民国时，《云南游记》载："除缅寺及宣慰、各大叭，准盖瓦房外，其余概系

---

❶ 实际为120根木桩。

❷ 四大卡贞，即议事庭长召景哈、都竜浩、怀郎曼裴、怀郎庄往。

❸《民族问题五种丛书》云南省委员会.西双版纳傣族社会综合调查（二）[M].北京：民族出版社，2009：76-77.

❹ 叭、召曼和鲊，均为村寨头人。

❺ 傣勐，为平民的一个等级。

❻《民族问题五种丛书》云南省委员会.西双版纳傣族社会综合调查（一）[M].北京：民族出版社，2009：133-134.

❼ 钱古训.百夷传校注[M].江应樑，校注.昆明：云南人民出版社，1980：149.

草房。"❶20世纪30年代的《水摆夷风土记》中记载，傣族平民住宅的维护材料"基本都用竹"，而非主体结构材料，只有宣慰及土司等官员的住宅才可以"屋顶、墙壁、楼板都用木头建造"❷。后来，有些地区村寨的头人开始建盖瓦屋顶的住宅，"叭、鲊、召曼和一般村落成员之间仍存在严格的区别。在勐景洪傣族的村落内部，担任头人的叭，不仅房屋大，而且有的用瓦盖房顶"❸。而这类瓦屋顶的建盖据说是某些富商或有权势的人购买来的特权："近代有钱有势的贵族和有钱的商人、头人，可以用蜡条两对，银子三两三钱，通过波郎向召片领购买盖瓦顶和柱脚垫石磉的权利。有的勐规定：凡要盖瓦顶的，必须缴半开九元九角或十六元五角；如果盖瓦顶又垫石磉的必须缴半开三十三元。但在用瓦盖顶时，第二层四周还必须留出部分覆以草排，以示低于召片领一等。房屋内的结构，也有和等级相适应的界限。"❹20世纪50—60年代，对车里县（今景洪市）的调查报告中依然有"上司头人住大红瓦房，普通百姓住草房"❺的记录。

实际上，民国二年（1913年），普思沿边行政总局局长柯树勋在《治边章程》中专门发布了准予傣族平民百姓建盖瓦屋面住宅的政令：

> "土司地面向例，除缅寺及宣慰、各大叭，准盖瓦房外，其余概系草房。每逢冬春，天气干燥，最易失慎。且二三年必须易新，尤多花费。应与汉地一律，准予弁目民人，盖造瓦房，以期经久；宣慰及各土弁，不得异言，其无力建造瓦房，愿居茅房者，听之。
>
> ——民国二年普思沿边行政总局局长柯树勋订"❻

然而，15年后的1927年，傣族平民住宅和一般土司的府邸仍旧依原有风俗习惯建盖草排屋顶，并没有接受瓦屋面。

> "普思沿边自柯前任总办树勋划区分治，十五年来，政府信任已属特

---

❶《民族问题五种丛书》云南省委员会. 西双版纳傣族社会综合调查（一）[M]. 北京：民族出版社，2009：176.

❷ 姚荷生. 水摆夷风土记[M]. 昆明：云南人民出版社，2003：118.

❸《民族问题五种丛书》云南省委员会. 西双版纳傣族社会综合调查（一）[M]. 北京：民族出版社，2009：133.

❹《民族问题五种丛书》云南省委员会. 西双版纳傣族社会综合调查（二）[M]. 北京：民族出版社，2009：76–77.

❺《民族问题五种丛书》云南省委员会. 傣族社会历史调查（西双版纳之一）[M]. 北京：民族出版社，2009：4–5.

❻《民族问题五种丛书》云南省委员会. 西双版纳傣族社会综合调查（一）[M]. 北京：民族出版社，2009：174–176.

专，然夷玫其改，不过总署建筑颇为壮观，其余分署，皆属茅屋之楹。全无汉土风尚。

——普洱道尹徐为光至内务厅长李选延信

民国十六年八月十九日"❶

表面上，这一现象可解释为土司阶层不愿被"汉化"以及制瓦工艺的落后，而根本原因则是傣族传统等级规制下形成的风习所致。

③双层屋顶具有特权等级的象征作用

在古代，一定等级以上的傣族官员才可以在住宅中使用双层屋顶，这类建筑被傣语称为"贡"，双层屋顶被称为"约"。这种"'贡'，外观形如两层楼房，只有召片领、召勐、召片领议事庭内的'四大卡贞''八大卡贞'和贵族召庄的住房，还有佛寺才可以用作装饰，景洪农村以帕雅龙办❷到平民百姓的住房，都禁止饰'贡'"❸。也有另一种说法，只有某些地区的土司才可以盖双层屋顶："勐康召勐盖住房，其状貌可以类似佛寺，别的勐是不允许的。"❹还有一说，傣族宣慰使司府议事庭某官职以上的贵族可以设置："房屋上'约'的等级差别，议事庭职官中从鲊级以上头人和农村中的帕雅龙伴、帕雅三陇的住房可以装'约'，其他村寨头人和百姓不能装。"❺

无论这三个记述存在怎样的矛盾，可以肯定的是，双层屋顶在傣族传统社会是特权等级的身份象征。

④楼梯梯段数、平台数以及纹饰是住宅等级规制中的重要组成部分

"召片领（宣慰使司）及其大儿子的住房，可以做二台十级以上的楼梯；其他官员、土司以及百姓的住房只能做一台九级以下的楼梯。楼梯头的花纹区别更多，召片领住房的楼梯头可以雕刻龙头花纹，其他'四大卡贞'、土司、'八大卡贞'、召庄等级的住房楼梯头只可雕刻花纹，但不能刻龙头。其他官员、头人及百姓的住房楼

---

❶《民族问题五种丛书》云南省委员会.西双版纳傣族社会综合调查（一）[M].北京：民族出版社，2009：176.

❷ 帕雅龙办相当于勐级土司。

❸《民族问题五种丛书》云南省委员会.西双版纳傣族社会综合调查（二）[M].北京：民族出版社，2009：77-78.

❹《民族问题五种丛书》云南省委员会.傣族社会历史调查（西双版纳之一）[M].北京：民族出版社，2009：141-142.

❺《民族问题五种丛书》云南省委员会.西双版纳傣族社会综合调查（二）[M].北京：民族出版社，2009：77-78.

梯头禁止雕刻花纹。楼梯的后侧木板，召片领、土司、'四大卡贞'、'八大卡贞'以及召庄的住房楼梯的后侧可以钉上木板。其他官员、头人和百姓的住房楼梯后侧禁止钉木板。这种楼梯后侧木板，傣语称为'箱'。"❶

等级越高，楼梯的梯段数越多，楼梯头的纹饰也越趋繁复，而普通官员和平民的住宅则不允许雕刻纹饰，楼梯平台最多可设置两个。对于不同等级的平民住宅，"领囡、洪海（平民中较低的级别）为三层到五层，而傣勐（平民中较高的级别）为九层，至于召（贵族）一级可以高到十一层（'层'为楼梯梯段数之意）"❷。楼梯梯段数和平台的设置，都与层高、承重柱的柱径和住宅规模密切相关，因而楼梯形制与住宅等级之间存在着一定的对应关系。

此外，除了宣慰使司府，所有傣族住宅中禁止使用壁画："召片领的住房板壁可以雕刻花纹和壁画，其他任何官员和百姓，包括宣慰的直系亲属，弟弟的住房，都禁止有壁画。以前，老召片领的儿子刀栋梁❸在住房内画了壁画，老召片领得知当即命人用白石灰涂掉。"❹

4.2.2　佛寺

（1）傣族的佛教寺院

傣族佛教寺院一般由佛殿、佛塔、僧舍、戒堂、藏经室、寺门等诸多建筑组成，虽然不像汉地寺院那样严格地以轴线对称布置，但各建筑的布局也要遵循一定的原则（图4-13、表4-1）。

a. 佛寺一般呈东西纵轴布置。至于是东偏北还是东偏南，以及偏多少，要根据地形和寺院住持对村寨进行整体分析后才能确定，其中包括村寨的周边环境、朝向，以及属相等方面的因素。

b. 佛像位于佛殿西面紧靠西边中柱的开间内，一般面向东方。这种布局是佛殿

---

❶《民族问题五种丛书》云南省委员会.西双版纳傣族社会综合调查（二）[M]. 北京：民族出版社，2009：77-78.

❷《民族问题五种丛书》云南省委员会.西双版纳傣族社会综合调查（一）[M]. 北京：民族出版社，2009：132-133.

❸ 刀栋梁于1925年继承其文刀承思之位成为第43代召片领。

❹《民族问题五种丛书》云南省委员会.西双版纳傣族社会综合调查（二）[M]. 北京：民族出版社，2009：77-78.

朝东，主入口在东边、僧众出入口在西边的主要原因。

c. 僧舍一般不能位于佛像前部区域内，而位于大殿的西南、西北或西面。

d. 戒堂一般在佛殿的前方（东面），佛塔多位于大殿的西、北或南面。但并非所有寺院都如此，有些寺院先建佛塔，后建佛殿时需要根据塔的周边地势和环境情况来布置，有可能会以塔为中心，如著名的塔庄慕（"慕"有头盖骨之意）和塔庄董双塔，塔庄慕在南传上座部佛教界有着非常高的地位。在这种塔寺中，佛殿一般不会被布置在主要位置上，而是与其他建筑协作以突显塔。

历史上，南传上座部佛教的两个部派"摆坝"派和"摆孙"派传入西双版纳的不同区域。"坝"意为山林，"孙"意为园圃，"摆坝"即山林派，"摆孙"即园圃派。

"摆坝"派最初没有佛寺，僧人们在山林中搭建草棚用以居住，后来渐次在村寨中建立寺院，但其僧人仍居于森林、远离村寨进行修行。"摆坝"派最初于1446年（傣历808年）在景栋建立"坝凉寺"，之后在勐混建立"朗戛寺"。

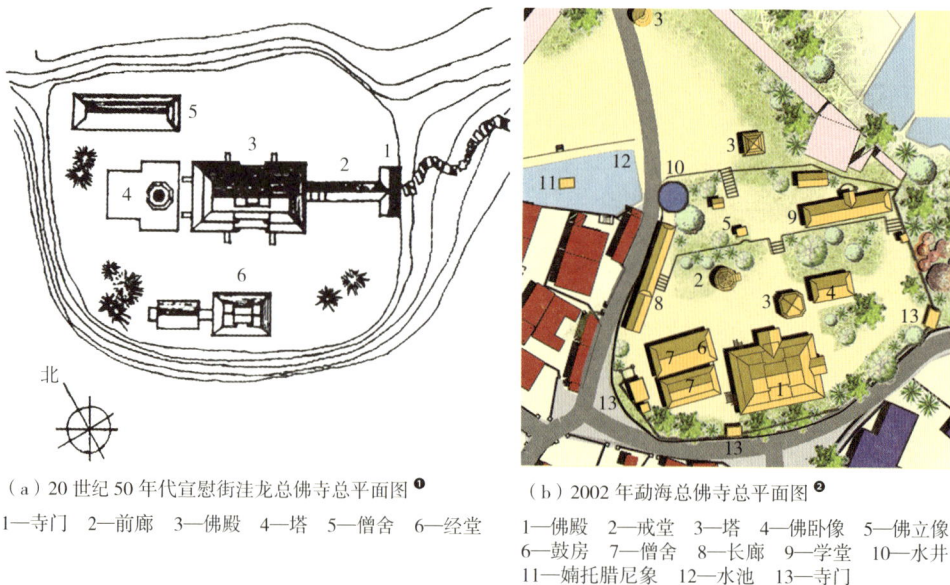

（a）20世纪50年代宣慰街洼龙总佛寺总平面图 ❶
1—寺门 2—前廊 3—佛殿 4—塔 5—僧舍 6—经堂

（b）2002年勐海总佛寺总平面图 ❷
1—佛殿 2—戒堂 3—塔 4—佛卧像 5—佛立像
6—鼓房 7—僧舍 8—长廊 9—学堂 10—水井
11—媌托腊尼象 12—水池 13—寺门

图4-13 傣族典型佛寺总平面图

---

❶ 图片来源：《云南民居》。

❷ 图片来源：作者根据勐海县建设局提供的地形图绘制。

表 4-1　傣族佛寺大殿的规制 ❶

等级	佛寺名称	开间/纵深（间）	屋顶特征	戒堂	始建时间	大殿朝向
总佛寺（1型）	洼龙寺	9/6	三重檐三层顶	有	1932年	东偏南20°
勐级佛寺（2型）	勐海寺	8/6	三重檐三层顶	有	671年	东偏北20°
副总佛寺	庄董寺	9/4	重檐双层顶	有	1828年	东偏南40°
副总佛寺	扎捧寺	6/4	重檐单层顶	无	1907年	东偏北7°
内佛寺	科松寺	7/4	重檐单层顶	有	1908年	东偏北15°
内佛寺	曼勒寺	7/4	重檐单层顶	无	1839年	东偏北30°
内佛寺	洼宰寺	6/4	重檐单层顶	无	1927年	东偏南30°
内佛寺	洼冯寺	6/4	重檐单层顶	无	1918年	正东
内佛寺	轰乃寺	6/4	重檐双层顶	无	1887年	东偏北30°
内佛寺	书弓寺	6/4	重檐双层顶	无		东偏北30°
中心级佛寺	曼洒寺	7/4	重檐双层顶	有		正东
中心级佛寺	景兰寺	6/4	重檐双层顶	有		东偏南70°
中心级佛寺	曼栋寺	6/4	三重檐单层顶	有	1902年	东偏南45°
中心级佛寺	景真寺	8/4	重檐双层顶	有	1701年	东偏南20°
中心级佛寺	曼果寺	8/4	重檐双层顶	有		东偏南30°
中心级佛寺	曼听寺	8/4	重檐单层顶	有	1861年	东偏南40°
中心级佛寺	曼迈寺	7/4	重檐单层顶	有	1898年	东偏南100°
中心级佛寺	曼姐寺	7/4	重檐单层顶	有		东偏南10°
中心级佛寺	陇匡寺	6/4	重檐单层顶	有	1839年	东偏南45°
中心级佛寺	曼广寺	6/4	三重檐单层顶	有	1597年	正北

❶ 根据1965年云南省历史研究所调研成果《西双版纳傣族小乘佛教及原始宗教的调查材料》中《景洪的佛寺建筑》（调查者：邱宣充，调研时间：1965年12月31日初稿）一文，和《云南民居》中"傣族佛寺建筑"调查测绘图及笔者2017—2019年调研测绘图综合所得。

续表

等级	佛寺名称	开间/纵深（间）	屋顶特征	戒堂	始建时间	大殿朝向
村寨级佛寺	曼沙寺	8/4	重檐单层顶	无		正东
	曼芒寺	7/4	三重檐单层顶	无		正北
	曼达寺	7/4	三重檐单层顶	无		正东
	曼宰寺	6/4	三重檐单层顶	无	1663年	东偏北30°
	景砍寺	6/4	三重檐单层顶	无		东偏南30°
	广凹寺	6/4	三重檐单层顶	无	1894年	东偏北30°
	坝角寺	6/4	重檐双层顶	无		东偏南30°
	景傣寺	6/4	重檐单层顶	无	1848年	正南
	乱典寺	6/4	重檐单层顶	无		正南
	曼令寺	6/4	重檐单层顶	无		东偏南10°
	庄宰寺	5/4	重檐单层顶	无		东偏北45°
	回所寺	5/4	重檐单层顶	无		正东

"摆孙"派源于景迈佛寺"孙诺寺"，以景洪宣慰街大佛寺为首，景洪、勐罕、勐腊、勐旺、勐捧等地的佛寺皆属之。"'摆孙'派自传入时即有佛寺，建筑于村寨中，初期形体均为'干栏'式，前期屋顶以草棚为主，后期改瓦屋面。"❶

一般认为，"摆坝"派较"摆孙"派传入更早，在发展过程中，两派有所融合，呈现出相互竞争的情形。由于"摆孙"派传入初期就以寺院建筑为中心，下面所论及的西双版纳佛寺管理体系以"摆孙"派为主，随着"摆坝"派逐渐融入其中，两派之间的差异越来越小。

（2）等级规制下的四种佛寺类型

傣族佛寺的组织管理体系与其社会的政治管理体系极为相近，共分为4个等级，依此可将傣族佛寺划分为四种类型（图4-14）。

❶ 云南省历史研究所.西双版纳傣族小乘佛教及原始宗教的调查材料[M].昆明：云南省历史研究所，1979：13-14.

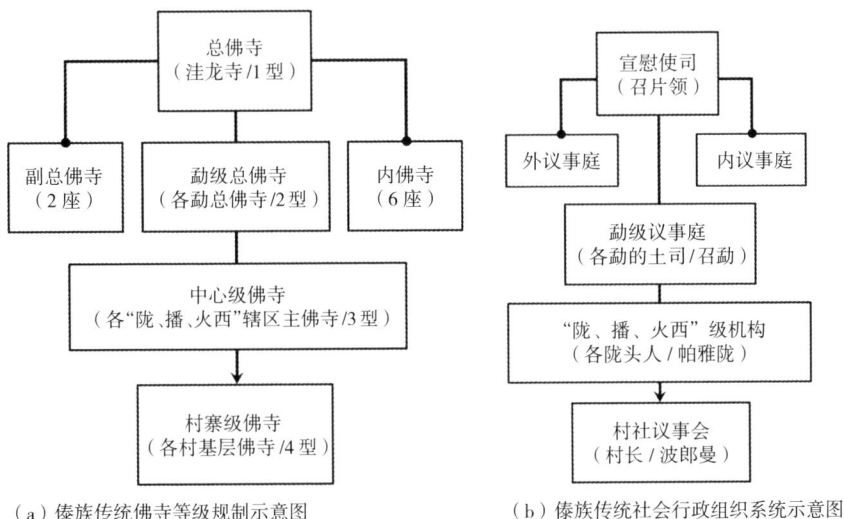

（a）傣族传统佛寺等级规制示意图　　　（b）傣族传统社会行政组织系统示意图

图4-14　傣族传统佛寺等级规制与社会行政组织系统对比图

　　宣慰街的"洼龙寺"是统辖西双版纳地区所有佛寺的总佛寺，称为"1型 总佛寺"。"庄董寺"与"扎捧寺"是副总佛寺，与宣慰街的另外6座"内佛寺"直接隶属于总佛寺。但是这8座佛寺在形制上并不完全与第二等级的寺院完全相同，它们的主要职责是协助总佛寺分担各项事务。

　　总佛寺之下是第二等级的"2型 勐级总佛寺"。每个勐级总佛寺统管勐内的所有佛寺，例如勐海总佛寺，位于勐海县城边的曼贺村内，统辖勐海县行政区划内的所有佛寺，这与勐海土司统辖勐海辖区的所有政务类似。

　　在勐级总佛寺之下设置了若干第三等级的"3型 中心级佛寺"。该级别佛寺管理着被称为"陇""播""火西"等行政区域范围内的村寨级佛寺，如勐遮景真寺、橄榄坝曼春满寺。

　　最低等级的佛寺为"4型 村寨级佛寺"。该级别佛寺一般以村寨为单位设置，也有个别村寨由于人数较少或分寨原因，与其他临近村寨共用一座村寨级佛寺。

　　历史上，这四种类型的佛寺形成了明代朱孟震在《西南夷风土记》中所描述的西双版纳傣族地区"俗尚佛教，寺塔遍村落，且极壮丽"[1]的景象。

---

❶ 朱孟震.西南夷风土记[M].上海：商务印书馆，1936：6.

（3）各类型佛寺的特征

四种佛寺类型依据等级而划分，为了凸显不同级别佛寺的差异，傣族制定了较为严格的规制，形成了各类型佛寺的特征。佛寺建筑主要由大殿基座、开间、进深、屋顶形式，以及"中心诵经堂"（也称为"戒堂"，傣语称"布苏"）等几个方面共同决定（图4-15、图4-16）。

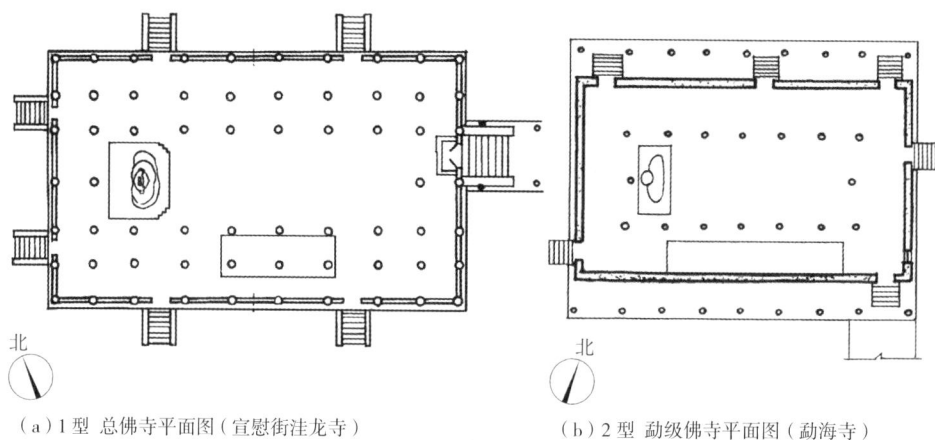

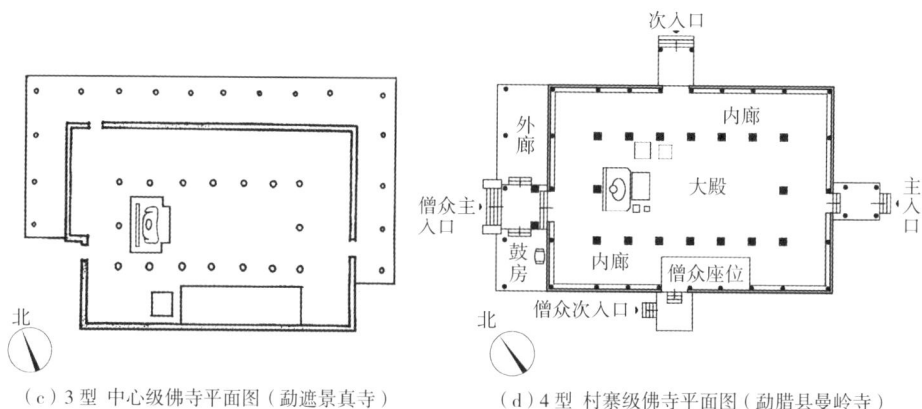

（a）1型 总佛寺平面图（宣慰街洼龙寺）

（b）2型 勐级佛寺平面图（勐海寺）

（c）3型 中心级佛寺平面图（勐遮景真寺）

（d）4型 村寨级佛寺平面图（勐腊县曼岭寺）

图4-15 各类型佛寺平面图❶

---

❶ 图片来源：4型为作者自测自绘，其余来源于《云南民居》。

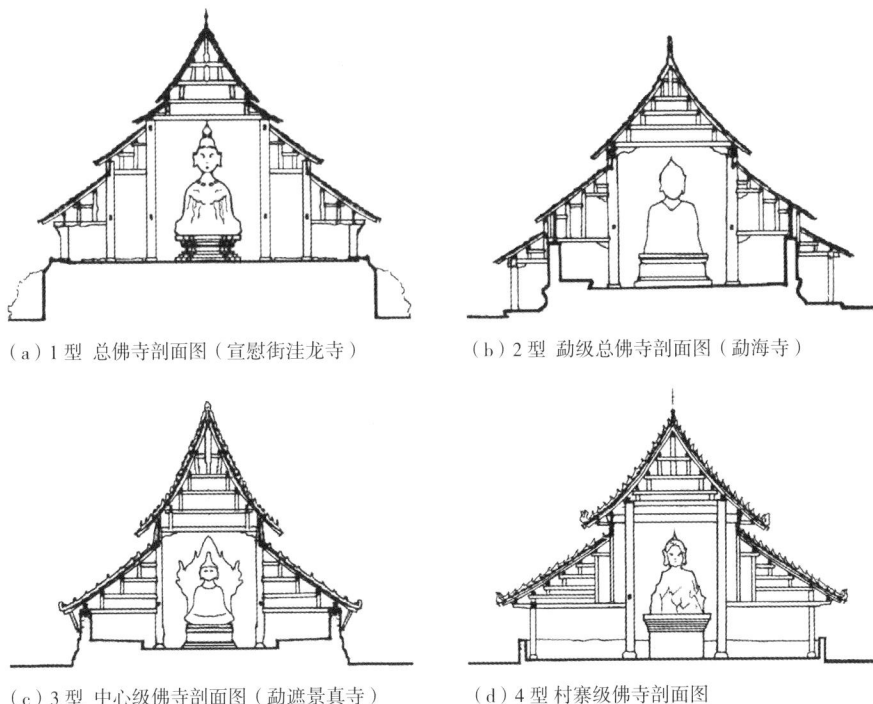

（a）1 型　总佛寺剖面图（宣慰街洼龙寺）

（b）2 型　勐级总佛寺剖面图（勐海寺）

（c）3 型　中心级佛寺剖面图（勐遮景真寺）

（d）4 型　村寨级佛寺剖面图

图4-16　各类型佛寺剖面图❶

①1～3型佛寺内必设"布苏"（戒堂）

"布苏"指戒堂，由于南传上座部佛教的规制要求，中心级佛寺在每月初一、十五须召集周边所辖区域内各寺院住持在布苏里集会。这与傣族社会行政机构中不同级别的"议事庭"极为相似❷。"布苏"在当地民众心中神秘而庄严，其规模和制式在一定程度上代表了该寺院的等级地位。

②屋顶形式是佛寺等级的重要标志

1型和2型佛殿须建盖"三重檐三层顶"，只有宣慰街洼龙总佛寺和各勐级总佛寺可以使用此种屋顶，这是西双版纳地区高级别佛寺的重要标志。20世纪60年代以前，"重檐双层顶"主要用于3型中心级佛寺，只有极个别的4型村寨级佛寺被允许使用，但近年来，大部分4型佛寺在重建中使用了此种层顶。"重檐单层顶"在形式上与住宅屋顶

---

❶ 图片来源：《云南民居》。

❷ 云南省历史研究所.西双版纳傣族小乘佛教及原始宗教的调查材料[M].昆明：云南省历史研究所，1979：72.

最为接近，4型佛寺一般仅限于使用此种屋顶。总的来说，"三重檐三层顶"用于1型和2型佛寺，"重檐双层顶"用于3型佛寺，"重檐单层顶"用于4型佛寺，屋顶形式标识了佛寺的等级和地位（图4-17）。

（a）三重檐三层顶（西双版纳总佛寺）—1、2型 ❶

（b）洼龙总佛寺高大的基座 ❷

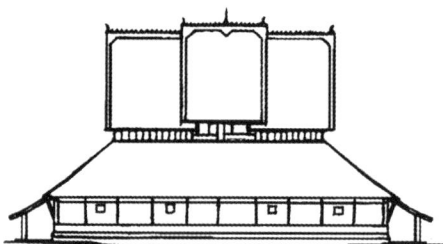

（c）重檐双层顶（勐海景真寺）—3、4型 ❸

（d）重檐单层顶（勐腊县曼渤寺）—4型 ❹

图4-17　各类型佛寺的屋顶特征

③基座高度与佛寺等级存在着明显的对应关系

1型总佛寺基座高度可以达到3～3.5米，2型勐级总佛寺基座高度在1.8～2.5米，3型中心级佛寺基座高度在0.8～1.5米，4型村寨级佛寺基座高度一般只有0.4～0.8米。除了1型总佛寺的建筑高度在16～18米以外，其他类型佛寺的建筑高度都在13～15米。如果除去基座高度，四种类型的佛寺大木结构高度相差并不多，这可能是由于傣族较为固定的传统匠作技艺与营造制度，以及木材资源对东、西中柱最大高度的

---

❶ 图片来源:《云南民居》。

❷ 图片来源:《傣族封建领主制研究》。

❸ 图片来源:《云南民居》。

❹ 图片来源: *The Dai or the Tai and their Architecture & Customs in South China*。

限制所导致的。

④纵深为偶数间、开间大多为偶数间

1型、2型佛寺在纵深方向上为6间，3型、4型佛寺均为4间。这是东西轴线方向上布置了双中柱，使得3型、4型佛寺在纵深限制为4间，而1型、2型佛寺在此基础上拓展出南、北外廊所造成的。在笔者所统计的佛寺中，开间为偶数间的有21座，占总数的65.6%，说明傣族文化中尊崇偶数的观念在佛寺建筑中的运用较为普遍。

⑤佛寺的朝向以东为佳

分析32座佛寺大殿的朝向，东偏南13座，占总数的40.6%；东偏北9座，占28.1%；正东5座，占15.6%；正北2座，正南2座，南偏西1座。朝向东方位（东偏南、东偏北、正东）的佛寺占了绝大多数，共有27座，占总数的84.4%，这与傣族文化中以东向为尊的方位观相契合。佛寺的朝向影响了所在村寨的整体朝向，也影响了每一栋住宅的朝向。因此，佛寺的朝向和所处位置极大地影响了聚落的空间形态，在聚落选址和营建过程中起着至关重要的作用。

4.2.3　宣慰使司府

西双版纳车里军民宣慰使司府是召片领❶的住宅兼办公场所，可以认为此府邸是当地最高权力的象征，是所辖区内各土司们居住和办公的府邸类建筑中等级最高的一座，被当地人称为"傣泐王宫"。该府邸在20世纪50年代以后无人居住和看管，逐渐破败，后来任其自行倒塌损毁，今已不存。研究该建筑有利于了解傣族土司、贵族用来居住兼办公的府邸类建筑，同时有助于深入认知傣族住宅的等级规制。

民族学、人类学家陶云逵先生于民国二十五年（1936年）亲自考察了西双版纳宣慰使司府，并在其著作《车里摆夷之生命环》中详细记录了其所见、所闻。笔者通过将这部著作中有关宣慰使司府内部功能空间、室内陈设、风俗礼仪等方面的记录与其他相关历史文献资料相互比对，并与《云南民居》于20世纪60年代调研测

❶ "召片领" ᨣᩢ᩠ᩅᨣ᩵ᩤᩴ[căuˀphɛn²din¹]，直译为"大地之主"或"大地之王"。ᨣᩢ᩠ᩅ，主人、所有者、帝王、君主、领主或领袖；ᨣ᩵ᩤᩴ，大地、土地。这是当地人对西双版纳宣慰使的称呼，也称其为"傣泐王"。

绘的宣慰使司府邸平、剖面图❶相互对照，以尽可能还原其历史原貌，以利于深入研究。

宣慰使司府邸，傣语为"霍罕姆"❷，"霍罕姆"与该建筑中的礼政场所"金殿"的傣语ဟော်ခမ်း[hɔ¹khǎm⁴]发音相同，因此笔者认为"霍罕姆"就是"金殿"的意思，用金殿来指代宣慰使司府邸，应该是为了表达其尊贵和至高无上的等级地位。

然而，在大多数造访者眼中，傣族的宫殿并没有那么金碧辉煌，甚至可以用"卑俭"来形容。钱古训的《百夷传》记录了其在1396年前后所见到的宣慰使司府："公廨与民居无异，虽宣慰府，亦楼房数十而已，制甚鄙猥，以草覆之，无陶瓦之设，头目小民皆以竹为楼，如儿戏状。"❸虽然此处的宣慰府是指麓川宣慰使司府（位于今德宏州瑞丽市内），但当时傣族各地区的社会发展状况基本一致，可以用此记录比照当时西双版纳车里宣慰使司府的情景。明初的傣族，还没有制瓦技术，当时宣慰府的屋顶应是用茅草制成的草排覆盖。

1866—1868年，法国学者晃西士加尼（Francis Garnier）在其《柬埔寨以北探路记》中记录的西双版纳车里宣慰使司府，"王宫竹木建造，殿宇卑俭，前铺中国地毯，甚不整齐"❹。姚荷生于民国二十八年（1939年），他考察了车里宣尉使府，"屋顶、墙壁、楼板都是木头造成的，这和平民用竹为建筑材料很不相同。房子建筑得很简单拙劣，也没有雕刻、油漆、和一切其他的装饰"❺。傣族住宅几乎不加装饰，但佛寺的柱、梁及屋顶都极其华丽，可见宣慰使司府邸少装饰的特点并非技术原因，而是观念所致。

陶云逵则注意到，车里宣慰使司府除了"用瓦为屋顶外，其所引人注意的是尺寸的高大和柱子的众多"❻，所说的"共有五十几根柱子"应指建筑主体部分，即金

---

❶ 云南省设计院在20世纪60年代测绘宣慰使府邸时，记录有"调查时宣慰所住者已破败不堪，原有木柱一百二十根，现仅留大部分木柱及瓦屋顶"，当时测绘图中的内部空间多为猜测，在笔者将其与陶云逵的调研对照后，发现多处错误。

❷ 郭湖生.西双版纳傣族的佛寺建筑[J].文物，1962（2）：35.

❸ 钱古训.百夷传校注[M].昆明：云南人民出版社，1980：149.

❹ 晃西士加尼.柬埔寨以北探路记[M].台北：华文书局，1969：381-382.

❺ 姚荷生.水摆夷风土记[M].昆明：云南人民出版社，2003：125-126.

❻ 陶云逵.车里摆夷之生命环[M].北京：生活·读书·新知三联书店，2017：230-232.

殿、屋中和内卧室；除去外廊和外间，核心结构由50根从地面直通至檩的长柱组成，其中直通屋脊的2根承脊柱应为中柱。共有"12行，每行5个柱子"，这很容易让人联想到12行柱子代表着西双版纳被划分为12个片区的象征意义（"西双"意为12）。实际上，如果加上"若干辅助支柱"的话，府邸总共应有120根柱。姚荷生也说，"楼下不住人，排着一百单八根柱子。这也是摆夷向外来人夸耀的资料"❶其所说柱的数目似有误，但这仍可说明傣族住宅是以柱的数量多少和建筑规模大小来体现主人身份和等级地位高低的。

宣慰使府邸呈南北纵向布置，分为南、北两大区，兼有议事、会客功能的金殿与经堂位于建筑北部，以日常生活起居为主的屋中、宣慰使卧室、妻妾和儿女们的卧室则位于建筑南部。

建筑主体部分共开4个门，2个向西、1个向南、1个向北，这4个门分别通向走廊和外间。在外间靠近东边墙壁的南北两侧各有1门，均向东开启，出入此二门者有身份等级和性别的限制："靠北边的是正门，男子出入"，北边的主入口主要连接金殿办公区，作为高等级官员前来商议行政事务、礼待来访者等重要活动的主入口，可以称为宣慰使司府邸的门面；"靠南边的是后门，女子出入"，南边的次入口主要连接屋中和内卧室，供家族女眷、子嗣等家庭成员和仆人出入，可以称其为"家庭出入口"。主入口和次入口前"均有楼梯，达地"，与一层相连，这两个门是府邸二层通达地面的出入口（图4-18、图4-19）。❷

（1）金殿

"金殿"傣语为ဟိုคำ[hɒ¹khăm⁴]，直译为"黄金宫殿"；ဟို，宫殿；คำ，黄金。金殿为宣慰使会见客人、商议公事的场所，在府邸北部。"金殿长占全屋长之3/7，作'L'字形，盖连及全屋之北面及西面长之1/2。此处为宣慰使会客、受贺的地方"，内部"没有窗子，里面的光线非常黯淡，时时都像是黄昏。"❸

金殿内宣慰使的宝座最引人注目，"此部分之东墙，有宝座一座，坐东向西"，

---

❶ 姚荷生. 水摆夷风土记[M]. 昆明：云南人民出版社，2003：125-127.

❷ 陶云逵. 车里摆夷之生命环[M]. 北京：生活·读书·新知三联书店，2017：230-231.

❸ 姚荷生. 水摆夷风土记[M]. 昆明：云南人民出版社，2003：118.

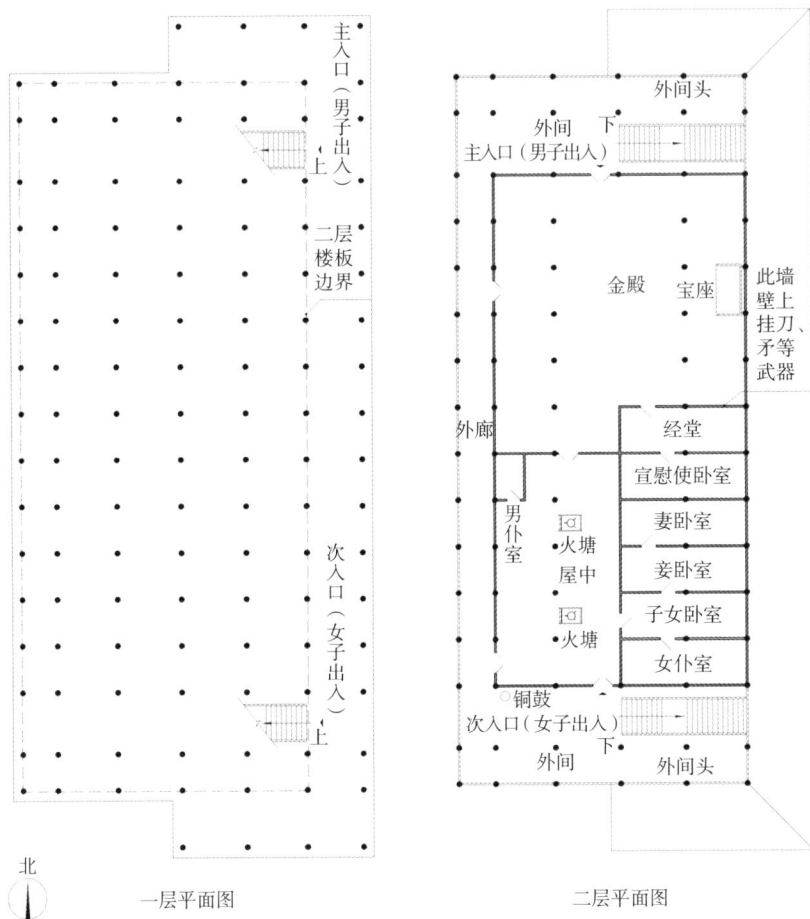

一层平面图　　　　　　　　　二层平面图

图4-18　车里宣慰使司府邸平面图

（a）鸟瞰图　　　　　　　　　（b）西面局部

图4-19　历史图像中的宣慰使司府邸❶

---

❶ 图片来源：《傣族封建领主制研究》。

是"一个矮榻，上铺毡褥"，姚荷生认为这是"一张很大的烟铺，也就是宣慰使接见臣民的宝座"❶。宣慰使在宝座上坐东向西，与人们睡觉时头朝东、脚向西的空间秩序一致，而这与佛寺大殿中佛像坐西向东的朝向正好相背，似乎象征着宣慰使"天授神权"的合法身份。

宝座前"有一张方桌和几只木椅。桌上摆着一座钟和几个玻璃器皿。床旁还有两个武器架，胡乱地插些铁枪与缅刀。墙上凌乱地贴着主席厅长们赐他的玉照，来访他的人的名片，和一些彩色的广告画"❷。左侧"隔卧室的板壁上，排挂着许多武器，缅刀弓矛之类"，右边的墙则"虚空无物"❸。

这种板壁上贴照片和画像的习俗，在今天傣族住宅的外间与屋中之间的板壁外侧仍随处可见。金殿的北面有1门，通至北廊，并通过楼梯可直达地面；西面也有1门（对着宝座），通向西廊；南面2门，1门通经堂和宣慰使的内卧室，1门通屋中。

（2）屋中和内卧室

宣慰使府邸的南部可以看作由屋中和内卧室两大主要功能组成，即一个完整傣族住宅的室内部分。

屋中，"在屋之西南角，长占全屋南面长之1/3，宽占西面宽之1/2。此房东西南北各一门。西通西走廊，南通南凉台，北通金殿，东通卧室。饭厅之内有两个火塘，为平日做饭、煮水、吃饭、烤火的地方，也是最常用的一间屋子。在饭厅之西北角留出一块地方，用木板隔开，作为男仆人的住房"。房间内，"有一个柜子放置食具。在墙边地上有陶制水壶数个。又有纺线机，及其他杂物。还有几个藤竹制的圆矮凳子。这种矮凳是山头阿卡人（佤族，笔者注）的贡品，非摆夷族自制"。❹

桌子以竹藤编制，"外涂以黑、红或金漆的小圆而矮的桌子，高一二尺不等，直径也只一二尺"，移动非常方便。如果遇到非日常性的活动，如婚礼，"则陈列礼物

---

❶ 姚荷生. 水摆夷风土记[M]. 昆明：云南人民出版社，2003：125.

❷ 姚荷生. 水摆夷风土记[M]. 昆明：云南人民出版社，2003：119.

❸ 陶云逵. 车里摆夷之生命环[M]. 北京：生活·读书·新知三联书店，2017：230.

❹ 陶云逵. 车里摆夷之生命环[M]. 北京：生活·读书·新知三联书店，2017：230.

便用汉人常用的四方八仙桌"。有时，也将中原地区的圆桌与傣族的竹篾桌合而为一，"用汉人用的圆桌面，但是把支架取消而放在三个他们的小藤桌子上，于是成了一个庞大而矮的圆桌"，人们便席地而坐。有时还"把圆桌面放在地上，这样，拣菜时便要弯腰了"。❶

这里呈现的是傣族传统席地而坐的习俗，直到今日，云南一些地区仍然普遍使用低矮的距地40~50厘米高的桌子，将距地20~30厘米高的草墩作为坐凳，这与席地而坐和底层架空存在着很大的关联性。

卧室，"在东面，长占全屋长之4/7，宽占全屋宽之1/2。此卧室复以板隔为五格或五间。但全卧室向外，共有两门，一向北通金殿，一向西通饭厅"。向北直通金殿的房间是宣慰使早晚念经的经堂。紧邻佛堂的一间是宣慰使的卧室，"中放一榻，卧时头在东面"，门开向经堂。南边的卧室依次为，"第三格，为其夫人寝室；第四格，为其妾寝室；第五格，为其子女寝室"，在其子女卧室的南边，"另有一小间为女仆居住之用"。这几间卧室并不与宣慰使卧室相连，而是"卧室中每两格之间有一门可通"，通过子女的卧室向屋中合开一扇门。❷

（3）结构体系

宣慰使司府邸的建筑结构结合了佛殿主体结构和住宅中楼面的做法。"楼分两层，以木板隔之。上层住人，木板之下，在诸柱之间搭以横梁，俾使稳固"，对照《云南民居》的测绘图和照片分析可知，此处所说的"横梁"与住宅中各种"穿"的做法相同。"地板至房脊顶之间，复隔一层板子，此板之上，不住人，只作储物之用"，这层板应该是放置于主体结构柱顶端的平面上，将上部空间在垂直方向上分成了两层的世俗空间和屋顶的神性空间。"以木板为墙，但此木板，分为两部，上部活镶于槽中，可以移动，开之为窗口，下部镶成短墙"❸，这种可活动的板壁是傣族传统的匠作技艺，在举行非日常性活动的习俗时，如婚礼和葬礼，板壁可轻易被拆除，以利于空间象征意义从"上方位—下方位"转换成"圣—

❶ 陶云逵.车里摆夷之生命环[M].北京：生活·读书·新知三联书店，2017：230.

❷ 陶云逵.车里摆夷之生命环[M].北京：生活·读书·新知三联书店，2017：230-231.

❸ 陶云逵.车里摆夷之生命环[M].北京：生活·读书·新知三联书店，2017：230-231.

俗"的空间概念。"屋墙之外为凉台或走廊，走廊用栏杆围挡。宣慰使之房屋，只南、西、北三面有走廊，东面无之。"❶傣族睡卧时头朝东，非常忌讳睡觉时头前有人走过，因此住宅中的东面都不设走廊，从这里可再一次看到住宅中以东为尊的方位观。

根据记录，"房屋全长约70英尺，宽约40英尺，高约30英尺。自地至楼板约10英尺，自楼板至脊梁25英尺"❷，这与实际尺寸有所出入，实际测绘的长、宽、高分别在50米、22米、15米左右。宣慰使司府邸外观看起来与傣族佛寺非常相似，仅一层架空，屋顶构造也与佛寺相近，只是不设双层屋顶。双层屋顶是傣族住宅和公共建筑的重要区别。府邸开间为17间，几乎是1型洼龙总佛寺长度的两倍，足以显示其单体规模之大（图4-20）。

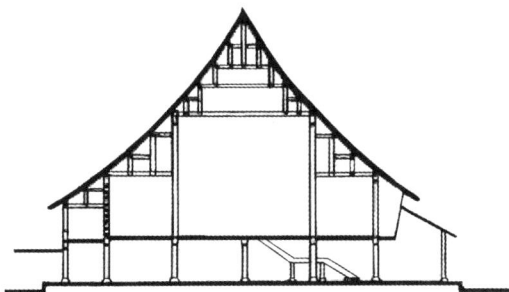

图4-20　宣慰使司府邸剖面图❸

（4）外廊上的铜鼓

外廊，一般作为盥洗、晾晒衣物，以及乘凉之用。陶云逵记录了宣慰使司府邸建筑南边外间转角处的一件特殊器物："在南边的走廊上，我看到一个'铜鼓'"，这正是第2章讨论过的曾普遍存在于中国西南地区及中南半岛的铜鼓（图4-21）。

图4-21　宣慰使司府邸内的铜鼓❹

❶ 陶云逵. 车里摆夷之生命环[M]. 北京：生活·读书·新知三联书店，2017：230-231.

❷ 陶云逵. 车里摆夷之生命环[M]. 北京：生活·读书·新知三联书店，2017：230-231.

❸ 图片来源：《云南民居》。

❹ 图片来源：《傣族封建领主制研究》。

"车里铜鼓高38.0分，面径56.2分，上面周161.4分，底面周150.9分。鼓面中间有那有名的十二角的日光形花纹。围此花纹为凸出之线圈，计为38道，分为数组。有一道为一组，有两三道为一组不等。在鼓面边缘有平均的4个（其中有一个损坏了）蛙形的钮，每蛙身长2分。鼓身上端左右两边各有钮绊两个，长4.5分，高2.8分，中间有空孔，可以系索。鼓身上下阔而中腰狭……据宣慰使告诉我，他这铜鼓是祖上传下来，现在既不用以鸣警，也不当作乐器，只是放在那当个摆设罢了。"❶

铜鼓在古代是权力的象征，从上文描述中可以推断出此铜鼓属于"黑格尔Ⅲ型"，被黑格尔认为"可能是后来掸邦（和克伦人）地方化以后才产生的"❷。该铜鼓的摆放位置很值得探究，作为权力象征，其既不在金殿内，也不在宣慰使的内卧室，而是置于屋中外侧的外间靠近客万兼饭万，这一空间多为女眷或子嗣使用。按傣族传统的方位观来看，铜鼓所在的西南方位与宣慰使宝座的东北方位正好相对，而且前文已经论述了，西南方位在傣族营造观念中是弱势方位。

（5）议事庭

"议事庭"ᨣᩢᩢ，傣语音译为"司廊"，也被称为议事厅，在傣族传统社会中是全西双版纳地区最高行政办公机构，也是西双版纳最高管理者宣慰使司执行行政权力的场所。"司廊"下属的每个勐都有一个类似的办公机构，被称为"贯"（勐级议事厅），是各勐级土司处理政务的办公场所。"司廊"作为最高等级议事庭建筑，代表了包括各勐级议事庭在内的议事庭类建筑，但今已不存，只能依靠照片和文献记录探析此建筑类型。

宣慰使司议事庭与府邸相距不远，"从街头走上一个短短的坡，坡顶有一幢红屋——夷人的议事厅，在议事厅后面向右转一个弯便到王府了"❸。

"是一座四五丈见方的房子。墙是红砖砌的，只有半截。上部像是开

❶ 陶云逵. 车里摆夷之生命环[M]. 北京：生活·读书·新知三联书店，2017：231-232.

❷ 弗朗茨·黑格尔. 东南亚古代金属鼓[M]. 上海：上海古籍出版社，2004：386.

❸ 姚荷生. 水摆夷风土记[M]. 昆明：云南人民出版社，2003：118.

了一圈窗子，所以屋中亮得很。屋顶呈人字形，用红色缅瓦盖成。屋中央有一块高出地面约一尺的台子，上面铺着竹席，四周围着木栏，这便是议长和议员席了。"❶

"议事庭分为内外两厅，内厅地面比外厅地面略高尺余，四周围有木栅，内外可相互观看。内厅是议事庭八个主要头人及各勐土司的座位，外厅是纳协、文书官帕雅龙欠以及其他官员的座位。内厅里，总头人议事庭庭长巴塔玛阿戛玛哈协纳（召景哈）坐在中柱根下，二头人独底牙玛阿戛玛哈协纳（都龙诰）坐在总头人的右旁，左边是三头人打底阿戛玛哈纳（怀郎曼轰），接着是四头人都塔戛玛哈协纳（怀郎庄往）、五头人纳少龙、六头人纳扫图、七头人召龙纳庄（右榜元帅）、八头人召龙纳扁（舞孔雀尾的官）。内厅左边是各勐土司，按职官等级顺序入座，计有勐拉、勐遮、勐笼、勐捧、勐腊、勐海、勐混、勐景董等。"❷

议事庭分内、外两部分，内厅地面略高于外厅，以凸显内部空间的等级尊贵。内部座次以议事庭官员为尊，居内庭上方位，各勐级土司则居下方位。从庭长召景哈的右侧（上方位）为二头人都龙诰，左侧（下方位）为三头人怀郎曼轰；内庭官员位于召景哈右侧、各勐土司居于左侧。这些现象充分体现了傣族文化中以右为尊的空间方位等级观念。

从已有历史资料来看，议事庭的规模、外观和结构体系与3型中心级佛寺相近，开间为八间，纵深为四间，东、西双中柱支撑，屋顶为重檐双层顶。只是一层屋檐开间方向的中部另设双层顶，这与3型佛寺的屋顶略有不同（图4-22）。

---

❶ 姚荷生.水摆夷风土记[M].昆明：云南人民出版社，2003：126.

❷ 《民族问题五种丛书》云南省委员会.西双版纳傣族社会综合调查一[M].北京：民族出版社，2009：12-13.

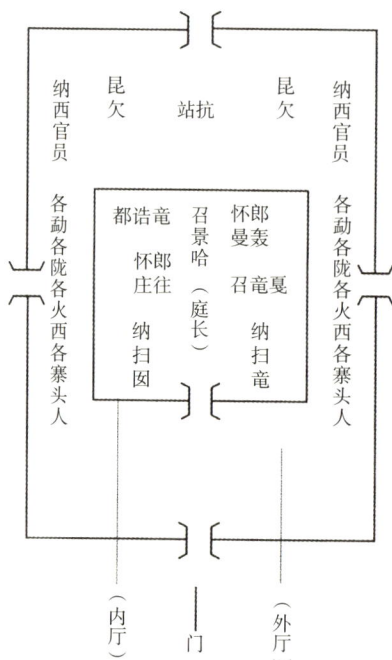

（a）宣慰使司府议事庭座次示意图

（b）议事庭内部开会时场景

（c）议事庭外观

图4-22　历史图像中的宣慰使司府议事庭[1]

（6）勐级土司、贵族府邸

目前，傣族勐级土司及贵族府邸建筑都没有遗迹的留存，历史文献资料也不多。但可以通过西双版纳第43代宣慰使刀栋梁二弟刀栋刚（Chao Mong Kang，也译作刀孟刚）的府邸来分析土司、贵族府邸与上述诸建筑类型的异同（图4-23）。

宣慰使司府内除了议事庭和佛寺等公共建筑外，还有两栋重要建筑，一栋规模大，另一栋规模小，"中间隔着几丈宽的场子"，在1939年，"大屋子宣慰使自己住着，小屋子让给了他的九弟"[2]，并不是他的二弟刀栋刚居住。陶云逵和《云南民居》都认为大建筑是宣慰使府邸，而对小建筑的居住者是谁则说法不一。陶云逵1936年记录

---

❶ 图片来源：（a）《傣族社会历史调查（西双版纳之四）》；（b）（c）《傣族封建领主制研究》。

❷ 姚荷生.水摆夷风土记[M].昆明：云南人民出版社，2003：118.

图4-23 议事庭四大臣之一刀栋刚府邸[3]

该建筑是"宣慰使的第二个兄弟刀孟刚的房屋"[1]。而《云南民居》在20世纪50—60年代调研时，宣慰使司府的建筑多已破败不堪，"据了解当年使用情况……宣慰使之子住房尚完好"[2]，认为小栋建筑为宣慰使之子的住房，但此信息应该有误。20世纪30年代的宣慰使为刀栋梁（1886—1943年），膝下无子，其六弟刀栋庭之子刀世勋（1928—

2017年）作为刀栋梁的养子于1944年继承了宣慰使之位，时年15岁，之后常年在外地求学，因此小栋建筑无论在哪个时期都不可能是"宣慰之子"的住房。1944—1949年，由刀世勋的二叔刀栋刚和亲父刀栋庭摄政，因此，笔者认为，摄政期间刀栋刚最有可能居住在这栋小建筑中，陶云逵所言的可信度较高。从这栋建筑归刀栋刚所有来看，其属于高等级土司府邸，是宣慰使司以外勐级土司和贵族府邸的典型代表。

勐级土司、贵族府邸的房屋按功能可分为五个主要部分：内卧室、屋中、储藏室、外间和外廊。刀栋刚府邸中没有设置单独的议事空间，而是将办公与屋中合为一个空间；火塘被移至屋中的西北一侧，这应该是由于其建筑形制中女柱的位置必须在火塘上方位，并且主人柱必须在内卧室的内部。房屋布置了一间内卧室和一间储物室，这与平民住宅的功能布局颇为相近。其在西边的屋中和储藏室以外有廊的设置，前文已论述过，在平民住宅中是没有"廊"这一概念的，故从外廊的设置可以看到等级规制所显现出的身份可识别性（图4-24）。

---

[1] 陶云逵. 车里摆夷之生命环[M]. 北京：生活·读书·新知三联书店，2017：233.

[2] 云南省设计院《云南民居》编写组. 云南民居[M]. 北京：中国建筑工业出版社，1986：233.

[3] 图片来源：《傣族封建领主制研究》。

"房顶和房檐均是用瓦。土司贵族们房屋，看去雄壮伟大，除其尺寸之高大，支柱之多且壮而外，房顶之整洁与房檐之翼然招展，亦增色不少。摆夷房顶的瓦是长方形，平而扁薄，其每瓦之一端有一个钩。在建筑之时，先用竹竿及木条搭起基架，带钩的瓦便浮钩在这竹木架子上，房顶四周下垂，虚空下垂部分用木条斜支，于是房檐伸张出去，可以庇荫日光，可以遮雨。"❶

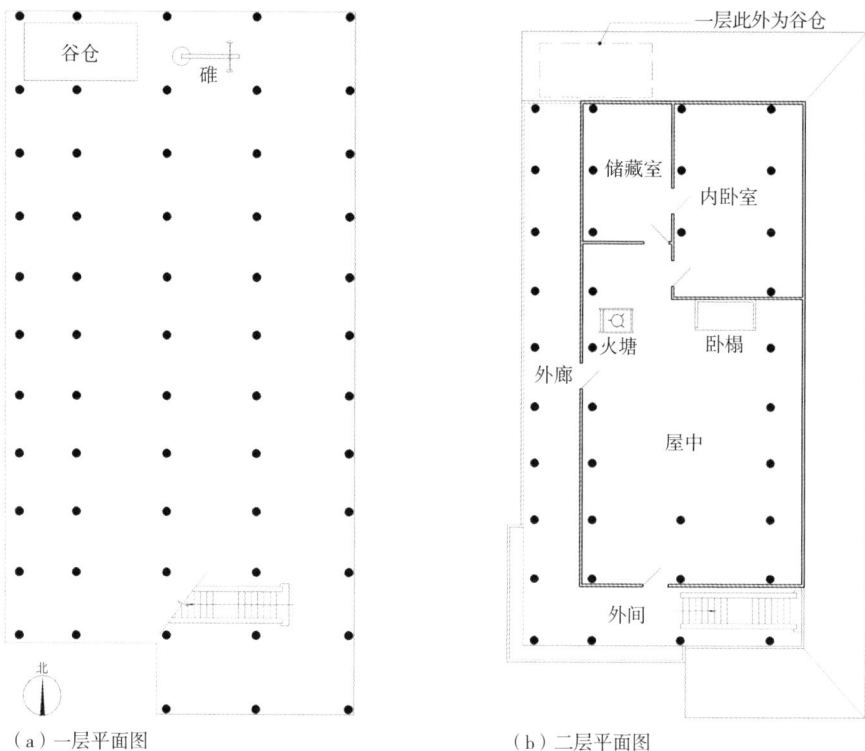

（a）一层平面图　　　　　　　　（b）二层平面图

图4-24　车里副宣慰使刀栋刚宅邸平面图❷

勐级土司和贵族府邸在建筑规模和柱的尺寸上明显小于宣尉使府邸，但仍远大于平民住宅。傣族高等级建筑常用钩头平瓦，无论是宣慰使司府邸还是刀栋刚的宅邸，其平瓦都与佛寺相同。

---

❶ 陶云逵.车里摆夷之生命环[M].北京：生活·读书·新知三联书店，2017：233.

❷ 图片来源：根据《车里摆夷之生命环》调研记录修正《云南民居》中的测绘图。

‖ 4.3 形制解析 ‖

4.3.1 风土气候的适应性

在以往傣族风土建筑的研究中，从风土气候的适应性出发来论述、解释傣族建筑类型和形制成因的占绝大多数。如历史学家、民族学家戴裔煊所著的《干蘭——西南中国原始住宅的研究》中分析认为，"干欄"建筑发生的原因主要有三方面：避瘴疬毒虫、避猛兽和禁忌。应该说，前两个方面是直接从气候和环境层面来解释其成因的。西双版纳地处热带北部边缘，属热带季风气候，分为夏季风和冬季风，夏季主导风为西南季风，冬季为东北季风；常年湿热多雨，瘴气盛行，"地多虎狼""土气多瘴疬""山有毒草及沙虱蝮蛇"（《旧唐书·南平獠传》）。因此，傣族对于西双版纳地区气候环境的适应，是傣族风土建筑产生的主要原因，这一事实毋庸置疑。

拉普卜特（Rapoport）认为："朝向问题往往取决于宇宙观而非气候因素，但建造者能够通过对环境的精细研究而确定最佳朝向，说明他们对地方小气候的认识是准确无误的。"❶西双版纳地区全年静风频率高达50%～72%，部分地区每月静风频率均超过50%。全年风速达到3级及以上的累计时间仅约300小时，而风速达到6级及以上的时间更是仅有20小时。同时，该地区降雨量较高，年降雨量在1136～1513毫米，且干湿两季分明：干季自11月至次年4月（傣历一至六月），静风频率显著增加；湿季自5月至10月（傣历七至十二月），降雨量显著增加，暴雨、阵雨频繁。这一气候特征直接影响了傣族建筑形态，成为其不设内院的主要原因：一方面，干季静风频率高，若四面围合将进一步阻碍空气流通，会导致食物极易变质且日照产生的热量难以散发；另一方面，湿季内院难以迅速排水，易形成积水。由于热带雨林湿热气候对人体舒适性高度依赖自然风压控制，这一设计有效提升了建筑的适应性。

傣族对于风土气候及环境的适应性，主要表现在"水（雨水、河水、井水）、风

---

❶ 阿摩斯·拉普卜特. 宅形与文化[M]. 常青，徐菁，等译. 北京：中国建筑工业出版社，2007：84.

（引风、排风、通风）、日照（朝向、遮阳、温湿度）、地（地形、地貌、地质）"四方面因素的协调与共生，亦即傣族传统四塔理论"水、风、火、土（地）"的合理运用（图4-25）。

傣族传统四塔理论是古代傣族人民对物质世界的认知和因应自然环境而构建的理论体系，至今仍然被傣族社会广泛运用。傣族住宅由

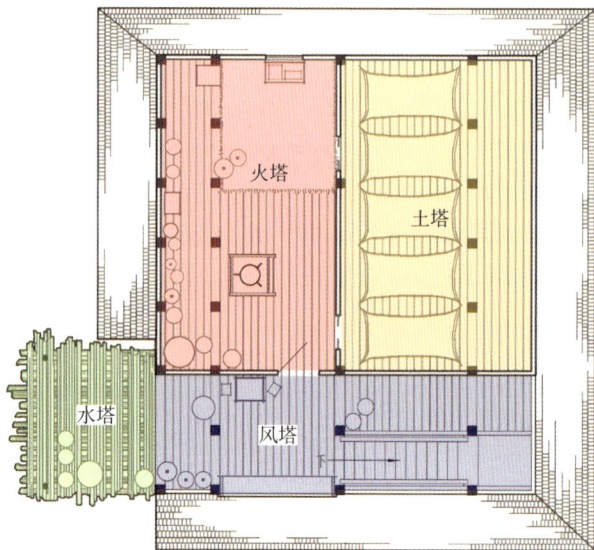

图4-25　傣族住宅平面空间与"四塔理论"的对应关系

四大主要空间组成，这与四塔理论"水、风、火、土（地）"的相似绝非偶然，应该是经过了傣族人世代的精心设计而形成：晒台以排污和盥洗为功能，代表了"水塔"；外间和楼梯间以半室内、半室外空间的通透性为特征，代表了"风塔"；"屋中"空间以女柱旁的火塘为核心，代表了"火塔"；"内卧室"以主人柱为中心，代表了"土塔（地塔）"。以四塔象征的四个空间，既相互联系，又彼此独立；合理区分了静与动、干与湿、洁与污、私密与开敞等二元对立的功能，同时平衡了生产、起居、饮食、交流、休憩、祭祀等多种活动。这充分体现了傣族因地制宜、巧妙适应西双版纳风土气候的智慧与传统建筑的优越性。

4.3.2　东向为尊、偶数制与纵置轴线的方位体系观

《旧唐书》中真腊国风俗有"其俗东向开户，以东为上"[1]。以东为尊在上古商周时期是较为普遍的文化现象，并且往往与偶数制同时出现，迄今为止，国内发现最早的偶数开间建筑遗址为郑州二里岗殷代早期建筑，"面阔二间"[2]。偶数开间的现象

---

❶ 刘昫，等.旧唐书[M].北京：中华书局，1975：5271.

❷ 刘敦桢.中国住宅概说[M].天津：百花文艺出版社，2004：15.

大多存在于殷商和西周时期的建筑遗址中，如湖北黄陂盘龙城商代宫殿遗址、河南偃师二里头商代宫殿遗址、陕西岐山凤雏甲组周初宗庙遗址、陕西扶风召陈村西周建筑群、河南安阳小屯甲组宫殿遗址、河南郑州大河村仰韶住宅。

傣族佛寺建筑普遍存在着以东为尊、偶数开间的现象，与其对应的还有纵置轴线，以山墙面为主入口的布局，而这些特征在住宅中也表现得非常明显。在空间等级观念上，与中原地区男左女右、左为上的观念完全相反，傣族的空间秩序为男右女左，右为上。

聚落中的寺心位于东部、寨心位于西部，住宅中主人柱位于东部内卧室、女柱位于西部屋中，以及佛殿中的东、西中柱，都呈现出"双中心"一东一西并置的现象。无论是佛殿中佛像坐西朝东的形制要求，还是主人一家睡眠时头朝东的规制要求，都体现出由方位体系驱动而成的"以东为尊"的方位体系观。如果说宗教信仰决定着"双中心"特征的存在，那么傣族建筑文化中的方位体系则决定着双中心的相对位置。

与中原汉地传统文化不同，傣族借用八种动物分别代表八个方位来阐释物质世界，两两相对形成相生相克的关系。这八种动物分别是牛、鹰、猫、狮、虎、龙、鼠、象，分别对应东北、东、东南、南、西南、西、西北、北；四组方位相克的态势分别是鹰（东）克龙（西）、猫（东南）克鼠（西北）、狮（南）克象（北）、虎（西南）克牛（东北）。可以看出，东、东南、南、西南与另外四个方位西、西北、北、东北构成了二元对立的强势方位与弱势方位。

在村寨的功能布局上，方位是至关重要的决定性因素。强势方位东、东南、南、西南往往被认为有利于村寨的发展，佛寺、神林、田地、水源地、鱼塘等与居民生活息息相关的用地一般都被安排在东、东南、南、西南。不难理解，这几个方位上的用地从早上到下午都沐浴在充足的日光下，与太阳有着密切的关联，象征着勃勃生机的阳性。

"以东为尊"的方位体系观表现在空间结构上则有：聚落中，东部佛寺代表的理想国与西部寨心代表的现实世界；佛殿中，东部象征世俗空间与西部象征神性空间；住宅中，东部布置上方位的内卧室空间与西部布置下方位的屋中空间。所有这些都是在强（东）、弱（西）势方位的主导下，用"双中心"体现二元对立的空间概念。同时，在垂直方向上，家畜晚上只能圈养在客厅下方，不能在内卧室下方，住宅的上、中、下分别象征了不同的空间概念。

八个水平方位和上、下两个垂直方位，这十个方位完美地表达了傣族对于世界、时空的认知，这套方位体系应该是受到了南传上座部佛教信仰的影响，但东向为尊、偶数开间和纵置轴线这几种文化现象很可能是佛教传入之前原初文化的遗存。

4.3.3　居住禁忌

另一个影响傣族住宅类型的重要因素是文化中的居住禁忌。随着社会的不断发展，适应性的诸多禁忌从文化层面不断影响着不同建筑类型的演化过程，主要表现在屋中、内卧室、谷仓、晒台等几个重要场所空间的使用上。

a. 火塘：对火塘的使用有很多禁忌。根据原来树木生长的方向，点火的木材有顶部和根部之分，必须先将根部点着。将木柴放入火塘的位置也是一定的，严禁跨越火塘或移动火塘，唯一的例外是，如果家里有老人去世，则要将火熄灭再重新点燃，只有这时移动火塘是允许的。火塘上的三块石头分别是"光明石、宝石和金石"。

b. 内卧室：一般情况下，除家庭成员以外的人员不能进入内卧室。内卧室里有两条约定俗成的界线，根据"主人柱"和"神柱"的位置来确定。界线将内卧室空间分为几部分，最里面的空间是老人睡卧之处，父母在中间，接着是结了婚的女儿和女婿，没有成年的小孩睡在最外面靠近楼梯的一侧。家庭成员的社会关系可以从他们床垫的位置看出来。

c. 卧室门：一般会有两个门从屋中通向内卧室，一个门通向父母及老人睡卧的空间，另一个门通向女儿、女婿和小孩睡卧的空间。女婿绝对不能从父母睡卧一侧的门出入，父母可以从女儿、女婿睡卧一侧的门出入，但通常被认为不礼貌，这一规则对于家里的小孩或已婚女儿不受限制。睡觉时，身体长轴方向必须垂直于屋脊。

d. 谷仓：谷仓在独立设置时，一般在住宅侧面或后部，靠近卧室一侧；另一种是设置在住宅一层架空处，上部正对年长者的睡铺。从方位上来讲，这两种谷仓的设置都是位于住宅中最尊贵的位置。当谷仓位于二层与住宅相接时，通常与屋中或前廊相连，绝不能与内卧室直接相接。

e. 晒台：晒台一般低于楼面0.1～0.5米，夜晚不可在晒台处洗头。

从文化维度来看，这些居住禁忌旨在维系四塔理论中"四元素"在住宅功能使用中和日常活动时的稳定；同时，也在维持"双中心"二元对立的空间概念。

‖ 4.4　本章小结 ‖

本章通过对傣族风土建筑多种类型的归纳，提取出傣族因应气候环境、等级制度、礼仪风习等"环境—文化"条件下的建筑原型构成和建筑类型特征，这是本课题研究的核心所在，是在社会、文化维度上对傣族风土建筑体系的构建。从对傣族双中心、"柱"崇拜、空间秩序观念、建筑结构特征，到住宅、佛寺、土司贵族府邸等建筑类型的构成方式和演变趋势的归纳总结，试图探求其风土环境、方位体系，以及居住禁忌等文化来源问题，得到以下几方面结论。

第一，傣族建筑原型在功能上以双中心"柱"为核心。随着南传上座部佛教的传入，住宅中的"双中心"由原初的"原始承脊柱"转变为与其垂直的"主人柱"和"女柱"，并且其他各柱均被赋予了与家庭成员相对应的不同意义和名称。在空间上，由"上—下"方位和"圣—俗"空间观念主导，衍生出"男性—女性"空间、"内—外"空间。在结构上，原始中柱（承脊柱）支撑屋脊，与二层矩形框架共同构建成以"柱—穿"为结构特征的穿斗构架体系。

第二，傣族住宅的差异主要表现在屋中、窗前、内卧室、外间的朝向和空间大小，楼梯、外间头是否紧靠内卧室和卧室壁的不同，以及火塘的变迁和谷仓的位置三个方面。傣族佛寺的组织管理体系与傣族社会的政治管理体系极为相近，共分为四个等级，也因此形成了四种主要的佛寺类型，其差异主要表现在基座、屋顶、开间、纵深和戒堂等几个方面。以宣慰使司府为代表的土司贵族府邸类建筑是将住宅的居住功能与议事庭的办公功能合二为一的结果。

第三，通过对风土气候适应性、方位体系，以及居住禁忌等角度的研究，解析傣族村寨形制的成因。傣族对于风土气候及环境的适应性，主要表现在"水、风、日照、地"四方面因素的协调与共生，在住宅中表现为"晒台""外间""屋中—窗前""内卧室"这四大功能空间分别与"水塔""风塔""火塔""土（地）塔"的对应关系，这应该是来源于傣族对传统四塔理论的合理运用。傣族文化中的方位体系应该受到了南传上座部佛教相关学说的影响，但东向为尊、偶数开间和纵置轴线这几种文化现象很可能是佛教传入之前原初文化的遗存。居住禁忌在住宅的日常使用中有助于维系空间秩序的稳定。

第 5 章
傣族风土建筑的
匠作及其风习

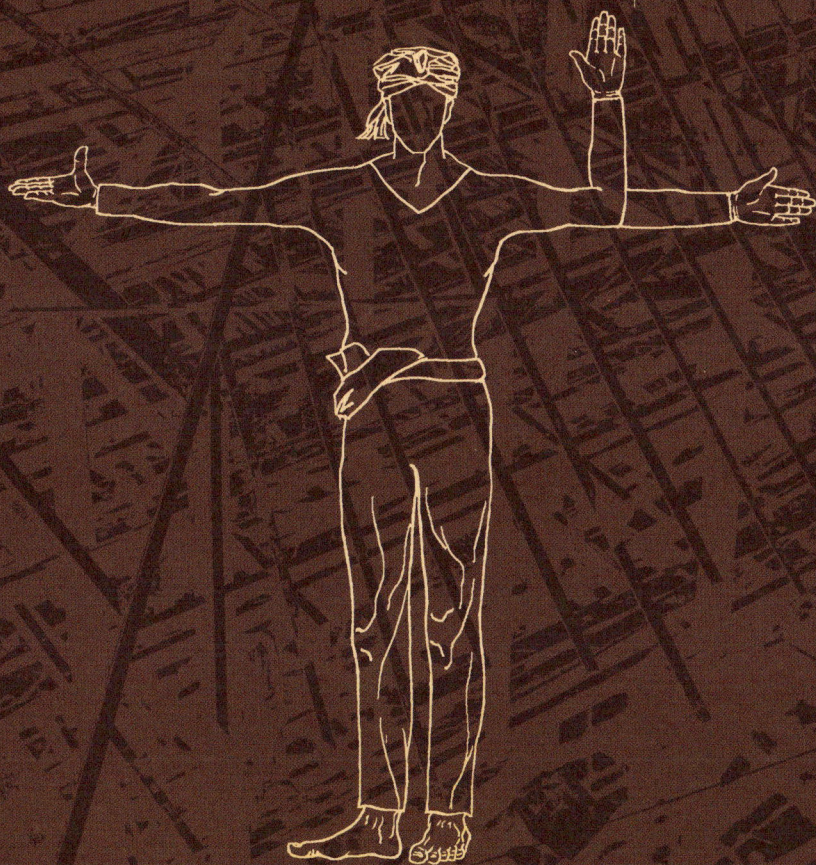

‖ 5.1　营造过程 ‖

傣族建筑在营造过程中，匠作技艺和占卜两方面都起着重要作用。傣族建筑的传统匠作过程如同其他许多民族一样起始于占卜择址和请木匠，经过选材、伐木、加工木料，到挖柱坑、摆柱子、奠基，再到竖屋，最后经过贺新房仪式，完成整个营造过程。

5.1.1　择址

傣族先民对居址的选择有着一套完善的方法，这套方法来源于远古，期间被南传上座部佛教文化影响，但基本特质并没有太大变化，体现出傣族原初信仰因应自然环境的观念。

与聚落选址相似，在住宅选址时，水是首先要考虑的关键因素，"水的流向要向东或向北始吉，如果是向西或南，那便要想办法导水使之向北或东流去，至少在经过宅地的那一段的水要向这两个方向流"❶。这应该是傣族方位观影响的结果，从而导致住宅中人们睡眠时大多头朝向东、东南或东北等几个方位。

在确定居址的大体范围后，随即选定适宜居住的具体基地，并举行象征私人占有这这块基地的仪式。

在此之后要请木匠和"波占"（祭司），二者并没有先后顺序。在傣族传统社会中祭司和木匠合而为一的现象时有出现。在传统风习中，必须送给木匠礼物作为薪酬，通常包括"蜡条四对，谷、米各一碗，土白布一件（约二丈）、红布五尺及半开3元。若木匠是本寨的，礼物从简，只需一串槟榔和一瓶酒（一斤）即可。如果本人自己会设计，就可免去这一手续"❷，但木匠不能建盖自己家的住宅。居址选择的核心内容是如何确定基地。

---

❶ 陶云逵. 车里摆夷之生命环[M]. 北京：生活·读书·新知三联书店，2017：234.

❷ 《民族问题五种丛书》云南省委员会. 西双版纳傣族社会综合调查（二）[M]. 北京：民族出版社，2009：74.

5.1.2　选材与伐木

居址选好后，则选择适当的建筑材料。傣族传统建筑一般包括木、竹、茅草三部分，佛寺和贵族府邸还包括瓦。从山上砍伐木料到运送回村，都要遵循古老风习。

（1）树木的选择

西双版纳地区湿热、多雨，各种霉菌极易生长繁殖，雨水对建筑构件的侵蚀也甚为严重，因此建筑材料的防腐和防虫性能极为重要。这里的虫主要指蚁类和形体微小的昆虫类动物。

寨心和寨门的选材都以硬木为主，哈树、酸角树、栗树、坚树、榕树、蜜枣树、刺桐树、团花树、桑树、槟榔树、椿树、罗贺树、秃树、松树、帕树、腊肠树、对叶榕、占姐木等18种树木中，一些树种由于宗教信仰是不能作为住宅类建材使用的，如酸角树、刺桐树、对叶榕等绝对不能随意砍伐（表5-1）。

表 5-1　八种聚落类型中的寨心、寨门用材

类型	属相	寨心柱和寨门柱用材	寨门横梁用材	更换寨心柱年限
一	金翅鸟	哈树、酸角树	对叶榕	9
二	虎	栗树、酸角树	桑树	8
三	狮	坚树、榕树	椿树	7
四	狗	蜜枣树、刺桐树、团花树	栗树	6
五	猪	桑树、槟榔树、椿树	桑树	10
六	羊	罗贺树、秃树	占姐树	12
七	龙	松树、帕树、团花树	罗贺树	14
八	象		椿树、腊肠树	1

建筑用材的选择一般可分为室外和室内两大类。村寨公共场地内的木桩、木柱选用耐腐蚀性能好的木材。室内的柱、梁、枋、桁等屋架用材除了具有耐腐、抗虫等性能以外，树干通直、粗度适中、加工方便、干后变形小、不易翘、不易裂等性能也是需要考虑的重要因素。室内板材作为分隔室内、室外的主要建材，要求所选

树木具有树干通直、材质轻软、容易加工、不翘不裂，稍加处理可防虫蛀，日晒、雨淋而不腐的特性。佛寺里雕像用材"多半是'默学木'，最牢的还是'默沙克木'，这种木材白蚂蚁都无法吃"❶（表5-2）。

表 5-2　西双版纳傣族建筑常用木材 ❷

类别	汉文（音译）	傣文（汉文）
室外用材 桩/柱	滇石梓（埋索）、思茅豆腐柴（埋索信）、铁刀木（戈埋克里），帽柱木（抹干）、火绳树（埋抹匪）、黑黄檀（埋剁郎）、牛肋巴（埋嘿辗）、滇破布木（埋闷）、毛麻楝（戈埋永哟）、多花嘉榄（抹喊）、山黑心树（埋歪温）、铁力木（埋波纳）、儿茶（埋西谢）、柚木（埋赏）、思茅蒲桃（埋阿）	ເໝ້ຢ[mǎi⁶sɒ⁶]（滇石梓）、ເໝ້ຄຣກ[mǎi⁶khi³lek⁹]（铁刀木）、ເໝ້ປຯ[mǎi⁶po¹nak⁸]（铁力木）、ເໝ້ຍ[mǎi⁶sǎk⁷]（柚木）
室内用材 梁、柱、 枋、桁、 屋架	山白兰（章巴腾）、红毛树（埋沱罗）、红锥（抹过亮）、长果桑（埋果沙龙）、曼登果（抹戈变）、八宝树（埋非）、布荆（埋札波）、红椿（埋勇荣）、绒毛番龙眼（埋戛亮）、黄棉木（埋戈楞）、潺槁木姜子（埋咪改）、葱臭木（埋戈给）、毛叶紫薇（埋漠）、老挝天料木（埋泡）、光叶天料木（埋泡性）、窄叶翅子树（埋抹匪）、乌口树（埋楞）、黄樟（埋中龙）、毗黎勒（埋抹哈）、黄牛木（埋丢楞）、苦丁茶（埋丢郎）、重阳木（埋饭）、多果榄仁（埋哈）、毛荔枝（埋抹鸟）、狭叶山黄麻（埋呼）、小果红椿（埋勇）	ເໝ້ຫໂ[mǎi⁶thǎ⁷lo⁶]（红毛树）、ເໝ້ຟ[mǎi⁶fǎi¹]（八宝树）、ເໝ້ຽຄ[mǎi⁶jɛ⁴khɛ¹]、ເໝ້ຢໂ[mǎi⁶yan¹lɛ⁶]（布荆）、ເໝ້ກ[mǎi⁶kǎk⁷]（绒毛番龙眼）、ເໝ້ປ[mǎi⁶pɒ⁸]（毛叶紫薇）、ເໝ້ຈຫ[mǎi⁶con¹hɒm¹]（黄樟）、ເໝ້ຕຯ[mǎi⁶tiu³dɛŋ¹]（黄牛木）、ເໝ້ຂ[mǎi⁶khǎm⁶]（多果榄仁）、ເໝ້ຢ[mǎi⁶yum⁴]（毛荔枝、小果红椿）
室内板材	川楝（埋享）、南酸枣（埋抹墨）、灯台树（埋丁别）、团花树（埋格冬）、顶果木、粗糠柴（戈埋改）、中平树（埋冬）、浆果鸟柏（埋西里腾）、光叶合欢（埋反克）、厚壳树（抹摆尚）、布渣叶（抹敢）、木棉（埋牛）、冉毛华爪木（埋巴朗）、常绿臭椿（埋喃纳）、大叶山楝（埋钢）	ເໝ້ຂດ[mǎi⁶khǎ⁸dum⁴]（团花树）、ເໝ້ຕ[mǎi⁶ten¹]（大叶黄梁木）、ເໝ້ສຣຸ[mǎi⁶sli¹thɒn²]（浆果鸟柏）、ເໝ້ຍໂ[mǎi⁶niu³khot⁸]（木棉）、ເໝ້ຢ[mǎi⁶yum⁴]（臭椿木）

---

❶《民族问题五种丛书》云南省委员会. 西双版纳傣族社会综合调查（一）[M]. 北京：民族出版社，2009：152.

❷ 根据《西双版纳傣族社会综合调查（二）》第76页"住宅用材树种选择"部分整理而得。

续表

类别	汉文（音译）	傣文（汉文）
竹材	龙竹、甜竹、小叶龙竹、歪脚龙竹、大黄竹、粉白黄竹、毛脚龙竹、丛生毛竹、大黑竹、龙波竹、刺竹、黑毛滇竹、大泡竹、苦竹、大条竹、香糯竹、长舌竹	ᦺᦙᧉᦷᦢᧅ[mǎi⁶bok⁹]（龙竹）、ᦺᦙᧉᦵᦕᧁ[mǎi⁶pheu¹]（刺竹）、ᦺᦙᧉᦃᦳᧄ[mǎi⁶khum¹]（苦竹）、

对于树木的选择，除了有树种的要求外，树木的形态也是非常重要的考虑因素。这主要从树身形状、树身疙瘩数目，以及树上是否有动物巢穴等三方面考察。用作主人柱的树木"不仅要求笔直，而且必须枝叶茂盛"**❶**。要求树身上下粗细均匀、枝叶繁茂，实质上是为了确保树木在生长过程中获得充足的养分，这有利于木质更为密实和坚硬；树身上疙瘩的数量与傣族文化中数字的象征意义有关；树上如果有蜜蜂、乌鸦或鹰的巢，或树根有蚂蚁穴，都会影响树木的生长，因此不适宜选用。

（2）伐木

在傣族文化中，伐木是营造过程中至关重要的一环，与中原汉族对待"梁"材的极为重视不同，傣族在伐木中非常重视从"木"到"柱"材的转换过程，将其视为赋予树木"新生"的第一阶段，表达着傣族人民对生命的独特理解。

到山中去伐木首先要选择适宜时间，"伐木以傣历一、二、四、五、七月为吉，动工建屋以二、四、五、六、八月为吉"**❷**。傣历的一、二、四、五、七月对应着公历的10、11、2、3、5月，这是西双版纳的干季，傣历九月至十二月是雨季，也是傣族关门节（守夏安居节）和开门节（解夏安居节），多雨的气候不适宜建房，而且这一时期瘴疠高发，容易将病菌携带入村寨中引发疾病的流行。因此，关门节至开门节期间禁止伐木和建房风习的主要原因。

第二个重要环节则是伐木前举行的仪式。主人上山找木材和茅草，首先要选择充当房屋"主人柱"和"女柱"的两棵树木，"必须由家长或家族长挑选，选好后，

---

❶《民族问题五种丛书》云南省委员会.西双版纳傣族社会综合调查（一）[M].北京：民族出版社，2009：73.

❷ 陶云逵.车里摆夷之生命环[M].北京：生活·读书·新知三联书店，2017：234.

由男性家长（或家族长）祭祀"，"并由主祭人砍第一刀"，然后同去的亲属及其他人才能砍伐❶。

与伐木日期选择同样重要的是，伐木时树木倒下的状态代表着不同的涵义。倒下的方向中除了东向外，其他三个正向（南、西、北）发生的概率很小，会给人造成强烈的"某种外力因素造成偶然结果"的心理感受，这可能是不选这三个正向的原因。

（3）运木

树木被砍倒之后，由主人亲自以臂去量，然后按照所需的尺寸砍断。随后，由亲友将所砍木料，逐件抬回家去。❷

《贺新房歌》的开头以民间口头歌谣的形式讲述了三月伐木作为建盖新房的开端，"三月也有不同的三月，今年的三月呀，人人准备上山砍木料，要砍竹子做篱笆，要砍粗木做柱子"❸。古籍《哇雷阿塔乃甘哈傣》认为，"零星的原始歌谣是布桑该、雅桑该给的，而叙事长诗是帕召（佛主，笔者注）赠送给人类的"❹。《贺新房歌》应当是在佛教传入之前就已成形的一部原始歌谣，其中反映出的伐木和运木内容说明在佛教传入之前此风习就已形成。

（4）木材养护

木材养护对于木材日后能否使用长久有着重要影响。木材养护主要围绕木材的防虫和防腐来实施，除上文所述选择不易被虫蛀的硬木树种外，从采伐的季节到用水浸泡，再到使用中的烟熏和柱脚垫石隔离地面潮气，都十分重视预防措施，而且所采用的方法具有气候适应性的特点。

a. 产地保存法：无论采伐木材还是竹材，都十分重视采伐的季节。前文已经论述了伐木季节和日期的选择，这里则着重说明养护方法。将雨季结束后砍伐的树木

---

❶《民族问题五种丛书》云南省委员会. 西双版纳傣族社会综合调查（一）[M]. 北京：民族出版社，2009：73.

❷ 陶云逵. 车里摆夷之生命环[M]. 北京：生活·读书·新知三联书店，2017：234.

❸ 祜巴勐. 论傣族诗歌[M]. 岩温扁，译. 昆明：中国民间文学出版社（云南），1981：37-38.

❹《哇雷阿塔乃甘哈傣》译为《论傣族诗歌的内容》，成书于傣历796年（1435年）；《哇雷麻约甘哈傣》译为《论傣族诗歌》，成书于傣历976年（1615年）。布桑该、雅桑该是傣族传说中佛教传入之前的英雄、神灵，帕召译为"佛祖"。

不修枝丫，原地放留约3个月，待当年的11—12月再开始加工，按使用需要的规格尺寸，就地加工成梁、柱、枋、板等成材，用人搬或牛拉，把成材运回村里，供每年2—4月（旱季）建屋。尽管预先选择好的树木零星分散，或运输上的远近难易不同，但大体都按规定的方法进行采伐和加工。由于在原地养护，因此将这种方法称为产地保存法。

b. 入水浸泡：有的用材，特别是竹材，其天然的耐腐性及抗虫性能差，这类用材在采伐后被加工成枋、板、竹笆、竹篾等规格，放入水塘内，用水浸泡数月，进行微生物处理以达到防腐的效果，然后取出、洗净、晒干，方可利用。这种措施，对于预防虫蛀既简单又有效。

c. 以石垫底：在建造房屋时，为了防止用材直接接触地表土壤，产生腐朽现象或被白蚁蛀食，需要用大块的、坚硬的卵石把柱脚抬高垫实，隔开土壤。一般情况下，石头大部分埋入土中，高出地面约10厘米。这样，柱脚的四周空旷、干燥，用材不易腐朽，白蚁不易接触到柱脚，也容易经常检查防治。住宅一层养殖家畜、家禽，如果柱脚附近出现白蚁，可利用鸡鸭等生物手段灭虫，减少对木材的危害。

d. 烟熏：在民族地区的传统住宅中，烟熏是较为常见的养护方式，由于傣族住宅的通风性能极好，生火做饭时火塘所产生的烟雾缭绕于房屋内部，对建筑构件有一定的防虫、防腐作用。傣族住宅常经历几代人，常有上百年而木材不腐、不蛀。❶

有人居住的傣族住宅一般都不会因为虫蛀或腐蚀而损毁，多数是由于结构不稳、风习中有不宜居住的因素，或经济充盈需改善居住条件而重建。

5.1.3　竖屋

古代，老百姓在开始建盖房屋之前要先拜见召勐（该地区的土司），将召勐的脚印"pata"印在布上，出一定的财物得到授权，然后上山找房柱、茅草。

竖屋也称立新房。这一天，在章很（大木匠师）的指挥下，村里年轻男人们互助协作，按照立柱、插穿枋、上梁、插上部穿、校正等五个步骤搭建房屋。

❶《民族问题五种丛书》云南省委员会.西双版纳傣族社会综合调查（二）[M].北京：民族出版社，2009：76.

《西双版纳傣族社会综合调查（二）》记录了20世纪60年代傣族竖屋的过程：

"起房立柱建新房时，照例报告乃曼，必须送'劳贯玛贺'，即送给头人一瓶酒，一串槟榔，申请批准。乃曼接过酒和槟榔，对申请人说：'如果明天没有什么公差，我会通知全体寨民都助你'。

当晚，乃曼叫波板通知全村成员，宣布说：'明天，吃过早饭，每户出一男一女到某家帮助盖房，有力出力，有草排献草排，团结互助，盖好新房'。

这一天，全村社男女成员，自带工具，有的带来草排，前来帮助。男的立架盖顶，铺板立窗，女的洗菜做饭，烧水煮茶。小的房子，只需一天工夫，大的房子也只需两三天就能落成。"❶

在竖柱之前，要用水将主人柱和女柱冲洗干净，然后用两束树枝把用雄布（肉果金合欢）豆荚泡成的金合欢水洒到所有柱上。

（1）竖屋过程

①立柱

在选定的时间，首先将上述系有物品的主人柱和女柱立起来，立好了这两根柱就标志着立柱仪式的完成，其他柱可以逐步竖立，甚至于搁置一段时日再继续竖完也是可以的。

在立其他长柱时，首先竖立与屋外道路平行的一排长柱，并依次一排排完成，每立一根都需要众人共同协作完成。工匠们立柱的方式为：用绳拴住柱头部的柱洞，2~3人站在柱的另一侧准备拉绳子，另几个人站在柱的根部沿柱身依次排开，待"章很"（掌墨匠师）发出口令，众人或抬或拉，将柱竖起。在柱根部的人负责把柱子搁在柱墩上，在柱中部的人用力向上推，端部的人用Y型竹竿工具撑住柱子。待柱子竖正，站在脚手架上的工匠便用竹篾把柱捆绑于立在柱墩旁的辅柱上。

②插入"穿"和"穿枋"

"穿"的傣文为ᦡᦲ[thaŋ²]，音译为"樘"；"穿枋"的傣文为ᦵᦆᧃ[khɛŋ⁴]，音译为"堪"。首先，众人将"穿"举过头顶，依次把"穿"穿进同一排柱最下面的柱洞里，

❶《民族问题五种丛书》云南省委员会.西双版纳傣族社会综合调查（二）[M].北京：民族出版社，2009：74.

同时也要将"穿"插入短柱的柱洞里，并将短柱立在相对应的柱墩上，在住宅周围，只有一层高的柱。通常，"穿"与屋脊的方向一致。

待所有"穿"依次插入每一排柱洞内，众人来到房屋垂直于"穿"的一侧，开始插入"穿枋"。"穿枋"所插入的柱洞在"穿"插入洞口上部，相距10厘米左右，两者相互垂直，插入"穿枋"的方式与插"穿"的方式相同（图5-1）。

（a）穿类构件插入柱后的场景

（b）拆除"槺"和"堪"（一层穿类构件）❶

（c）拆房时的"槺""堪"与柱场景❷

图5-1　营造过程中的"槺"和"堪"（穿类构件）

---

❶ 图片来源：《家屋的生命周期》。

❷ 图片来源：《家屋的生命周期》。

③上"梁"和放"桁"

"梁"原为"杯"ᦃᦴ[khɯ²],"桁"原为"栢"ᦵᦢ[bɛ¹]。梁是整个结构体系中最重的横向构件。上梁的方式为：在梁的两个端头各用一根绳子拴住，并将一根短竹棍绑扎在梁上以便保护梁表面；位于梁两端的工匠们把粗绳绕过脚手架上面的一根横木，并以它为支点用力向下拉，梁即刻被吊起；同时，站在梁下的其他人用力向上抬，待梁举过头顶，用Y型竹竿撑住梁；当梁被举到柱端部时，站在脚手架上的工匠同时把梁抬起卡放在柱端头的卯口。

之后，把"桁"放置在每根柱子的顶部，并将柱顶部的榫头插入"桁"的洞口内，如此则能很好地"斗"在一起（图5-2）。

④插"上部穿"和"大梁穿"

"上部穿"傣文为ᦱᦃᦸᦂ[thaŋ²ho¹]，是与"穿"平行的水平构件，"大梁穿"傣文为ᦱᦃᦵᦟᦲᦃᦴ[thaŋ²loŋ¹khɯ²]，音译为"糖蒿"，是与"穿枋平行的水平构件，这些构件插入柱的方法都与"穿"插入柱的方法相同，只是插入每根柱的位置不同。

（a）抬梁　　　　　　　　　　　　　　　（b）拼梁

（c）合力安梁　　（d）矫正榫卯　　　（e）安装"栢"（桁）　　　　　（f）柱端节点搭接

图5-2　营造过程中的"杯"（梁）和"栢"（桁）类构件

⑤校正

木构框架经校正后，竖屋的工作才能算作基本完成。校正屋架，工匠们首先要用Y型长竹竿工具顶住每一排柱，然后爬上脚手架，砍掉拴着柱与辅柱之间的竹篾条或绳子。校正的方法为：用鱼线拴住石头并悬挂于一根柱上，当柱中线与鱼线重合时，该柱可被视为校正完毕。

校正中一项重要的工作是插入"梨姆" လိမ်[lǐm³]（木楔）。当所有结构构件都被校正完毕后，要在"穿"类构件底部的每个柱洞内插入木楔，这样构架方可稳固。新房的木构架经过校正后，便可以拆除脚手架。

（2）屋顶构架

屋顶木构件的安装顺序为先立中柱，即"梢档"ဆော်ဒဲ[sǎu¹dǎŋ³]；然后在中柱两侧立人字木，即"哈柚"ခါယော[kha¹yo⁴]；随后将人字架穿，即"糖柚"ဒှ်ယော[thaŋ²yo⁴]插入两侧的人字木内；最后将中柱穿，即"糖档"ဒှ်ဒဲ[thaŋ²dǎŋ³]在垂直于人字架的方向上插入每根中柱中部的柱洞内，将一榀一榀的人字架穿成一个整体，校正后在柱洞底部插入木楔加以稳固。此后为上脊檩，与上梁的方法相同。

（3）大木作之后的工序

大木作之后，则有以下一些常规工序：屋架上铺檩、檩上铺椽、椽上搭挂瓦条、挂瓦条上挂钩头平瓦（图5-3）。

完成了屋顶的铺设，便开始铺设二层楼面构件。首先，在每两根柱之间，"穿"的中间位置上立支撑，即"当迈"တဲ်မဲ[tǎŋ²mǎi¹]，将剩余的穿枋放置在"当迈"上。在穿枋的垂直方向上铺设楼楞，即"笯"တုน[tuŋ¹]，之上再铺楼板，即"本"ဘဲ[bɛn³]，如此二层楼面铺装便已完成。

在完成安装楼梯、墙板、一层挑檐、晒台等工作后，一栋傣族住宅的匠作部分即全部完成。之后，必须在"上新房、贺新房"仪式之后，这栋住宅才完成身份转变，成为主人全家生活的一部分，被允许居住。

（a）屋顶人字架　　　　　　　（b）铺"栋"（檩）和"柑"（椽）

图5-3　屋顶人字架和"栋"（檩）、"柑"（椽）铺设

‖ 5.2　匠作技艺特征 ‖

5.2.1　人体尺法

《说文解字》解释"尺"为"十寸也，人手却（退）十分动脉为寸口，十寸为尺，尺所以指尺，规矩事也"，又有"周制寸、尺、咫、寻、常、仞诸度量，皆以人之体为法"❶。

"人体尺法"是一种以人体关键部位尺寸作为建筑和空间设计中基础度量单位的传统规制，这里的"法"指"规矩尺寸之制"。截至20世纪末，云南仍有十多个民族还保留着人体尺法营造技艺，傣族是其中将此度量方法保存较为完整的一个民族，有十多个人体度量单位：庹、半庹、一臂之长、大肘、小肘（握紧拳头时的全肘之长）、大拃、小拃、食指一节之长、手掌之宽、手指之宽、一拳之围、双臂合抱之围，后两个单位用来度量圆周大小。

（1）以首领人体尺度作为标准的聚落丈量尺竿

城心、寨心、寨门的尺度是根据地方首领或村寨头人的人体尺度为标准。城心、

---

❶ 许慎. 说文解字[M]. 北京：中华书局，1963：175.

寨心的宽度为"地方首领或村寨头人的一庹另一肘长";用来做寨门门框的四根木料"一庹长";寨门柱"九脚长";做寨门门梁的木料"十一脚长"。在埋置城心柱、寨心柱前,"在中心点上挖出一个长、宽、深都是一肘的方坑"❶。

在设置了城心、寨心后,"让地方首领或村寨头人用自己的手肘去量一根竹竿,这根竹竿的长度要有五肘另一拃另五横指宽"❷。然后以这根竹竿为度量单位去量地基,各类型所对应的竿数如表5-3所示。

表 5-3　傣族八种聚落类型对应的地基丈量竿数 ❸

类型	属相	丈量竿数(个)
一	金翅鸟	8、30、44
二	虎	22、38
三	狮	13、18、50
四	狗	36、42、48、64
五	猪	18、25、40、48、60
六	羊	21、50、60
七	龙	24、30、60
八	象	22、60、75

(2)以匠人人体尺度作为标准的建筑度量单位

傣族传统匠作的度量方法是以匠人的手、手臂(大臂及小臂)、胸这三个身体部位在不同动作姿势下的长度作为度量单位的一种人体尺法。应用于房屋主体构架营造上,主要有五个度量单位,分别是"洼"ဝ[va⁴](庹)、"呃克"ဧၥ[ʔɤk⁷](半庹)、"萨克" သၢ[sɒk⁹](肘)、"合普"ႁ[khɯp⁸](大拃)、"细普"ႁ[khĭp⁸](小拃)。以上度量单位表面看上去似乎没有对长度单位的分割,不存在寸的概念,身体不同部位的长度构成了独立的度量单位,但却有着内在的逻辑规律,在古代傣族地区逐渐发展成

---

❶《中国贝叶经全集》编辑委员会.中国贝叶经全集(92)[M].北京:人民出版社,2010:738-740.

❷《中国贝叶经全集》编辑委员会.中国贝叶经全集(92)[M].北京:人民出版社,2010:737-738.

❸ 根据《中国贝叶经全集(92)》中的"十四、怎样量城基、寨基"内容整理所得。

为较为完善的度量制度，并趋于固化（图5-4）。

"洼" ဝါ[va⁴]，指两臂左右伸开，从左手中指指尖到右手中指指尖之间的距离。《说文解字》有"寻，度人之两臂为寻，八尺也"❶;《字汇补》有"两腕引长谓之庹"。因此，ဝါ[va⁴]可翻译成"寻"，也可翻译为"庹"。

"呃克" အုက်[ʔɤk⁷]，指伸出一只手，从中指指尖到胸口的长度。《小尔雅·广度》曰："四尺谓之仞，倍仞谓之寻，寻舒两肱也，倍寻谓之常"。"呃克"与"仞"的意义相同，也可翻译为"半庹"。

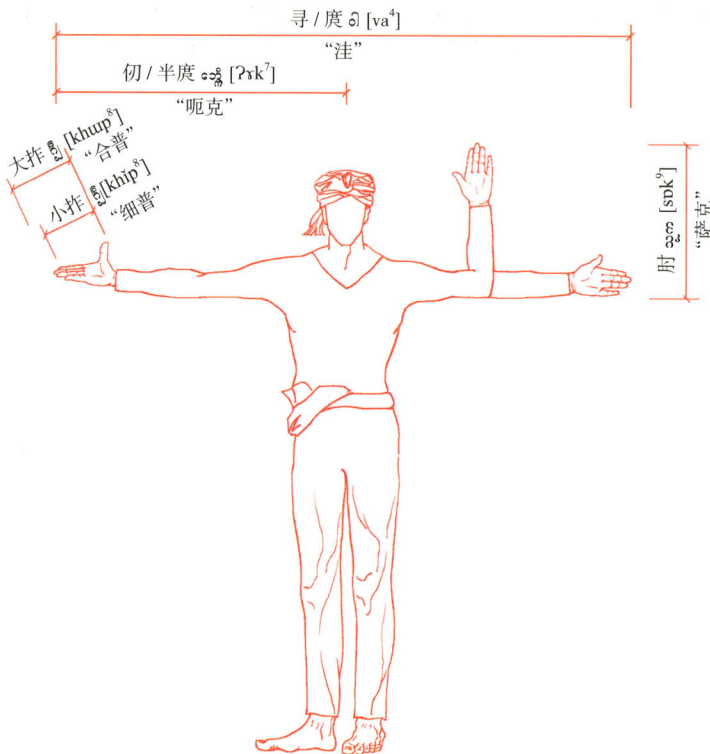

图5-4　傣族匠作技艺中常用的几个人体尺度

"萨克" စွက်[sɒk⁹]，指从手肘节到拳头或指尖的长度，可翻译为"肘"。

"合普" ခွမ်[khɯp⁸]，指伸展大拇指和中指，从大拇指指尖至中指指尖的距离，可

---

❶ 许慎. 说文解字[M]. 北京：中华书局，1963：67.

翻译为"大拃"。

"细普"ꩢ[khǐp⁸]，指伸展大拇指和食指，从大拇指指尖至食指指尖的距离，可翻译为"小拃"。

"萨合普"ꩢꩢꩢ[sɒk⁹khɯp⁸]意义为"尺寸"，是由类名"肘"与专名"大拃"组成，直译为"大拃肘"。

由此可见，傣族度量长度的基本单位"尺寸"一词，在傣族观念中是由"肘"和"大拃"构成的，这一对基本单位之间并没有十进制关系，而是人体尺度的直接表达。

（3）住宅中以人体尺度为基准的设计原则

傣族传统住宅的规模一般由主屋的梁和桁决定。例如，主屋的梁为3庹，主屋的桁为4庹；一层的高度为1庹，决定该尺寸的位置为下端；柱长一般不会有大的变化，而是以梁和桁的长度决定住宅规模。显而易见，当主屋的梁与桁的长度分别为3庹、4庹时，更容易获得直角。

另外，匠人对中柱和人字架极为重视，这导致这两个构件在营造之始就被作为基本尺寸而固定下来，这可被视为一种双重规定。人字架是屋顶的主要支撑结构，而中柱在结构发展过程中，其作用逐渐降低，中柱可以不直接承载脊檩。但由于特意指定中柱和人字架的长度，可以看到其在傣族观念中显示出的特殊性，以及其所具有的文化含义。大拃和小拃在住宅中用来确定柱子的上细下粗，在佛寺大殿中用来确定梭柱（上、下细，中间粗）的构造特征。

人体尺法在设计时遵循大尺寸原则，以整体为基础。由于尺寸概念不发达，不具备能应付变化的尺寸单位，因而不具备某个尺寸被分割成任意数量的小尺寸。人字架是屋顶坡度变化的决定性因素，中柱的高一般不会变，因此屋顶的坡度只能在水平方向上操作。总体来说，此种设计法则是以固定了尺寸的构件（中柱）为基准，将各部位尺寸积累为整体规模的方法。

人体尺法需要解决的另一个关键点是误差对建造精度的影响。误差主要来源于每次用人体部位丈量长度的不同，因此竖屋的各阶段都要进行微小调整，逐步消除各构件尺寸的误差，提高整体精度。匠人对于误差的方法主要有：不要求单个构件的绝对精度；将方法固定下来，确保整体的精度。由于住宅规模变化与细部变化相对应，对各构件尺寸的指定逐渐产生一定意义上的规范，因此存在着各构件尺寸被固定的倾向，但这也正说明了整体的一体化也能获得一定的精度。

总体而言，以人体尺度为基准的设计原则在设计方法上缺乏掌握整体的倾向，缺乏细节变化，没有采取按比例决定各部位尺寸的方法；其设计方法和建造技术的固定化，使住宅形态的演变需要很长一段时间，因此各部位尺寸一经确定，木匠们只需遵守即可（表5-4、表5-5）。

表5-4　傣族住宅各主要构件尺寸与人体尺度的关系（一）●

住宅名称	建造年代	假定1度	大梁	桁	桁中距	桁间距	短柱间距	短柱
曼听 No.55	1920年	1656	6180 （3w3s）	8245 （5w）	4520 （2w3s）	3725 （2w1s）	1820 （1w）	4690 （2w3s1f）
曼炸 No.20	1930年	1654	6202.5 （3w3s）	7445 （4w2s）	4120 （2w2s）	3325 （2w）	1660 （1w）	4955 （3w）
曼炸 No.27	1937年	1663	5427.5 （3w1s）	6626.5 （4w）	370.3 （2w1s）	2923.5 （1w3s）	1635 （1w）	4243 （2w2s）
曼炸 No.46	1953年	1668	5432.5 （3w1s）	7490 （4w2s）	4130 （2w2s）	3360 （2w）	1615 （1w）	4717 （2w3s1f）
曼春满 No.31	1970年	1678	5850 （3w2s）	7160 （4w1s）	3845 （2w1s）	3315 （2w）	1425 （3s1f）	4550 （2w3s）
曼将 No.15	1974年	1656	5369 （3w1s）	7103 （4w1s）	3379 （2w）	3724 （2w1s）	1255 （3s）	4240 （2w2s）
曼春满 No.82	1979年	1655	5375 （3w1s）	7045 （4w1s）	3750 （2w1s）	3295 （2w）	1381.3 （3s1f）	4470 （2w3s）
曼炸 No.34	1980年	1643	5725 （3w2s）	7010 （4w1s）	4095 （2w2s）	2915 （1w3s）	1482.5 （3s1f）	4590 （2w3s）
曼嘎 No.16	1983年	1630	5740 （3w2s）	6540 （4w）	3635 （2w1s）	2905 （1w3s）	1430 （3s1f）	4613.4 （2w3s1f）
曼炸 No.22	1984年	1650	5838 （3w2s）	7805 （4w3s）	4507 （2w3s）	3298 （2w）	1725 （1w）	4664 （2w3s1f）
曼听 No.15	1985年	1532	4620 （3w）	6102.5 （4w）	3400 （2w1s）	2702.5 （1w3s）	1500 （1w）	4440 （2w3s1f）

注　w—寻/庹；s—肘；f—大拃（单位：毫米）。

● 根据高野惠子《東南アジアの住居設計方法に関わる研究--中国雲南省ダイ・ル-族を中心として》一文中的数据整理得。

表 5-5　傣族住宅各主要构件尺寸与人体尺度的关系（二）❶

住宅名称	一层高	二层高	长柱	中柱	人字木	长柱周长下／上	短柱周长下／上	中柱周长
曼听 No.55	1690 （1w）	2050 （1w1s）	3720 （2w1s）	5520 （2w1s1f）	4135.4 （2w2s）	865/615 （5f/5h）	865/615 （5f/5h）	无
曼炸 No.20	1720 （1w）	2145 （1w1s）	3880 （2w1s1f）	6450 （3w1s1f）	4778.1 （2w3s1f）	850/708 （5f/5h）	850/708 （5f/5h）	560 （4h）
曼炸 No.27	1635 （1w）	1960 （1w1f）	3550 （2w1f）	5045 （3w）	3596.1 （2w1f）	1124/727 （6f/6h）	628/无 （4f/无）	502 （3f）
曼炸 No.46	1632.5 （1w）	2045 （1w1s）	3745 （2w1s）	5305 （3w1f）	3827.1 （2w1s）	970/610 （5f/5h）	755/620 （4f/4h）	无
曼春满 No.31	1635 （1w）	2130 （1w1s）	3800 （2w1s）	5230 （3w1f）	3971.6 （2w1s1f）	865/555 （5f/4h）	725/575 （4f/4h）	无
曼将 No.15	1640 （1w）	2075 （1w1s）	3595 （2w1f）	4543 （2w3s）	3624 （2w1f）	770/510 （4f/4h）	700/535 （4f/4h）	471 （4h）
曼春满 No.82	1680 （1w）	2090 （1w1s）	3700 （2w1s）	5010 （3w）	3761.7 （2w1s）	750/610 （4f/4h）	700/540 （4f/4h）	565 （3f）
曼炸 No.34	1630 （1w）	2090 （1w1s）	3720 （2w1s）	5405 （3w1s）	3864.8 （2w1s1f）	1040/660 （6f/5h）	850/655 （5f/5h）	无
曼嘎 No.16	1630 （1w）	2052.4 （1w1s）	3687.4 （2w1s）	4905 （3w）	3565.9 （2w1s）	722/659 （4f/4h）	534/471 （3f/3h）	471 （3h）
曼炸 No.22	1695 （1w）	2062 （1w1s）	3747 （2w1s）	5463 （3w2s）	4123.5 （2w2s）	946/640 （5f/5h）	790/620 （4f/4h）	无
曼听 No.15	1590 （1w）	2045 （1w1s1f）	3705 （2w1s1f）	4626 （3w）	3314.6 （2w1f）	810/730 （5f/5h）	680/605 （4f/4h）	376 （2f）

注　w—寻/庹；s—肘；f—大拃；h—小拃（单位：毫米）。

5.2.2　匠作工具

傣族传统匠作工具的类型比较少，主要有刀、斧、凿、绳、竹篾条或藤条、保护构件用的竹片、Y型长竹竿，以及校正屋架用的钓鱼线和一块拳头大小的石头（图5-5）。

匠作工具"尺"有四种称呼：ဒမ်းေခ်းတွန်[mǎi⁶khɛ²tɒŋ³]，直译为"凿木"；ဒမ်းြပဒတ်[mǎi⁶plǎ⁷dǎt⁸]，直译为"整木"；ဒမ်းေထ့ပ်ဗ့ပ်[mǎi⁶thɛp⁷bǎp⁸]，直译为"锁书木"；ဒမ်းေဝး

---

❶ 根据高野惠子《東南アジアの住居設計方法に関わる研究--中国雲南省ダイ・ル-族を中心として》一文中的数据整理得。

[măi⁶dɛk⁸]，直译为"量木"。此外，还有矩尺和角尺的概念：矩尺（曲尺）ၓ၆ၔၔၔၔ
[măi⁶dɛk⁸sɒk⁹]，直译为"量肘木"；角尺ၓၔၣၮ[măi⁶cɒk⁹khu⁶]。从上文的论述中可以看到，傣族传统匠作中并没有尺寸的概念，尺的称呼从何而来、尺的文化含义如何，需要另文深入讨论。

立柱时，使用的支撑工具是一根端头加工成Y型的长竹竿，绑扎工具为竹篾条或藤条，用于拖、拉的工具为粗绳。章很（大木匠师）用来校正工具为一根钓鱼线和一块拳头大小的石头，近年来也开始使用铅垂（图5-5）。

（a）Y型长竹竿　　　　　　（b）上梁时的Y型长竹竿　　　　（d）上梁时用的绳和竹片

（c）砍刀

图5-5　傣族传统建筑建造过程中的匠作工具

5.2.3　匠作制度

在傣族传统社会中，工匠类的专门技术人员不能单独依靠所拥有的匠作技能维系生活。由于营建类活动大多采取协作的方式完成，匠人对他人的帮助可以换取物品和他人日后对自己的帮助，但却无法借以谋生。例如，新建住宅或对自家住宅的修缮改造，一般会在农事完毕的冬季，事先把需要的用材准备好，然后定一个日期，约请亲戚邻里来帮助，被约者各带工具、奋力协助，一座傣族住宅有时只用3～5天便可完工。但是，章很（大木匠师）不能为自己建新房。

（1）佛寺建造过程

佛寺建造过程与住宅有几方面的不同。首先，在祭祀仪式方面，上山伐木、破土、立柱等营建活动均要举行仪式。"当新佛寺要做'赕'欢庆之前，要先设置'火丢瓦拉袜'（佛寺神宫）于佛寺一侧"❶。

其次，在建造佛寺大殿之前，要先在选好的基址旁建盖一间临时草棚。一个村寨要负担本村佛寺建造的费用，在人力和财力上则比较困难，往往会派出头人、波占或群众代表，到邻村、邻寨或外勐（其他地区）募捐。"木料由本寨自备，非上好成材不选，届时发动全寨成年男子，并邀请邻寨协助抬回即可。大木匠师多到外勐礼聘，以勐罕橄榄坝匠人的技艺最精，亦有到缅甸聘请者。"❷

再次，佛寺大殿有明确的边界，将12块石头分为4组，埋于基址四角。佛寺的地基必须经过处理，铺以碎石、和以沙灰进行夯筑。"施工时，由8位僧人将一尺见方的大石12块埋于四角，每角3块。事毕，以白线围四周，村民即行滴水拜礼。"❸

最后，佛寺大殿内佛像的雕塑技术大多被寺院住持、村寨的康朗或头人掌握。"塑时先塑佛座，曰'滇叫'，直译为'玻璃宝座'。砖砌，以沙灰和糯米黏合，其上设金、银、铜、铁片各一……既成，以上好木材一根，长为两米，端竖其上，此乃帕召之脊椎骨，又以铁钎架成佛像四肢。塑时自下而上，至佛象心脏处，留出一洞，待全身塑成后，以金银片打成之心肝五脏，置于洞中然后密封，并施漆施彩上金箔"❹。有的村寨佛寺由于财力所限，建成后并不立即塑佛像，有的村寨佛寺则以木或石雕刻小像代替。

塔的建造过程，略同于佛寺大殿。在山坡高处选好塔址，动工之前，于四周设一围墙，墙内由僧人诵经，墙外由波占协调各项事务。每逢正午，若干男童女童（多为4人）依波占吩咐，手执石块，入墙内投于地面，夯筑为塔基。儿童之名，必为"香、叫、罕、铿"，取金、银、宝、石之意。塔中必置一金板，上刻建塔年月等

❶《民族问题五种丛书》云南省编辑委员会.傣族社会历史调查（西双版纳之九）[M].北京：民族出版社，2009：235.

❷《民族问题五种丛书》云南省编辑委员会.傣族社会历史调查（西双版纳之九）[M].北京：民族出版社，2009：235.

❸《民族问题五种丛书》云南省编辑委员会.傣族社会历史调查（西双版纳之九）[M].北京：民族出版社，2009：235.

❹《民族问题五种丛书》云南省编辑委员会.傣族社会历史调查（西双版纳之九）[M].北京：民族出版社，2009：235.

内容。塔亦如人，有骨肉脏腑，其心必有金，故建塔之时，亦留一洞，将群众所赊金银宝石，悉置其中，每年按时朝拜。[1]

据刀述仁回忆：20世纪50年代，勐海大佛寺维修时，在大殿中柱顶部发现一块银片，上刻傣文"该寺建于祖腊历十三年（651年）"[2]。可见，柱顶置宝物也是佛寺建造中的风习之一（表5-6）。

表5-6 傣族传统佛寺匠作特征分析 [3]

主寺	佛寺名称	屋顶	等级	外墙	始建年代	类型
宣慰街佛寺	洼龙寺	三重檐三层顶	总佛寺	Ⅱ式	1932年	1
	庄董寺	重檐双层顶	副总佛寺	Ⅰ式	1828年	3
	扎捧寺	重檐单层顶	副总佛寺	Ⅰ式	1907年	4
	科松寺	重檐单层顶	内佛寺	Ⅰ式	1908年	3
	洼宰寺	重檐单层顶	内佛寺	Ⅰ式	1927年	4
	曼勒寺	重檐单层顶	内佛寺	Ⅰ式	1839年	4
	洼冯寺	重檐单层顶	内佛寺	Ⅰ式	1918年	4
	轰乃寺	重檐双层顶	内佛寺	Ⅰ式	1887年	4
	书弓寺	重檐双层顶	内佛寺	Ⅰ式	—	4
陇匡佛寺	曼果寺	重檐双层顶	中心佛寺	Ⅰ式	—	3
	景兰寺	重檐双层顶	中心佛寺	Ⅰ式	—	3
	陇匡寺	重檐单层顶	中心佛寺	Ⅰ式	1839年	3
	曼听寺	重檐单层顶	中心佛寺	Ⅱ式	1861年	3
陇洒佛寺	曼洒寺	重檐双层顶	中心佛寺	Ⅰ式	—	3
	曼广寺	三重檐双层顶	中心佛寺	Ⅱ式	1597年	3
	曼栋寺	三重檐单层顶	中心佛寺	Ⅲ式	1902年	3

[1] 云南省历史研究所.西双版纳傣族小乘佛教及原始宗教的调查材料[M].昆明：云南省历史研究所，1979：18.

[2] 《民族问题五种丛书》云南省编辑委员会.西双版纳傣族社会综合调查（二）[M].昆明：云南民族出版社，2009：110.

[3] 以景洪为例，由1965年调研数据整理得.

主寺	佛寺名称	屋顶	等级	外墙	始建年代	类型
陇洒佛寺	庄宰寺	重檐单层顶	村寨级佛寺	Ⅰ式	—	4
	坝角寺	重檐双层顶	村寨级佛寺	Ⅰ式	—	4
	曼芒寺	三重檐单层顶	村寨级佛寺	Ⅰ式	—	4
	曼达寺	三重檐单层顶	村寨级佛寺	Ⅰ式	—	4
	景砍寺	三重檐单层顶	村寨级佛寺	Ⅱ式	—	4
	广凹寺	三重檐单层顶	村寨级佛寺	Ⅱ式	1894年	4
	曼宰寺	三重檐单层顶	村寨级佛寺	Ⅱ式	1663年	4
陇栋佛寺	曼迈寺	重檐单层顶	中心佛寺	Ⅰ式	1898年	3
	曼妞寺	重檐单层顶	中心佛寺	Ⅲ式	—	3
	景傣寺	重檐单层顶	村寨级佛寺	Ⅲ式	1848年	4
	乱典寺	重檐单层顶	村寨级佛寺	Ⅲ式	—	4
	曼令寺	重檐单层顶	村寨级佛寺	Ⅲ式	—	4
	曼沙寺	重檐单层顶	村寨级佛寺	Ⅲ式	—	4
	回所寺	重檐单层顶	村寨级佛寺	Ⅲ式	—	4
勐海佛寺	勐海寺	三重檐三层顶	勐级佛寺	Ⅱ式	671年	2
勐遮佛寺	景真寺	重檐二层顶	中心佛寺	Ⅰ式	1701年	3

（2）议事庭、宣慰使司府邸及各土司府邸的营造组织

傣族建造议事庭、宣慰使司府邸及各土司府邸都有较为严格的制度，特别对建筑内各柱的营造组织尤为重视。

建造议事庭之前，由"四大卡真、八大卡真"审议通过工程方案后，才能组织实施，其过程主要为分摊各柱的建造工程量并协调施工。"帕雅先龙、帕雅先满、帕雅腊具体负责协调和组织施工"，将总工程分摊为若干小份，由各地方土司分担并负责执行。"议事庭的两根顶梁柱❶，一根由勐满、勐宽、勐腊负责砍伐运来竖立，一根

---

❶ 顶梁柱，即中柱。

由勐龙、勐遮"负责，建筑内四角的"四根柱由勐遮大头人纳闷负责备料"。宣慰使负责支付"两根大柱旁边荷花柱及大堂内两根中柱"的材料费和金粉装饰费用，"外堂两根大柱由议事庭长召景哈承担，大堂内最大的两根柱由议事庭支付"❶。

建造宣慰使司府邸时，主人柱由"召怀朗龙大头人及西双版纳地区全体百姓承担贴金装饰费用"，女柱则由"曼空寨的召怀朗及勐混"负责。金殿内的角柱由"勐腊和景董"负责装饰费用，金殿屋外的五根角柱分别由五个地区负责装饰费用，"一根由景真、勐海、勐龙负责，一根由勐遮、扫囥、扫龙、勒来、曼领、曼满、曼冷、勐康和景洛负责，一根由磨腊、易武负责，一根由勐罕负责，一根由勐龙负责"❷。

建造议事庭金殿或宣慰使司府邸金殿时，对剩下的9根柱子临时组建成9个版纳（地区），每个地区负责一根柱子的贴金和装饰。"第一个版纳，景洪、勐罕、勐宋、勐仑；第二个版纳，勐龙；第三个版纳，勐遮、扫囥、扫龙、景鲁、勒来、曼冷寨、南愣、曼领寨、曼满寨；第四个版纳，勐海、景真、勐阿、勐远、勐醒、勐养囥；第五个版纳，勐拉（指六顺）、勐往、整董、龙德；第六个版纳，勐旺、勐恒（今普文）；第七个版纳，勐混、勐腊、勐帕；第八个版纳，勐捧、勐润、勐刚、勐帕；第九个版纳，乌德、乌怒"❸。

议事庭落成时也要举行贺新房仪式。庆典上，在建筑内部摆放20桌名为"拴魂桌"的酒席，由各地区分别负责："勐龙摆一桌，四个版纳摆四桌，勐混、勐遮、勐拉、勐满、勐腊、勐恒（今普文）各摆一桌，勐海、景真、景洛（今打洛镇）合摆一桌，勐阿、勐康、勐往合摆一桌，勐养、勐醒、勐远、龙海合摆一桌，勐捧、勐润、勐刚、勐帕合摆一桌，勐拌、勐旺合摆一桌，乌德、乌怒合摆一桌，整董、龙德合摆一桌，磨腊、易武合摆一桌。"这20桌酒席分别献给宣慰使和议事厅主要官员，"首席魂桌献给议事庭长召景哈，然后献给议事庭的其他三位首领。献给召片领（宣慰使）四张魂桌，献给缅甸使者一桌，四大卡真四桌。另外，还献给昆客和占伉各一桌作为酬劳"❹。

❶ 铁锋，岩温胆. 西双版纳秘史[M]. 昆明：云南民族出版社，2006：402-403.

❷ 铁锋，岩温胆. 西双版纳秘史[M]. 昆明：云南民族出版社，2006：403.

❸ 铁锋，岩温胆. 西双版纳秘史[M]. 昆明：云南民族出版社，2006：403.

❹ 铁锋，岩温胆. 西双版纳秘史[M]. 昆明：云南民族出版社，2006：402-404.

建造土司府邸，则由所辖区域内的多个村寨分担工程量。例如，勐遮土司新建房屋，"曼根寨每户出白工2个，缴半开5元，砖瓦若干"。土司的弟弟建屋，"也要出钱出工，全寨折谷约185挑"❶。工程被分割为小项，由各寨承担，"曼板寨'哈纳'负责砍运大柱子，'冒宰'负责楼梯"❷。再如，勐康土司新建房屋，"全部用料、用工分为两份负担，由'老勐、领囡'各负担一份"❸；勐往的土司官员新建房屋则由全勐分担，"盖房时的伙食开支'火西'分摊一半，另一半由其自备。建房用的草排、木料等，由各'火西'分摊备办，滚很召分摊约1/5，共同修建。哪个'火西'盖哪部分是固定的，以后有破损需要修补，就由该'火西'负责"❹。

综上所述，傣族建造议事庭、宣慰使司府邸及各土司府邸的制度具有分派委任、协力合作、共商共建的特点，特别重视柱的营造组织，并具有一定的象征意义。

‖ 5.3　匠作及其风习成因 ‖

5.3.1　宗教信仰

傣族匠作及其风习与傣族风土聚落中的"双中心"特征相似，正是营造观念在匠作实践层面的具体体现。南传上座部佛教传入傣族地区后，保持了原初宗教以寨心为核心的基本体系，让其维持着世俗社会的正常运行。佛教寺院以出世的姿态，紧邻世俗但并不真正属于村寨的方式影响着村民的生活。这就形成了代表"世俗"的寨心和代表"神圣"的寺心这一对"二元对立"的空间场所。

在住宅中，主人柱与女柱的"双中心"特征直接体现出在南传上座部佛教传入后，原初的傣族住宅在形制、风习、匠作技艺、生活行为等方面的转变。1615年出版的《论傣族诗歌》中有"傣族的房子本来是叭桑木底设计盖成的，'王子柱'和

---

❶《民族问题五种丛书》云南省编辑委员会.傣族社会历史调查（西双版纳之六）[M].北京：民族出版社，2009：64.

❷《民族问题五种丛书》云南省编辑委员会.傣族社会历史调查（西双版纳之六）[M].北京：民族出版社，2009：79.

❸《民族问题五种丛书》云南省编辑委员会.傣族社会历史调查（西双版纳之六）[M].北京：民族出版社，2009：145.

❹《民族问题五种丛书》云南省编辑委员会.傣族社会历史调查（西双版纳之六）[M].北京：民族出版社，2009：158.

'公主柱'❶就是一个推不翻的真凭实据……中柱本来是叭桑木底盖时就有，那是两根从地面直通到房顶的原始中柱，一夜之间怎么会换成支放在底楼上的两根中柱了呢？"❷这说明原初的傣族住宅"双中心"是承托屋脊的两根中柱，即"原始中柱"。当南传上座部佛教传入后，这两根"原始中柱"被转换成位于屋脊两侧内卧室和屋中的两根主柱，其结构作用明显降低，文化意义显著增强，室内功能布局及空间秩序随之发生变化。

在这里，可以明显地看到傣族对宗教信仰态度的转变导致了聚落"双中心"空间的产生和住宅"双中心"空间的演化过程。在佛殿中，只承载南传上座部佛教一种宗教信仰的双中柱，有着结构和文化的双重意义，佛殿的"双中心"代表着南传上座部佛教初传的状态，甚至极有可能保留了南传上座部佛教未传入之前，原初的宗教类祭祀建筑的原型特征。

宗教影响了宅屋的形态、平面布局、空间组织和朝向，住屋有"维持平衡的新陈代谢"以外的象征意义和功能。通过住宅，人、祖先、土地与宗教之间建立起联系，森林、农业、祖先都成为信仰的一部分。

从择址、选材、伐木，到奠基、竖屋、贺新房，整个营造过程都表达着原初宗教文化与南传上座部佛教文化相互交融的结果。择址中的仪式、伐木前对树木的选择都呈现出原初宗教文化的留存。两种宗教信仰对营造过程中匠作技艺及风习的影响甚为深广，不一而足。

5.3.2 象征意义

"象"即形象、物象，"征"即所表达的意义。"符号"作为象征性的字母、词语和数字常被用来作为标志，即习俗的指示物或形象物，当建筑使用承载习俗意义的形状时，建筑象征意义开始起作用❸。产生召唤力、变换不定、耐人寻味、感染力、震撼力等不同的效果。

---

❶《论傣族诗歌》原文为傣文，"王子柱""公主柱"与本文所述的"主人柱""女柱"系翻译者理解差异所致。

❷ 祜巴勐. 论傣族诗歌[M]. 岩温扁，译. 昆明：中国民间文学出版社（云南），1981：75.

❸ 鲁道夫·阿恩海姆. 建筑形式的视觉动力[M]. 宁海林，译. 北京：中国建筑工业出版社，2006：160–161.

象征经常被用于观念的交流（如等级、秩序、吉祥、永恒、宇宙等）和对某种新事物的认知，表达一定的意蕴（如主观情感、生活哲理、生存状态、心理、范围宽泛、范围狭窄等）、内涵（如明确、稳定、朦胧、宽泛及语义内涵）。而这又需要外部条件的支撑，包括文化圈、形象和语境。这在"双中心"的象征意义上表现得尤为突出。

傣族风土建筑的核心要素是"双中心"空间，作为极为重要的"符号"，其象征性来源于从习俗中寻找到表达意义的形状。

巨卵石代表寨心，尽可能可视并放置于聚落的中心，表面圆润、形态与心脏相似，没有方向性和轴线性的类球体更加符合表达原点的概念。金银宝石代表寺心，隐匿于寺院大殿的中心。

中柱以庄严与刚毅代表着"圣"与"俗"的对立关系。住宅中，日常生活的主人柱和女柱分别代表男主人、女主人，两根柱分别位于内卧室和屋中，意味着男、女主人在家庭的分工不同。而在婚礼和葬礼等仪式上，内卧室与屋中之间隔墙的移除则意味着双主柱"世俗"象征意义的消失。

在包括匠作技艺、匠作禁忌以及匠作仪式在内的整个营造活动中，主人柱和女柱都受到了特殊而重点的对待。从用材的选择、竖立，身份的转换，一直到与之相对应的风习仪式，双主柱上发生的各种仪式活动代表着建筑营造过程中的各个阶段。这两根柱不仅作为整栋住宅结构构件的象征，还被赋予了"人格"和"性别"等文化层面的象征意义。

同时，两个相互关联的实体，即"双中心"的分置产生了张力，这既是生物上的，也是心理和空间上的，被赋予了不同属性的这两个实体随之形成了不同的意义。如果不是这种张力的存在，双中心所代表的"圣与俗、上与下、男与女、内与外"的象征意义将很难产生和延续。

傣族善于通过一定的手段来取得建筑的象征意义，例如，取象、图式（特征图式、心灵图式）、类型特征、物象化（选择、夸张、变形）、喻指、语义等。在观者将其主观化、体验化、抽象化、感悟后，将符号化、谐音化，通过绘画、雕塑等方式展现于认知中。

文字、符号上的象征意义在傣族文化中具有重要作用，这种"比附性象征"手法在风土聚落及建筑中也有着显著的表现。聚落共分为八类，用聚落的命名与傣泐文基本字符相互对应，这是很典型的"比附性象征"手法。金翅鸟类，以"ဢ[ʔ]、ဢ[ʔ]、ဢ[ĭ]、ဢ[i]、ဢ[ŭ]、ဢ[u]、ဢ[e]、ဢ[o]"为首命名的聚落；虎类，以"ဢ[k]、ဢ[kh]、ဢ[g]、ဢ[gh]、ဢ[g]"为首命名的聚落；狮类，以"ဢ[c]、ဢ[ch]、ဢ[j]、ဢ[jh]、ဢ[ñ]"为首命名的聚落；狗类，以"ဢ[t]、ဢ[th]、ဢ[d]、ဢ[dh]、ဢ[ŋ]"为首命名的聚落；猪类，以"ဢ[p]、ဢ[ph]、ဢ[b]、ဢ[bh]、ဢ[m]"为首命名的聚落；山羊类，以"ဢ[s]、ဢ[h]、ဢ[l]、ဢ[ŋ]"为首命名的聚落；龙类，以"ဢ[t]、ဢ[th]、ဢ[d]、ဢ[dh]、ဢ[n]"为首命名的聚落；象类，以"ဢ[y]、ဢ[r]、ဢ[l]、ဢ[v]"为首命名的聚落。

象征意义并不是在任何情况下都能产生，这需要一些条件，包括联想（主体联想、习惯性联想）、想象、情感、体验、约定俗成、形式等方面的内容。这在傣族的色彩和数字上表现得非常显著。

色彩方面的象征：四塔五蕴学说中，"地塔""水塔""火塔""风塔"之"四塔"分别用四种颜色来象征，黄—地塔、白—水塔、红—火塔、黑—风塔。

人与建筑构件之间的象征关系：内卧室空间有主人柱、儿子柱、女儿柱、女儿挂镜柱；屋中空间有女柱、儿媳柱、女婿柱，与内卧室的柱相对；楼梯旁有拴狗柱。

动物与建筑构件之间的象征关系：屋脊称"麻雀脊"（傣语称"坐很"），盖房角的草排称"白鹭之翅"（傣语称"比养"），屋檐柱称"狗脊背"（傣语称"郎玛"），楼梯称"龙梯"（傣语称"肯来那"），楼梯垫板称"乌龟背"（傣语称"郎道"）等。❶

数字象征上多体现为偶数制。佛寺开间方向多为6间、8间，纵深方向多为4间、6间；内卧室开2门；拟作梁柱的树木树身疙瘩数目以1、2、6、8、9、10个及10个以上为吉。

总体而言，傣族建筑中象征的题材来源于自然（植物、动物、山川、日月、人物、数），来自数字、方位、色彩、人物、图像（等级、吉祥、宇宙），还来源于时间和空间。

---

❶ 高立士.西双版纳傣族传统灌溉与环保研究[M].昆明：云南人民出版社，2015：64.

‖ 5.4　本章小结 ‖

本章通过对傣族匠作及其风习的解读，重现以人体尺法为基本原则的技艺特征和风习特征，这是本研究的重要组成部分，是傣族在施工组织和匠作制度的体系构建。从择址、选材、奠基、竖屋、贺新房等众多步骤的营建过程，到用人体各部分尺寸控制局部构件与整体构架的误差观，再到传承已久的匠作制度，试图论证原始宗教文化和南传上座部佛教文化对傣族匠作中的作用和影响，及其流变问题。

"驱灵"仪式的存在成为傣族营造习俗精神信仰的重要特征，也体现出匠人对于自然环境的敬畏。

在傣族的营造过程中，处处都可以看到用与稻米相关的物品作为反映的媒介物，充分体现出远古以来傣族稻作文化作为营造风习的核心作用。

在傣族风土建筑营造过程中，从施工到节点构造，再到结构体系，穿斗结构的特征异常明显，很可能来源于编织的观念，与傣族其他行业中普遍存在的编织构法相似，在一定程度上代表了中国南方大木构法的匠作特征。

以人体尺法为基本的匠作原则中，主要以庹、肘、大拃、小拃四个人体尺度为模度。在设计时遵循大尺寸原则，以整体为基础，尺寸概念不发达，不具备能应付变化的尺寸单位，而且不具备某个尺寸单位分割成任意数量的使用方法。对于不可避免的尺寸误差，不要求单独每个构件的精度，而是注重将方法固定下来，以确保建筑的整体。由于细部变化与规模变化对应，各部位尺寸的指定形成了一定意义上的规范，因此存在着固定的倾向。这启示了我们，整体的一体化也能获得一定的精度。

从宗教信仰和象征意义的角度来分析的匠作及其风习，傣族风土建筑是南传上座部佛教文化与原始宗教文化共同影响的结果。

中国西南地区一直以来都是一个地形险峻、民族众多、文化多元、政权更迭频繁的区域。傣族作为中国西南地区的主要民族，在历史上曾经统领过该地区乃至东南亚的大片土地，扮演着极为重要的角色。傣族的农耕文明甚为发达，在云南土著文化中亦有显著特点，其建筑文化在礼仪、制度、习俗、空间、形态、匠艺等方面呈现出与众不同的特质，在中国西南地区极具代表性。

傣-泰族群跨国域风土建筑是中华民族建筑谱系中的重要组成部分。"干栏"作为傣族单体建筑的重要特征，是在古印度南传上座部佛教文化与中原汉族文化的交错影响下形成的，存留有上古时期原初文化的特点，至今已演化成一种跨地域、跨国界的建筑文化现象。中国传统建筑在吸收了诸民族文化精华的基础上，形成了多元一体的建筑谱系，傣-泰族群跨国域风土建筑是该谱系上的重要分支。

因此，傣族传统建筑研究是中国风土建筑研究中的重要课题，对于西南地区风土建筑谱系研究的深入和拓展具有重要意义。但是，由于傣-泰族群跨多国的特点，目前这一建筑文化体系仍然归属于不同的国家、地区、民族而无法系统性地呈现，对于该领域的研究应引起国内学术界的足够重视。

本研究运用建筑人类学、民族志、类型学的研究方法，从历史、信仰、风习、制度等方面，通过对傣-泰族群跨国域风土建筑与中华民族建筑谱系关系的讨论、傣族营造相关术语的"释名"、傣族风土聚落形制及其演化的探究、傣族风土建筑原型与类型的分析、傣族匠作及其风习的解读等五个方面的研究，论证了傣族传统建筑根源于秦汉以前上古时期的中国南方建筑的观点。

‖ 6.1　傣族传统建筑文化的源与流 ‖

傣族传统建筑应是根源于秦汉以前上古时期中国南方的建筑文化。这主要表现在以东向为尊、山墙面为主入口、偶数开间等与秦汉以前相似的建筑特征上；也表现在以"柱"为核心，用各方向的"穿"类水平构件关联结并稳定"柱"的穿斗结构体系上，这是上古时期中国南方建筑文化的重要特征之一。表面看上去，傣族建筑受到古印度南传上座部佛教文化的影响，似乎由外域而来，但实际上其根源在中国的南方地区。

6.1.1 "栏"一词很可能来源于傣-泰族群对房屋的称呼

通过对傣-泰族群关于"屋"发音的分析和比较，说明"栏"极有可能是上古中原汉文化对壮傣语民族"屋"发音的音译。獠人从原初"依树积木"、以血缘为纽带的原始氏族族群，到南平蛮（南平獠）"人并楼居""登梯上"的发展过程，在房屋构架、住宅文化、家庭组织等三方面，獠人与傣族"干栏"建筑的演化过程极为相近。

6.1.2 以柱和穿为核心的"空间块"营造观念

在傣族营造观念中，对"柱"的重视程度要远大于对"梁"的，"穿"在结构体系和营建过程中具有极其重要的作用，"檩"和"梁"在结构上的意义相近，"人字架"具有孕育的文化含义，"脊檩"并无特殊的意义。

建筑空间是由若干个大小不同的"空间块"组成，其基本的空间观念是内块和外块并置、大块和小块叠合构成的。内部由内卧室、屋中和窗前等空间组成，外部由外间、晒台、楼梯等空间组成。内卧室在所有功能空间中最为重要，在历史上很可能存在过"母—子"房的居住模式。屋中有两个特别重要的元素，即女柱和火塘；窗前作为"家神空间"，外间和楼梯具有方向性，都说明了以头部为上方位，另一侧为下方位的上、下方位观；与相邻的空间相比，每一个功能空间都有相对的"内"和"外"的空间属性。

6.1.3 "塔"来源于古印度南传上座部佛教文化

傣族的"塔都"一词来源于南传上座部佛教的"四塔"及"五蕴"学说。"塔"的文化意义通过色彩、动植物的隐喻象征，或用群塔的组群关系来表达。傣族的"塔"明显是由古印度窣堵坡建筑类型，经过东南亚地区的发展逐渐演化而来的。

6.1.4 傣族传统建筑根源于上古时期的中国南方建筑

傣族传统建筑属于中国西南及东南亚地区铜鼓文化关联阈的文化体系范围之内。

傣-泰族群所大量拥有的"黑格尔Ⅲ型"铜鼓源于上古"黑格尔Ⅰ型"铜鼓，傣族建筑与"黑格尔Ⅰ型"铜鼓上所镌刻铜房屋图像和古滇文化中铜房屋模型在空间构成上存在相似性，由此说傣族传统建筑应该来源于秦汉以前上古时期的中国南方建筑。

‖ 6.2 傣族风土建筑的因应特征 ‖

6.2.1 适宜地貌和形貌的八种风土聚落类型

傣族聚落在地貌选择上，首要关注的是在山坡、平地、谷地等不同地形情况下，"通风、蔽日、排雨、纳水"等因素与地形的相互关系，由此来确定地貌的居住适宜性。在形貌方面，以四方形为标准，这与重视方位的观念有着直接关系。同时，将"神、树、水、井"四类特征要素的多种构成方式与代表方位的八种动物属相对应，赋予其文化上的属性，并依据八组傣文声母为首字母给村寨起名，将傣族聚落划分为八种聚落类型。通过以水网和路网为路径，以双中心为重要节点，并以"水"为核心的"山—林—水—寨—田"立体生态体系和稻作文化作为运行机制来实现。

傣族聚落在构成模式上，经历了从"篾桓蚌"时代的穴居野处"无中心"，到"盘巴"猎神时代以猎神殿为"单中心"，再到"叭桑木底"农耕时代，以及南传上座部佛教传入后，寨心与寺心"双中心"共存的演化过程。

6.2.2 以上—下空间方位主导的穿斗结构体系特征

傣族传统建筑受到古印度南传上座部佛教文化的影响，经过对本地风土气候的适应，形成了一整套独具特色的建筑文化特征。

其原型特征是以主人柱和女柱为核心的"双中心"特征，并且其他各柱被赋予了与家庭成员相对应的不同含义和名称；在"上—下方位"和"圣—俗"空间观念的主导下，衍生出"男性空间"与"女性空间""内部空间"与"外部空间"；以"梢"（柱）和"糖"（穿）为特征的穿斗结构体系。

在等级制度、礼仪风习、气候适应等观念影响下，形成住宅、佛寺、土司贵族府邸等多种建筑类型。

住宅的差异主要表现在屋中、窗前、内卧室、外间的空间大小和朝向，楼梯、外间头是否紧靠内卧室和室内隔墙，以及火塘的变迁和谷仓的位置等三个方面。傣族佛寺的组织管理体系与傣族社会的政治管理体系极为相近，共分为四个等级，也因此形成了四种主要的佛寺类型，这主要表现在基座、屋顶、开间、纵深方向和戒堂等方面的差异。以宣慰使司府为代表的土司、贵族府邸类建筑，是将住宅的居住功能与议事庭的办公功能，以及象征含义合而为一的建筑类型。

6.2.3 以人体尺法和稻作文化为核心的匠作技艺及其风习

以人体尺法为基本原则的傣族大木匠作技艺，主要以庹、肘、大拃、小拃四个人体关键尺度为模度。在设计时遵循大尺寸原则，以整体为基础，但尺寸概念不发达，不具备能应付变化的尺寸单位，还不具备将某个尺寸单位分割成任意数量的使用方法。而对于不可避免的尺寸误差，不要求单独每个构件的绝对精度，而是将设计方法固定下来，以确保整体的精度。由于与规模变化所对应的细部变化，各部位尺寸的指定被传统习俗所规定，因此存在着固定化的倾向。在营造过程中，用与稻米相关的物品作为反映吉凶的媒介物，则充分体现出远古以来傣族稻作文化作为营造风习的核心作用和匠作风习特征。

人字架、脊檩和承脊柱三者之间存在着不同类型的构造方式。从施工到节点构造，再到结构体系，穿斗结构特征都异常明显，与傣族其他行业中普遍存在的编织构法相似，其很可能来源于对编织的观念，在一定程度上代表了中国南方大木构架的匠作特征。

6.2.4 傣族风土聚落与建筑中普遍存在着"双中心"特征

从傣族风土聚落中的寨心与寺心，到佛殿的双中柱，再到住宅中的主人柱和女柱，这种"双中心"空间特征全面且普遍地存在于傣族聚落与建筑中，由一个与其他民族差异很大的文化系统所支配和驱动。表面来看，是由傣族的传统秩序"圣与俗"和"上与下"为核心，推衍出"尊与卑、内与外、男与女"等空间秩序。深层次剖析后发现，造成这一传统秩序的根源包括但不限于：宗教信仰上，南传上座部佛教传入后与原初宗教并行；方位体系上，东部与西部的强弱势方位观；象征含义上，从习俗中抽取适合表达意义的双重"符号"，并将其分置从而产生"张力"。

在"双中心"特征中，还有一个特别值得关注的现象：在住宅中，内卧室与屋中之间的隔墙被移除或恢复的过程，标志着主人柱和女柱所代表的空间观念在"圣—俗"与"上—下方位"之间的相互转换。"圣—俗"的空间概念主要体现在聚落中的寺心与寨心，"上—下方位"则分别是佛殿西、东两根中柱所强调的空间秩序。因此，很容易得到一个推论：住宅中主人柱与女柱的双重身份，应该是原初稻作文化和南传上座部佛教文化共同作用的结果。分解来看，双主柱中"圣—俗"的象征意义是远古稻作文化的留存，而"上—下方位"的空间观念是南传上座部佛教文化传入后的影响。

通过对傣族风土建筑因应特征及其文化探源的研究，有助于增加对上古时期中国南方建筑史的认知，及其风土建筑谱系的完善；有助于对中国西南各民族传统建筑的梳理，以及其演化的深入探讨；有助于探索未来傣族建筑发展的驱动力，以及傣族传统建筑存续与遗产保护的理论构建。

‖ 6.3　西南民族地区传统建筑相关研究的思考 ‖

笔者持续多年关注和调查云南地区风土建筑，越加感到傣族建筑对于中国传统建筑研究的重要性。但在研究的过程中，也深感身单力薄，个人力量的微小。如果能对其他有关西南民族传统建筑的研究有所帮助，笔者将倍感荣幸。对于今后的相关研究，笔者在此尝试着略探一二。

6.3.1　傣-泰族群风土建筑谱系的相关研究

傣-泰族群广布于中国西南至东南亚地区，根源于同一个文化体系，有着极为相近的文化现象。在历史发展过程中，由于国域、地域、文化传播、地理气候等各方面的限制和影响，产生了互相有别但又相近的建筑文化现象，可谓一元多流。用谱系学的观点来研究傣-泰族群传统建筑十分重要且意义深远。

这可以从语缘入手,在傣-泰族群风土区划的基础上独立深入地研究各匠作中心的建筑特征,如老挝的佬族传统建筑文化、缅甸掸族传统建筑文化、越南黑泰和白泰建筑文化、泰国以泰族为主体的各地区建筑文化,以此构建出傣-泰族群风土建筑图谱。

6.3.2 更深一步研究傣族风土建筑的可能性

傣族对于空间秩序的观念与中原传统汉文化朝暮之制的差异很大,其是如何形成的,怎样发展成目前的态势,其中又蕴含着怎样的规律,将是极为有意义并具有挑战性的研究课题。想要更为深入地研究傣族人在行为、心理层面对空间秩序的感知观念,除了对其婚礼和葬礼等仪式进行外,对众多的节庆和礼仪活动,以及日常生活中对环境因应行为的深入调查也是这一研究的必经之路。

傣族传统建筑作为文化遗产,应从哪些方面加以保护、再生和利用,如何应对其发展所需的法规、生态、技术等层面的问题。傣族在风土建筑文化的基础上,与现代生活、技术、审美相结合,又该如何传承与存续,发展出更适合傣族的未来风土建筑,这也是今后可以研究的重要方向。

傣-泰族群无论从族源还是语缘上来讲,都是古代中国南方非常重要的一个族群,对于中原汉文化风土建筑的形成曾经起到过重要作用,特别是在穿斗结构大木构架体系的运用上。在空间秩序的观念上,傣族与中原汉民族及其他民族的差异性,以及人体尺法作为原则的匠作体系,体现出傣族风土建筑应是中国风土建筑谱系中颇为重要的一个分支;从傣族在历史上对周边一些民族建筑文化上的影响来看,这一分支可能与佤族、布朗族、拉祜族、景颇族等曾经被傣族统治过的民族有重要关联。因此,在深入研究每个语缘环境下这些民族的建筑文化后,比较各建筑文化圈的异同及其关联性,对于中国风土建筑谱系中这一重要分支的构建就显得意义尤为重大。

6.3.3　对西南民族地区风土聚落和建筑相关研究的展望

"双中心"空间特征全面而系统地存在于傣族风土聚落与建筑中，这在中国西南民族建筑中确实是较为特殊的现象。然而，西南其他民族建筑中却存在着"双中心"空间特征中的某些要素。例如：同样受南传上座部佛教文化影响的布朗族，聚落、佛殿和住宅中的"双中心"空间要素与傣族的极为相似，但住宅内部的空间构成却并不相同；壮侗语族诸民族的聚落普遍具有寨心，但在象征含义和构成方式等方面却差异很大；藏缅语族中一些民族的住宅有单中心中柱的现象，但在空间构成和匠作风习上的差别也很大；藏缅语族的摩梭人住宅中有"双中心"特征，存在"男柱"和"女柱"（是否应为"主人柱"和"女柱"还需考证）现象，但在空间布局、匠作技艺，以及结构体系上却与傣族住宅"双中心"空间特征迥然不同。

这是否说明傣族建筑文化在历史的演化进程中融入了其他民族的特征，即多元一流；或是与其他一些民族在建筑文化上本为同源，即一元多流，这是非常值得探讨的话题。同时，若梳理并横向比较西南诸民族"中心"空间这一特征，相信会有不少新的发现和启示，这是学界应该特别关注并深入探讨的课题。

6.3.4　研究基本观点

从"语缘"的角度，以民族的"语言"考释营造相关术语的含义，构建出该民族文化语境下的语义场。以此作为基础，对该民族的风土聚落从择址到择居，再到形制的研究，对该民族的风土建筑从空间秩序、结构体系、特征元素等类型研究，再到匠作技艺及其风习的解读。

这有可能使研究站在该民族基点上，较为全面地讨论该民族建筑的文化现象，从而避免先入为主或站在其他民族基点上来理解另外一种文化现象，造成不够全面和客观，甚至南辕北辙的研究现象。

是否能够构建出该民族文化语境下恰当的语义场，成为以"语缘"的角度来研究其他民族风土建筑文化的关键点。除了通过对有文字民族的字、词含义来构建外，还可以运用语音、语义相互比较的方法，分析和拟构与其他无文字民族营造相关的术语语义场。在这一过程中，探讨出其他适当、可行的方法，对于其他民族的此类研究将起到重要的借鉴作用。

　　当代民族文化的发展速度可谓日新月异，新学科层出不穷。然而，很多学者都已清醒地认识并提出，对于各民族建筑的研究来说并不是越细分越好，而是应该更多地运用交叉学科互补的优势，即融贯的态度。例如，本研究通过人类学、民族学、建筑学等三门学科相互融贯的方法，表明这一方法同样适用于中国西南其他民族的相关研究，具有一定的借鉴意义。

　　可以预见，结合人类学、民族学、社会学、生态学等其他相关学科领域的丰硕研究成果与建筑学相互交叉、融贯，运用文化人类学研究方法，在文献资料极度匮乏的民族地区的建筑学研究中将会发挥重要作用。

‖ 参考文献 ‖

一、研究专著

[1] 乐史.太平寰宇记[M].王文楚，等点校.北京：中华书局，2007.

[2] 元稹.元氏长庆集[M].上海：上海古籍出版社，1994.

[3] 刘昫，等.旧唐书[M].北京：中华书局，1975.

[4] 刘熙.释名疏证补[M].北京：中华书局，2008.

[5] 中华书局.四部备要（第一四册）[M].北京：中华书局，1989.

[6] 司马迁.史记[M].北京：中华书局，1959.

[7] 周去非.岭外代答校注[M].杨武泉，校注.北京：中华书局，1999.

[8] 姚思廉.梁书[M].北京：中华书局，1973.

[9] 巩珍.西洋番国志[M]，向达，校注.北京：中华书局，1961.

[10] 常璩.华阳国志[M].济南：齐鲁书社，2000.

[11] 张华.博物志[M].北京：中华书局，1985.

[12] 徐丽华.中国少数民族古籍集成[M].成都：四川民族出版社，2002.

[13] 徐坚.初学记[M].北京：中华书局，2004.

[14] 徐弘祖.徐霞客游记[M].上海：上海古籍出版社，1987.

[15] 房玄龄.晋书[M].北京：中华书局，1996.

[16] 朱孟震.西南夷风土记[M].上海：商务印书馆，1936.

[17] 李延寿.北史[M].北京：中华书局，1974.

[18] 李延寿.南史[M].北京：中华书局，1975.

[19] 李诫.营造法式[M].北京：中国建筑工业出版社，2006.

[20] 李贤，等.大明一统志[M].西安：三秦出版社，1990.

[21] 杜佑.通典[M].北京：中华书局，1988.

[22] 杜甫.杜诗详注[M].北京：中华书局，1979.

[23] 樊绰.蛮书[M].北京：中华书局，1985.

[24] 欧阳修，宋祁. 新唐书[M]. 北京：中华书局，1975.

[25] 马欢. 瀛涯胜览[M]. 北京：中华书局，1985.

[26] 王溥. 唐会要[M]. 北京：中华书局，1955.

[27] 王象之. 舆地纪胜[M]. 北京：中华书局，1992.

[28] 祝穆. 方舆胜览[M]. 祝洙，施和金，点校. 北京：中华书局，2003.

[29] 脱脱，等. 宋史[M]. 北京：中华书局，1985.

[30] 范晔. 后汉书[M]. 北京：中华书局，1965.

[31] 萧子显. 南齐书[M]. 北京：中华书局，1972.

[32] 许慎. 说文解字[M]. 北京：中华书局，1963.

[33] 许慎. 说文解字注[M]. 段玉裁，注. 上海：上海古籍出版社，1981.

[34] 杨天宇. 周礼译注[M]. 上海：上海古籍出版社，2004.

[35] 赵汝适. 诸蕃志[M]. 上海：商务印书馆，1959.

[36] 郑樵. 通志[M]. 北京：中华书局，1987.

[37] 郭松年，李京. 大理行纪校注·云南志略辑校[M]. 王叔武，校注. 昆明：云南民族出版社，1986.

[38] 钱古训. 百夷传校注[M]. 江应樑，校注. 昆明：云南人民出版社，1980.

[39] 钱古训. 百夷传[M]. 台北：华文书局股份有限公司，1980.

[40] 阮元. 揅经室集[M]. 北京：中华书局，1993.

[41] 陈伦炯. 海国闻见录校注[M]. 李长傅，校注，陈代光，整理. 北京：中华书局，1985.

[42] 顾炎武. 天下郡国利病书[M]. 上海：上海古籍出版社，2012.

[43] 马端临. 文献通考[M]. 上海师范大学古籍研究所，等点校. 北京：中华书局，2011.

[44] 魏徵. 隋书[M]. 北京：中华书局，1997.

[45] 魏收. 魏书[M]. 北京：中华书局，1974.

[46]《中国贝叶经全集》编辑委员会. 中国贝叶经全集[M]. 北京：人民出版社，2010.

[47] 祜巴勐. 论傣族诗歌[M]. 昆明：中国民间文学出版社（云南），1981.

[48] 陶云逵. 车里摆夷之生命环[M]. 北京：生活·读书·新知三联书店，2017.

[49] 陶云逵.陶云逵民族研究文集[M].北京：民族出版社，2011.

[50] 江应樑.摆夷的经济文化生活[M].昆明：云南人民出版社，1950.

[51] 林惠祥.中国民族史（下册）[M].北京：商务印书馆，1993.

[52] 李济.中国民族的形成[M].南京：江苏教育出版社，2005.

[53] 戴裔煊.干蘭——西南中国原始住宅的研究[M].太原：山西人民出版社，2014.

[54] 姚荷生.水摆夷风土记[M].昆明：云南人民出版社，2003.

[55] 中国营造学社.中国营造学社汇刊[M].北京：知识产权出版社，2006.

[56] 高芸.中国云南的傣族民居[M].北京：北京大学出版社，2003.

[57] 高立士.傣族谚语[M].成都：四川民族出版社，1990.

[58] 高立士.西双版纳傣族传统灌溉与环保研究[M].昆明：云南人民出版社，2015.

[59] 韦丹芳.老挝克木鼓与相邻地区同类型铜鼓研究[M].北京：中国科学技术出版
社，2014.

[60] 铁锋，岩温胆.西双版纳秘史[M].昆明：云南民族出版社，2006.

[61] 郭家骥.西双版纳傣族的稻作文化研究[M].昆明：云南大学出版社，1998.

[62] 岩香.傣汉词典[M].昆明：云南民族出版社，2014.

[63] 西双版纳傣族自治州傣学研究会.傣族封建领主制研究[M].北京：中国文化出版
社，2012.

[64] 蓝勇.西南历史文化地理[M].重庆：西南师范大学出版社，2001.

[65] 蒋廷瑜.古代铜鼓通论[M].北京：紫禁城出版社，1999.

[66] 管彦波.云南稻作源流史[M].北京：民族出版社，2005.

[67] 王翠兰，陈谋德.云南民居·续篇[M].北京：中国建筑工业出版社，1993.

[68] 王冬.族群、社群与乡村聚落营造[M].北京：中国建筑工业出版社，2013.

[69] 玉康，依甩.西双版纳傣族社会风俗文化[M].昆明：云南民族出版社，2013.

[70] 江应樑.傣族史[M].成都：四川民族出版社，1983.

[71] 蒋高宸.云南民族住屋文化[M].昆明：云南大学出版社，1997.

[72] 杨昌鸣.东南亚与中国西南少数民族建筑文化探析[M].天津：天津大学出版社，
2004.

[73] 杨文辉. 白语与白族历史文化研究[M]. 昆明：云南大学出版社，2009.

[74] 李霖灿. 南诏大理国新资料的综合研究[M]. 北京：中央研究院民族学研究所，1967.

[75] 李伟卿. 铜鼓及其纹饰[M]. 昆明：云南科技出版社，2000.

[76] 曹成章. 傣族村社文化研究[M]. 北京：中央民族大学出版社，2006.

[77] 曹成章. 傣族农奴制和宗教婚姻[M]. 北京：中国社会科学出版社，1986.

[78] 赵世望，周兆奎. 傣医传统方药志[M]. 昆明：云南民族出版社，1985.

[79] 方国瑜. 中国西南历史地理考释[M]. 北京：中华书局，1987.

[80] 方国瑜. 元代云南行省傣族史料编年[M]. 昆明：云南人民出版社，1958.

[81] 斯心直. 西南民族建筑研究[M]. 昆明：云南教育出版社，1992.

[82] 文山壮族苗族自治州文化局. 文山铜鼓[M]. 昆明：云南人民出版社出版，2013.

[83]《傣族简史》编写组. 傣族简史[M]. 昆明：云南人民出版社，2012.

[84] 张星烺，朱杰勤. 中西交通史料汇编[M]. 北京：中华书局，1978.

[85] 张良皋. 张良皋文集[M]. 武汉：华中科技大学出版社，2014.

[86] 张良皋. 巴史别观[M]. 北京：中国建筑工业出版社，2006.

[87] 张良皋. 匠学七说[M]. 北京：中国建筑工业出版社，2002.

[88] 张正军. 文化寻根：日本学者之云南少数民族文化研究[M]. 上海：上海交通大学出版社，2009.

[89] 张增祺. 云南建筑史[M]. 昆明：云南美术出版社，1999.

[90] 张光直. 中国青铜时代[M]. 北京：生活·读书·新知三联书店，1983.

[91] 常青. 西域文明与华夏建筑的变迁[M]. 长沙：湖南教育出版社，1992.

[92] 喻翠容. 傣语简志[M]. 北京：民族出版社，1980.

[93] 周耀文，罗美珍. 傣语方言研究[M]. 北京：民族出版社，2001.

[94] 刘敦桢. 中国住宅概说[M]. 天津：百花文艺出版社，2004.

[95] 刘学，黄明. 云南历史文化名城（镇村街）保护体系规划研究[M]. 北京：中国建筑工业出版社，2012.

[96] 刀国栋. 傣族历史文化漫谈[M]. 昆明：云南民族出版社，1992.

[97] 余英.中国东南系建筑区系类型研究[M].北京：中国建筑工业出版社，2001.

[98] 云南省设计院《云南民居》编写组.云南民居[M].北京：中国建筑工业出版社，1986.

[99] 云南省博物馆.云南省晋宁石寨山古墓群发掘报告[M].北京：文物出版社，1959.

[100]《民族问题五种丛书》云南省编辑委员会.傣族社会历史调查[M].北京：民族出版社，2009.

[101]《民族问题五种丛书》云南省编辑委员会.西双版纳傣族社会综合调查[M].北京：民族出版社，2009.

[102]《傣族简史》编写组.傣族简史[M].昆明：云南民族出版社，2009.

[103] 卡尔·古斯塔夫·荣格.原型与集体无意识[M].徐德林，译.北京：国际文化出版公司，2011.

[104] 鲁道夫·阿恩海姆.建筑形式的视觉动力[M].宁海林，译.北京：中国建筑工业出版社，2006.

[105] 阿摩斯·拉普卜特.宅形与文化[M].常青，徐菁，李颖春，等译.北京：中国建筑工业出版社，2007.

[106] 晃西士加尼.柬埔寨以北探路记[M].佚名，译.北京：文物出版社，2023.

[107] 戴维斯.云南：联结印度和扬子江的锁链·19世纪一个英国人眼中的云南社会状况及民族风情[M].李安泰，和少英，邓立木，等译.昆明：云南教育出版社，1999.

[108] 弗朗茨·黑格尔.东南亚古代金属鼓[M].石钟健，黎广秀，扬才秀，译.上海：上海古籍出版社，2004.

[109] 伊东忠太.中国纪行——伊东忠太建筑学考察手记[M].薛雅明，王铁钧，译.北京：中国画报出版社，2017.

[110] ZHU L. The Dai or the Tai and their Architecture & Customs in South China[M]. Bangkok and Kunming：D D Books，Bangkok & The Science Technology Press of Yunnan，1992.

[111] FERGUSSON J. History of Indian and Eastern Architecture[M]. London：John

Murry, Albemarle street, W., 1910.

[112] DODD W C. The Tai Race. Elder Brother of the Chinese. Results of Experience, Exploration and Research[M]. Cedar Rapids, Iowa：The Torch Press, 1923.

[113] BUCHLI V. An Anthropology of Architecture[M]. London：Bloomsbury Academic, 2013.

[114] JUNG C.G. The Archetypes and the Collective Unconscious[M]. London：Routledge, 1981.

二、学术论文

[1] 施红. 家屋的生命周期——云南勐腊傣族住居文化[D]. 昆明：云南大学, 2011.

[2] 王晓帆. 中国西南边境及相关地区南传上座部佛塔研究[D]. 上海：同济大学, 2006.

[3] 杨宇振. 中国西南地域建筑文化研究[D]. 重庆：重庆大学, 2002.

[4] 石拓. 中国南方干栏及其变迁研究[D]. 广州：华南理工大学, 2013.

[5] 戴红亮. 西双版纳傣语地名研究[D]. 北京：中央民族大学, 2004.

[6] 岩温罕. 西双版纳傣泐语参考语法[D]. 上海：上海师范大学, 2018.

[7] 安佳. 傣族佛寺壁画研究[D]. 北京：中央民族大学, 2009.

[8] 肖冠兰. 中国西南干栏建筑体系研究[D]. 重庆：重庆大学, 2015.

[9] 谭刚毅. 云南傣族上座部佛教建筑的形式与理念[D]. 昆明：昆明理工大学, 1997.

[10] 周浩明. 云南傣族小乘佛教建筑研究[D]. 南京：东南大学, 1988.

[11] 郭建伟. 曼贺村水利灌溉与聚落空间形态演化之研究[D]. 昆明：昆明理工大学, 2008.

[12] 高野恵子. ダイ・ルー族住居の基本的な架構形式について—雲南省ダイ・ルー族住居の伝統形式に関する研究その1[J]. Journal of Architecture and Planning（Transactions of AIJ）, 1997, 62（491）：219-224.

[13] 高野恵子. 東南アジアの住居設計方法に関わる研究——中国雲南省ダイ・ル-族を中心として[J]. Housing Research Foundation Annual Report, 1996（23）：77-86.

[14] 谷内麻里子，塩谷壽翁. ダイ・ルー族の儀礼における人びとの行動から見いだされる住まいの空間的秩序[J]. Journal of Architecture and Planning（Transactions of AIJ），2003，68（574）：1-8.

[15] 谷内麻里子，塩谷壽翁. ダイ・ルー族の住まいにおける空間認識と行動から見いだされる空間概念[J]. Journal of Architecture and Planning（Transactions of AIJ），2003，68（568）：9-16.

[16] 富樫穎. 中国雲南省西双版納ダイ族の住空間構造の変容と継承[J]. Housing Research Foundation Annual Report，1997（24）：77-86.

[17] 富樫穎，一海有里，山崎寿一，等. 住居語意からみたダイ族住居の伝統的空間構造[J]. Journal of Architecture and Planning（Transactions of AIJ），1996，61（483）：169-178.

[18] 蓝勇. 中国西南地区传统建筑的历史人文特征[J]. 时代建筑，2006（4）：28-31.

[19] 艾菊红. 西双版纳傣泐的居住空间结构及其认知逻辑[J]. 民族研究，2016（1）：65-74.

[20] 艾菊红. 文化生态旅游的社区参与和传统文化保护与发展——云南三个傣族文化生态旅游村的比较研究[J]. 民族研究，2007（4）：49-58.

[21] 管彦波. 西南民族住宅的类型与建筑结构[J]. 中南民族学院学报：哲学社会科学版，1999（3）：54-58.

[22] 童恩正. 古代中国南方与印度交通的考古学研究[J]. 考古，1999（4）：79-87.

[23] 王冬. 乡土建筑的自我建造及其相关思考[J]. 新建筑，2008（4）：12-19.

[24] 杨玠. 西双版纳的佛塔[J]. 云南民族学院学报，1988（1）：55-60.

[25] 杨清媚. 从"双重宗教"看西双版纳傣族社会的双重性——一项基于神话与仪式的宗教人类学考察[J]. 云南民族大学学报：哲学社会科学版，2012（4）：22-29.

[26] 朱光亚. 中国古代木结构谱系再研究[C]. 第四届中国建筑史学国际研讨会论文集，2007：385-390.

[27] 张良皋. 傣族竹楼——中国民族建筑的奇妙发明[J]. 长江建设，1996（5）：32-33.

[28] 张良皋. 双开间建筑·东向竺礼仪与符号化圭臬[J]. 江汉考古，1995（1）：79-88.

[29] 张良皋. 干栏建筑体系的现代意义[J]. 新建筑，1996（1）：38-41.

[30] 张良皋. 干栏——平摆着的中国建筑史[J]. 重庆建筑大学学报：社科版，2000
（4）：1-3.

[31] 常青. 论现代建筑学语境中的建成遗产传承方式——基于原型分析的理论与实践
[J]. 中国科学院院刊，2017（7）：667-680.

[32] 常青. 我国风土建筑的谱系构成及传承前景概观——基于体系化的标本保存与整
体再生目标[J]. 建筑学报，2016（10）：1-9.

[33] 常青. 风土观与建筑本土化——风土建筑谱系研究纲要[J]. 时代建筑，2013（3）：
10-15.

[34] 常青. 建筑学的人类学视野[J]. 建筑师，2008（6）：95-101.

[35] 黄惠焜. 西双版纳勐泐故宫遗址考察记——兼论大力开发西双版纳人文旅游资源
[J]. 云南民族学院学报：哲学社会科学版，1992（2）：22-26.

[36] 黄惠焜. "贝叶文化"十论[J]. 思想战线，2000（5）：36-38.

[37] 郭湖生. 西双版纳傣族的佛寺建筑[J]. 文物，1962（2）：35-39.

[38] 郭建伟，张琳琳. 傣族风土聚落与建筑中的"双中心"空间特征研究——以中国
西南西双版纳地区传统村寨为例[J]. 建筑学报，2020（8）：114-121.

[39] 郭建伟，张琳琳. 基于"主位"与"客位"视角的西双版纳傣族风土聚落类型
研究[J]. 风景园林，2021，28（3）：34-40.

[40] 罗廷振. 西双版纳佛塔的类型及其源流[J]. 东南文化，1994（6）：82-88.

[41] 王晓帆. 南传佛教佛塔的类型和演变[J]. 建筑师，2006（2）：77-80.

[42] 杨昌鸣. 云南傣族佛塔与泰缅佛塔的比较[J]. 东南亚，1992（2）：35-39.

[43] 杨庆. 西双版纳傣族传统聚落的文化形态[J]. 云南社会科学，2000（2）：78-81.

[44] 杨庆. 西双版纳傣族传统聚落规划思想的文化渊源[J]. 思想战线，2000（4）：87-90.

[45] 卢山. 云南傣族小乘佛教建筑比较研究[J]. 华中建筑，2002，20（4）：93-97.

[46] 徐伯安. 我国南传佛教建筑概说[J]. 华中建筑，1993（3）：22-27.

[47] 张宏伟. 西双版纳傣族村寨形态中的方位体系[J]. 云南工学院学报，1992（3）：
86-91.

[48] 胡伊星.二十世纪五六十年代的傣族社会历史调查及手稿概况[J]. 云南图书馆，
    2010（2）：67.

[49] 高立士.西双版纳傣族传统水利灌溉及其社会意义初探[J]. 云南民族学院学报：
    哲学社会科学版，1994（3）：28-31.

[50] 马曜.傣族水稻栽培和水利灌溉在家族公社向农村公社过渡和国家起源中的作用
    [J]. 贵州民族研究，1989（3）：1-5.

[51] 刘宏茂，许再富.西双版纳傣族神山林和植物多样性保护[J]. 林业与社会，1994
    （4）：9-10.

[52] 刘晓光，王耀武，宋聚生.建筑的比附性象征[J]. 哈尔滨工业大学学报，2003
    （5）：585-589.

[53] 安志敏."干兰"式建筑的考古研究[J]. 考古学报，1963（2）：65-85.

[54] 徐中舒.巴蜀文化初论[J]. 四川大学学报：哲学社会科学版，1959（2）：21-44.

[55] 李先逵.论干栏式建筑的起源与发展[C]. 族群·聚落·民族建筑——国际人类学
    与民族学联合会第十六届世界大会专题会议论文集，2009：7-16.

[56] 浙江省文物管理委员会，浙江省博物馆.河姆渡遗址第一期发掘报告[J]. 考古
    学报，1978（1）：39-94，140-155.

[57] 闵锐.云南剑川县海门口遗址第三次发掘[J]. 考古，2009（8）：3-22.

[58] 张云鹏.湖北圻春毛家咀西周木构建筑[J]. 考古，1962（1）：1-9.

[59] 朱江.丹阳香草河发现文物[J]. 文物参考资料，1958（9）：73.

[60] 陈玉寅.江苏吴江梅堰新石器时代遗址[J]. 考古，1963（6）：308-318.

[61] 浙江省文物管理委员会.吴兴钱山漾遗址第一、二次发掘报告[J]. 考古学报，1960
    （2）：73-91.

[62] 杨厚礼，程应麟，贺子华，等.江西清江营盘里遗址发掘报告[J]. 考古，1962
    （4）：172-181.

[63] 肖明华.滇青铜文化与汉文化在云南的传播[J]. 四川文物，2008（4）：42-47.

[64] 易学钟."井干"溯源——石寨山文化相关问题研究（之一）[J]. 云南民族学院
    学报（哲学社会科学版），1995（2）：63-67.

[65] 易学钟. 石寨山三件人物屋宇雕像考释[J]. 考古学报，1991（1）：23-43.

[66] 易学钟. 晋宁石寨山12号墓贮贝器上人物雕像考释[J]. 考古学报，1987（4）：413-437.

[67] 云南省博物馆. 云南晋宁石寨山第三次发掘简报[J]. 考古，1959（9）：459-461.

[68] 孙太初. 云南晋宁石寨山古墓第四次发掘简报[J]. 考古，1963（9）：480-485.

[69] 冯汉骥. 云南晋宁出土铜鼓研究[J]. 文物，1974（1）：51-61.

[70] 冯汉骥. 云南晋宁石寨山出土铜器研究——若干主要人物活动图像试释[J]. 考古，1963（6）：319-329.

[71] 罗汉田. 中柱：彼岸世界的通道[J]. 民族艺术，2000（1）：115-125.

[72] 李哲扬. 潮汕梭柱设计匠法[J]. 四川建筑科学研究，2008（5）：168-171.

[73] 李合群，李丽. 试论中国古代建筑中的梭柱[J]. 四川建筑科学研究，2014，40（5）：243-245，255.

[74] 周家喻. "黄佤"中柱崇拜和祭祀仪式的象征人类学解读[J]. 民族论坛，2008（4）：37-39.

[75] 邵陆，常青. 东西阶与奇偶数开间. 营造第三辑[C]. 第三届中国建筑史学国际研讨会论文选辑，2004：162-173.

[76] 刘叙杰. 浅论我国古代的"尊西"思想及其在建筑中之反映[J]. 建筑学报，1993（12）：12-14.

[77] 傅熹年. 陕西岐山凤雏西周建筑遗址初探——周原西周建筑遗址研究之一[J]. 文物，1981（1）：65-74.

[78] 朱霞. 南诏大理国医药学述略[J]. 思想战线，1996（1）：72-76.

[79] 黄正良，张锡禄. 20世纪以来大理国张胜温画《梵像卷》研究综述[J]. 大理学院学报，2012（1）：1-5.

[80] 约翰·马可瑞，谭乐山. 论神会大师像：梵像与政治在南诏大理国[J]. 云南社会科学，1991（3）：89-94.

[81] 张正军. 二十世纪日本学者对云南少数民族历史文化的研究[J]. 云南社会科学，2005（6）：96-100.

[82] ORANRATMANEE R. Cultural Geography of Vernacular Architecture in a Cross-cultural Context：Houses of the Dai Ethnic Minority in South China[J]. Journal of Cultural Geography，2019：1-21.

[83] ORANRATMANEE R. Vernacular Houses of the Shan in Myanmar in the South-East Asian Context[J]. Vernacular Architecture，2019，49（1）：99-120.

三、电子资源

[1] 中华人民共和国国家民族事务委员会. 傣族概况[EB/OL]. [2019-11-10]. http：//www. seac.gov.cn/seac/ ztzl/daiz/gk.shtml.

附 录

"傣-泰语"关于建筑相关术语发音比较表见附表1。

附表 1   "傣-泰语"关于建筑相关术语发音比较表 ❶

语言	汉语		Siamese	Laos or Yün including Kün and Lü	Western Shan or Ngio of Burma	Tai Nüa of Muang Baw Yünnan	Tai Dam of Tongking	Tai Lai Yünnan
所属地区	中原		泰国	老挝	缅甸掸邦	云南	越南	云南
族属（音译）	汉族		暹族	佬族	掸族	傣努	黑泰	傣泐
发音		屋	Rüen	Hüen	Hün	Hün	Hün	Hün
		门	Prātū	P'tū	……	P'tū	P'tū	……
		村	Mū bān	Bān	Wān	Wān	Bān	……

语言	汉语		Tai Nam or Water Tai of Yünnan	Tai To of Tongking	Tai Yoi of Kwangnan Yünnan	Kon Yai of Kwangnan Yünnan	To-jen of Nauningfu Kwangsi	Pu Tai of Yüannan	Chin Tai on the Yangtze
所属地区	中原		云南	越南	云南广南	云南广南	广西南宁府	云南	扬子江
族属（音译）	汉族		傣那	白泰	傣尤	空雅	土坚	普傣	晨傣
发音		屋	Rüen	Rüen	Lün	Rüen	Hün	Lün	Hün
		门	……	An tū	P'tū	P'tū	P'tū	P'tū	Pū tū
		村	……	Bān	Bān	Bān	Bān	Bān	Wān

❶ DODD W C. The Tai Race，Elder Brother of the Chinese：Results of Experience，Exploration And Research of William Clifton Dodd：Cedar Rapids，Iowa：Torch，1923.

　　镂刻有"干欄"建筑纹饰的铜鼓见附表2。

附表2　镂刻有"干欄"建筑纹饰的铜鼓

鼓名	式别	主要纹饰中的建筑特征	芒线（道）；是否有蛙饰	发现地点、时间；现藏处及文献出处
东京（茂利）（72）	I	鼓面主晕圈有干栏式房屋四个，两两相对，并相似。房顶宽大，顶盖两端向上翘起，就像我们今天在中国南方或后印度等地所看到的某些土著人的住房一样，在房子的屋顶上，装饰着一只大鸟。它有宽宽的翅膀，长长的尾巴，以及它身下的两条腿也清晰可见。同样，还能看到左向的带羽冠的鸟头和长长的嘴巴。尾巴后面又有一条大肚子的鱼。房顶正中是长方形的格子。地面上有两个坐着或跪着的人像，他们脸面相向。要想看清他们的形状并不十分困难，因为前一片段中那些坐在鼓上的人，样子就和他们十分相近。人像的中间又有坛子或花瓶一类东西。图像的左右两边垂着两幅条带。每幅由三根带子组成，中间的一根带子里面，又有一行虚线。也和土著人的住房一样，这所房子中间有许多短木柱支撑着屋顶。屋顶下，在木柱之间，又有两根宽大的、下端相交的大梁支撑着，这样便在房屋中央出现了一个三角形空间。屋顶下的这个空间又在长、短柱子之间，分为左右两个房间，左面房间的左侧，还有一个刚在上图见过的那种人的坐像。人像前面放着一个很大的东西，像是一个横卧着的金属鼓。而右面那个房间，无疑是存放着一面金属鼓，但看起来鼓面朝下。这个图像是否多少与金属鼓的生产有关？此外，屋顶两侧都有回纹图案，图案下面又伴有一系列圆点，点下面又是比较粗的垂直短线组成的弧带。屋顶两端向上翘的部分又各连着一个有中心点的大圆圈，它和晕圈第一片段的那个图像的外框十分相似	14道；无蛙饰	出处《东南亚古代金属鼓》
东京（盖列特1号）（82）	I	鼓面晕圈7中有一所房子，房顶上有一只大鸟，向右站立	12道；无蛙饰	来自云南；出处《东南亚古代金属鼓》

续表

鼓名	式别	主要纹饰中的建筑特征	芒线（道）；是否有蛙饰	发现地点、时间；现藏处及文献出处
德累斯顿9536号（18）	Ⅳ	鼓体的晕圈7和8构成一低矮的屋脊，屋面略呈弧形，扁平的中界线就在脊峰上	12道	现藏于德国德累斯顿人类学—民族学博物馆；出处《东南亚古代金属鼓》
广东27号（110）	Ⅳ	鼓体的晕圈8和9两圈相交成一屋脊状，扁平的中界线就在脊峰上面	12道	广东一官员宋某处；出处《东南亚古代金属鼓》
皮斯科Ⅱ号（70）	Ⅳ	鼓体的晕圈8和9两圈圈面平滑，交界处凸起成屋脊形，脊顶就是鼓体的中界线	12道	尤·皮斯科领事赠送，1901年藏于维也纳皇家博物馆；出处《东南亚古代金属鼓》
开化鼓	石	鼓面第6晕的主晕中有干栏式房屋两座，屋顶立大鸟，屋内有铜鼓台和罐等容器	12道；无蛙饰	云南开化府的苗族首长收藏，后流至越南，终转至欧洲；现藏于奥地利民族博物馆；出处《文山铜鼓》《古铜鼓图录》
龙迈Ⅰ号	遵	鼓体腰部分上下两部分，上部分无晕，有阳纹重檐房屋4间	12道；无蛙饰	富宁县板仑乡龙迈村，1983年6月（传世品）同发现地；出处《文山铜鼓》
上者梅Ⅰ号	遵	鼓体腰中部有房屋4间	12道；无蛙饰	富宁县睦伦乡木兄坪村公所上者梅村；2000年3月，传世品同发现地；出处《文山铜鼓》
龙混Ⅱ号	遵	鼓体腰上部有单檐房屋4间	12道；4足4趾蛙	富宁县里达镇中坝龙混村；1987年1月（传世品）同发现地；出处《文山铜鼓》
龙龙铜鼓	遵	鼓体腰部上段有房屋4间	12道；无蛙饰	麻栗坡县八布乡龙龙村；1972，传世品，麻栗坡县文管所；出处《文山铜鼓》

20世纪60年代景洪佛寺建筑表见附表3。

附表 3　20 世纪 60 年代景洪佛寺建筑表 ❶

区属	佛寺名称	大殿式样	大殿开间	大殿方向	僧舍式样	戒堂	备注
宣慰街佛寺	洼龙	Ⅱ式三重檐五面坡	横六纵九	东偏南20°	平房	有	有塔
	洼专董	Ⅰ式重檐三面坡	横四纵九	东偏南40°	平房	有	大殿已毁
	洼扎捧	Ⅰ式重檐单面坡	横四纵六	东偏北7°	干阑	无	
	洼科松	Ⅰ式重檐单面坡	横四纵七	东偏北15°	干阑	有	
	洼宰	Ⅰ式重檐单面坡	横四纵六	东偏南30°	干阑	无	
	洼曼勒	Ⅰ式重檐单面坡	横四纵七	东偏北30°	干阑	无	
	洼冯	Ⅰ式重檐单面坡	横四纵六	正东	干阑	无	
	洼轰乃	Ⅰ式重檐三面坡	横四纵六	东偏北30°	干阑	无	大殿加偏房
	洼书弓	Ⅰ式重檐三面坡	横四纵六	东偏北30°	干阑	无	已改作农场俱乐部
陇匡佛寺	洼曼果	Ⅰ式重檐三面坡	横四纵八	东偏南30°	围廊式平房	有	有门亭、休息间
	洼景兰	Ⅰ式重檐上三面	横四纵六	南偏东20°	平房	有	
	洼曼听	Ⅱ式重檐单面坡	横四纵八	东偏南40°	干阑	有	
	洼陇匡	Ⅰ式重檐单面坡	横四纵六	东偏南45°	干阑	有	有 塔
	洼蚌囡	不明	不明	东偏南25°	干阑	无	有 塔

❶ 云南省历史研究所. 西双版纳傣族小乘佛教及原始宗教的调查材料[M]. 昆明：云南省历史研究所，1979：71-84.

续表

区属	佛寺名称	大殿式样	大殿开间	大殿方向	僧舍式样	戒堂	备注
陇洒佛寺	洼曼广	Ⅱ式三重檐单面坡	横四纵六	正北	干阑	有	
	洼曼洒	Ⅰ式重檐三面坡	横四纵七	正东	干阑	有	
	洼曼宰	Ⅱ式三重檐单面坡	横四纵六	东偏北30°	干阑	无	
	洼庄宰	Ⅰ式重檐单面坡	横四纵五	东偏北45°	干阑	无	
	洼景砍	Ⅱ式三重檐单面坡	横四纵六	东偏南30°	干阑	无	
	洼坝角	Ⅰ式重檐上三面坡	横四纵六	东偏南30°	干阑	无	
	洼广凹	Ⅱ式三重檐单面坡	横四纵六	东偏北30°	干阑	无	
	洼曼芒	Ⅰ式三重檐单面坡	横四纵七	正北	干阑	无	
	洼曼达	Ⅰ式三重檐单面坡	横四纵七	正东	平房	无	
	洼曼栋	Ⅲ式三重檐单面坡	横四纵六	东偏南45°	干阑	有	
陇栋佛寺	洼曼迈	Ⅰ式重檐单面坡加围廊	横四纵七	东偏南100°	平房	有	有塔
	洼景傣	Ⅲ式重檐单面坡	横四纵六	正南	平房	无	
	洼乱典	Ⅲ式重檐单面坡	横四纵六	正南	干阑	无	
	洼曼令	Ⅲ式重檐加围廊单面坡	横四纵六	东偏南10°	平房	无	
	洼曼妞	Ⅲ式重檐单面坡	横四纵七	东偏南10°	干阑	有	
	洼曼沙	Ⅲ式重檐单面坡	横四纵八	正东	干阑	无	
	洼回所	Ⅲ式重檐单面坡	横四纵五	正东	干阑	无	

　　傣族风土建筑营造相关术语见附表4~附表22。表中所列词语的傣文、汉文翻译、国际音标、释名（类名—专名）和类名（傣文）部分均源于西双版纳傣族自治州少数民族研究所编，岩香主编《傣汉词典》一书，傣文均为传统傣泐文。傣文词语部分均经过了云南民族大学西双版纳傣语教研室负责人岩温军副教授和曼岭佛寺住持都比糯叫校勘；所收录《傣汉词典》中的傣文有个别汉文翻译存在不当之处，均已特别标注；有一些未经《傣汉词典》收录的民间匠作用语，在"释名"中均注明了该词的来源或出处。

附表4　傣族风土建筑营造相关术语范例

类名（傣文）	汉语名称	传统傣泐文	国际音标	释名（类名—专名）
穿ᦎᦱᧂ[thaŋ²]	人字架穿	ᦎᦱᧂᦍ	[thaŋ²yo⁴]	穿—人字架（曼朗调研）

　　附表4表述了该词为勐腊县曼朗村调研时所得的民间匠作用语，从左至右分别为：类名为"穿"、汉语名称为"人字架穿"的传统傣泐文、国际音标，及其第一个字（类名）和第二个字（专名）的意义。其他表中的特殊符号【巴】指巴利语；【佛】指佛教专用语。

附表5　寺院、宫殿类术语

类名（傣文）	汉语名称	传统傣泐文	国际音标	释名（类名—专名）
佛寺、寺院 ᦞᧆ[văt⁸]	佛寺、寺庙	ᦞᧆᦞᦱ	[văt⁸va⁴]	佛寺—廆
	佛寺、寺庙	ᦞᧆᦞᦱᦀᦱᦣ᦮	[văt⁸va⁴ʔa⁴ram⁴]	佛寺—【巴】寺院、乐园
	【巴】寺庙、寺院	ᦀᦱᦣ᦮	[ʔa⁴ram⁴]	
宫 ᦠᦸ[hɔ¹]	家、家庭；房屋	ᦠᦸᧃᦵᦷᦽ	[hɔ¹rɤn⁴]	宫—屋
	家；房屋	ᦠᦸᧃᦵᦷᦽᦵᦡᦲᦓ	[hɔ¹rɤn⁴ɗɤn¹dau¹]	宫—屋—月亮—星星
	金殿	ᦠᦸᦃᧄ	[hɔ¹khăm⁴]	宫—金
	王宫、宫殿	ᦠᦸᦌᧁ	[hɔ¹cău³]	宫—王
	佛龛、神龛	ᦠᦸᦗᦻᦌᧁ	[hɔ¹bhă⁸cău³]	宫—佛祖、佛像

续表

类名（傣文）	汉语名称	传统傣泐文	国际音标	释名（类名—专名）
宫 ဂ်ု[hɒ¹]	钟楼（佛寺里的）；瞭望塔、门岗楼	ဂ်ုင်ဂ်ုင်း	[hɒ¹hĭŋ²]	宫—铃铛
	神台殿，宫中神龛	ဂ်ုင်ဂ်ုင်း	[hɒ¹hĭŋ³]	宫—神台、橱柜
	牌楼，眺望台	ဂ်ုဂ်ု	[hɒ¹phɒ²]	宫—看、望、瞭望
	殿，宫殿	ပြာသာဒ်	[pla¹sat²]	
仓、库 ယေ[ye⁴]	宝库	ယေကေဝ့်ယေသေꩡ	[ye⁴kɛu³ye⁴sɛŋ³]	仓—水晶—仓—钻石、珍珠
	经书库	ယေဓမ်	[ye⁴dhăm⁴]	仓—佛经
	金库、银行	ယေဂုꩫ်	[ye⁴gɯn⁴]	仓—金钱
角 ေ[ce¹]	塔、佛塔；佛教纪念场所，朝拜场所	ေတိ	[ce¹ɖi⁴]	音译：栽堤；支提
	塔（舍利塔、佛塔、墓塔、浮屠）；佛教纪念场所，朝拜场所	ေတိယ	[ce¹tĭ⁷yă⁸]	音译：栽堤亚；支提亚
	佛塔（纪念性佛塔，分别建在诞生地、悟道处、首次讲道处、涅槃地四处）	ပရိဘော့ဂေတိယ	[pă⁷rĭ⁸bho⁴gă⁸ce¹tĭ⁷yă⁸]	圆满—受用—栽堤亚
塔；界 ဓါတု[dha⁴tŭ⁷]	四塔：地、水、风、火	ဓါတုဒါင်သီ	[dha⁴tŭ⁷dăŋ⁴si²]	塔—全—四
	六界，六大：地、水、火、风、空、识	ဓါတုဒါင်ဟ	[dha⁴tŭ⁷dăŋ⁴hok¹]	塔—全—六
	地界	ဓါတုဒိꩫ်	[dha⁴tŭ⁷ɖin¹]	塔—地、土
	水界	ဓါတုနမ်	[dha⁴tŭ⁷năm⁶]	塔—水
	火界	ဓါတုဖဲ	[dha⁴tŭ⁷făi⁴]	塔—火
	风界	ဓါတုလုမ်	[dha⁴tŭ⁷lum⁴]	塔—风、气
	【佛】	အာပေါဓါတု	[ʔa⁴po¹dha⁴tŭ⁷]	【巴】水—塔、界
	【佛】风界	ဝါယောဓါတု	[va⁴yo⁴dha⁴tŭ⁷]	【巴】空气、大气；风—塔
第；名次 ဒိ[dhi⁴]	塔尖	ဒိဓတ်	[dhi⁴dhat⁸]	
	佛寺顶	ဒိဝတ်	[dhi⁴văt⁸]	

类名 （傣文）	汉语名称	传统傣渊文	国际音标	释名 （类名—专名）
板 ဘၢၼ်[bɛn³]	天花板（佛寺里的）	ဘၢၼ်ဘီႈၻၼ်	[bɛn³bhĭ⁸ɗan¹]	板—雕刻；天花板 （这儿、这里—缝、钉）
院/堂/馆 ၺꩢꩧ[roŋ⁴]	僧舍，平底房	ၺꩢꩧကꩡတုꩪ်	[roŋ⁴kă⁷tuk⁷]	舍—佛殿、僧人居住
	僧房	ၺꩢꩧꩦꩳ	[roŋ⁴bră⁸]	舍—僧人
走廊；长廊 （指佛寺） ꩡ/ꩪ[cem¹]	（环形）走廊	ꩡ/ꩪမꩨꩪ်	[cem¹phăt⁷]	廊—转、轮
	长廊（指佛寺的长廊）	ꩡ/ꩪꩫꩬꩳ	[cem¹lot⁸]	廊—连接
	议事庭	သꩱ	[snam¹]	

附表6 各类"屋"的名称

类名（傣文）	汉语名称	傣文	国际音标	释名 （类名—专名）
屋 （家、家室； 房子，房 屋；住宅） ꩁꩨ[rʏn⁴]	矮脚房	ꩁꩨꩳꩢꩩ	[rʏn⁴khʏŋ²]	屋—半长、半大
	家、家庭	ꩁꩨꩳꩡꩨ	[rʏn⁴khvăn¹]	屋—场地
	瓦房	ꩁꩨꩳꩣꩨ	[rʏn⁴pʏŋ⁶]	屋—瓦
	荒屋	ꩁꩨꩳꩤꩧ	[rʏn⁴raŋ⁵]	屋—荒、荒凉
	楼房、高楼	ꩁꩨꩳသုꩧ	[rʏn⁴suŋ¹]	屋—高/在上方
	楼房（柱子置在石柱上的）	ꩁꩨꩳꩬꩨ¹တꩳ	[rʏn⁴să̆u¹tă̆ŋ³]	屋—柱子—支
	住宅	ꩁꩨꩳꩭꩩ	[rʏn⁴yu²]	屋—居住
	草房	ꩁꩨꩳꩯꩨ	[rʏn⁴kha⁴]	屋—茅草/草排
	平房、棚子	ꩮꩧ	[dha̤ŋ⁶]	
仓、库 ꩭꩦ[ye⁴]	粮仓	ꩭꩦꩢꩩ	[ye⁴khă̆u³]	仓—谷子
	粮仓	ꩭꩦꩢꩩꩭꩦꩢꩨ	[ye⁴khă̆u³ye⁴kʏ¹]	仓—谷子—仓—盐
	仓库	ꩭꩦꩢꩩ	[ye⁴kho⁴]	仓—货物

续表

类名（傣文）	汉语名称	傣文	国际音标	释名（类名—专名）
圈/舍/窝； 仓库 ᥢᥨᥴ[lǎu⁶]	谷仓	ᥢᥨᥴᥑᥣᥝᥴ	[lǎu⁶khǎu³]	舍—谷子
	仓库	ᥢᥨᥴᥛᥬ	[lǎu⁶ye⁴]	舍—仓
	仓库，粮仓	ᥢᥨᥴᥑᥣᥝᥴᥛᥬᥙᥣ	[lǎu⁶khǎu³ye⁴ba¹]	舍—谷子—仓—鱼
构树； 灰白色 ᥔᥣ[sa¹]	凉亭	ᥔᥣᥘᥣ	[sa¹la⁴]	构树—告别，辞行

附表7　房屋内各功能名称

类名（傣文）	汉语名称	傣文	国际音标	释名（类名—专名）
卧室 ᥔᥨᥛ[som³]	洗澡间、浴室	ᥔᥨᥛᥟᥣᥙ	[som³ʔap⁹]	卧室—洗澡、沐浴
	卧室	ᥔᥨᥛᥒᥩᥢ	[som³nɒn⁴]	卧室—躺、睡觉、卧
	新房	ᥔᥨᥛᥙᥭᥛᥭᥑᥭᥛᥭ	[som³bǎi⁶mǎi²khɤ¹mǎi²]	卧室—新娘—新郎
里/内； 在……中 ᥖᥭ[nǎi⁴]	内卧室	ᥖᥭᥔᥨᥛ	[nǎi⁴som³]	内、里—卧室（民间词语，曼岭调研）
中心ᥐᥣᥒ[kaŋ¹]	屋中	ᥐᥣᥒᥟᥬ	[kaŋ¹rɤn⁴]	中—屋
脸/面； 前面/前部 ᥢᥣ[na³]	窗前	ᥢᥣᥙᥩᥒ	[na³bɒŋ²]	面、前面—筒、管、隙/窗子（屋内窗前常待客的地方、客房）
	火塘出灰的地方	ᥢᥣᥖᥬ	[na³fãi⁴]	面、前面—火
窗 ᥙᥩᥒ[bɒŋ²]	窗	ᥙᥩᥒ	[bɒŋ²]	
神仙 ᥖᥰᥝᥣᥖᥣ[de⁴vǎ⁸ɖa¹]	家神	ᥖᥰᥝᥣᥖᥣᥟᥬ	[de⁴vǎ⁸ɖa¹rɤn⁴]	神仙—屋（曼岭调研）
炉； 塘 ᥖᥨ[tǎu¹]	火塘	ᥖᥨᥖᥬ	[tǎu¹fãi⁴]	塘—火
外间 ᥑᥨᥛ[khɒm⁴]	外间	ᥑᥨᥛ	[khɒm⁴]	上楼梯口至屋门前，供乘凉和会客用的地方

续表

类名（傣文）	汉语名称	傣文	国际音标	释名（类名—专名）
头、头部 ဟူ[ho¹]	外间头		[ho¹khɒm⁴]	头—外间
	楼梯头		[ho¹ɗăi¹]	头—阶梯
阶、级、步 [khăn³]	楼梯		[khăn³ɗăi¹]	步—阶梯
上、登、爬 [khum³]	梯子/楼梯		[khum³ɗăi¹]	登—阶梯
地带、顺序 [loŋ⁴]	走廊		[loŋ⁴deu⁴]	地带—行走
晒台、阳台、凉台 [jan⁴]	凉台（指乘凉用的）		[jan⁴gɒn⁴]	晒台—（鸟禽歇的）横档
	悬崖陡壁		[jan⁴pha¹]	台—岩石
	刀山		[jan⁴hɒk⁹jan⁴ɗap⁹]	台—矛—台—长刀
	晒台顶端		[bai¹jan⁴]	顶端—晒台
房间，室；间 [khɒŋ⁶]	卧室、寝室		[khɒŋ⁶nɒn⁴]	房间—躺、睡觉、卧
	会客室		[khɒŋ⁶su²khɛk⁹]	房间—会见—客人

附表 8　空间类术语

类名（傣文）	汉语名称	傣文	国际音标	释名（类名—专名）
块、块状物、团、坨 [kɒn³]	竹楼上柱子与柱子间的空间		[kɒn³rɤŋ⁴]	块—屋
	锅桩（用来支锅的石头）		[kɒn³său³]	块—愁（[său¹]柱）
	石头、石块		[kɒn³hǐn¹]	块—石头
	锅桩好，火塘亮		[kɒn³său³ɗi¹ji⁵fǎi⁴rɤ⁵]	锅桩—好—焦斗（指烧柴时冒出来的焦斗）—亮

225

续表

类名（傣文）	汉语名称	傣文	国际音标	释名 （类名—专名）
房、室、格、 间、间隔； 格，格子， 间、室、间 距 ဟွင်[hɒŋ³]	街道	ဟွင်ကꩧ	[hɒŋ³kat⁹]	间—街、集市、市场
	街道	ဟွင်ကꩧထေꩡ	[hɒŋ³kat⁹thɛu¹li⁴]	间—街、集市、市场—行、列
	隔间（隔开的 房间）	ဟွင်ခေꩃ	[hɒŋ³khɛn³]	间—隔离
	里间	ဟွင်ꩧန	[hɒŋ³nǎi⁴]	间—里、内
	卧室	ဟွင်ꩫꩫ	[hɒŋ³nɒn⁴]	间—躺、睡觉、卧
	洗手间	ဟွင်ꩫ	[hɒŋ³nǎm⁶]	间—水
	外间	ဟွင်ꩫꩫ	[hɒŋ³nɒk⁸]	间—外部的
	家庭、家室； 房间	ဟွင်ꩁꩃ	[hɒŋ³rʅn⁴]	间—屋
	套间；通间	ဟွင်လꩫ	[hɒŋ³lot⁸]	间—连接、连通
	竹楼下柱子与柱 子的间距，间隔	ဟွင်ဝꩫ	[hɒŋ³sǎu¹]	间—柱子
	单间	ဟွင်ပꩦ	[hɒŋ³beu²]	间—孤、独、单
	窗格	ဟွင်ပꩫ	[hɒŋ³bɒŋ²]	间—窗子

附表9~附表16为房屋构件类术语。

附表9　构件总称

类名（傣文）	汉语名称	傣文	国际音标	释名 （类名—专名）
木、树；木 材、木料； 竹、竹木制 品 ꩻ[mǎi⁶]	椽子	ꩻꩫꩪ	[mǎi⁶kɒn¹]	木—椽子
	托梁	ꩻꩫ	[mǎi⁶tuŋ¹]	木—托樑（ꩫꩫ）
	过梁	ꩻꩫ	[mǎi⁶khuɯ²]	木—梁
	尺子	ꩻꩫꩡ	[mǎi⁶dɛk⁸]	木—测量
	木料	ꩻꩁꩃ	[mǎi⁶rʅn⁴]	木—屋
	方料	ꩻꩫꩫ	[mǎi⁶lem⁵]	木—方、角

续表

类名（傣文）	汉语名称	傣文	国际音标	释名 （类名—专名）
木、树；木材、木料；竹、竹木制品 ᥝᥴ[mǎi⁶]	木刻	ᥝᥴᥙᥣᥐ	[mǎi⁶pǎk⁷]	木—砍、劈
	柱子	ᥝᥴᥛᥲ	[mǎi⁶sǎu¹]	木—柱子
	木桁	ᥝᥴᥚᥲ	[mǎi⁶bɛ¹]	木—桁
	檩	ᥘᥤ	[lɒi⁴]	檩
	竹条	ᥝᥴᥑᥤ	[mǎi⁶khɛ⁵]	木—细竹条 （破细的竹条）
	竹竿、竹叉 （带叉的）	ᥝᥴᥛᥦᥢ	[mǎi⁶mɛn³]	木—摘、勾
	木桩	ᥝᥴᥘᥐ	[mǎi⁶lǎk⁷]	木—柱、桩
竹笆 ᥚᥐ[fak⁸]	竹笆楼板	ᥚᥐᥛᥨᥢ	[fak⁸buɯn⁶]	竹笆—底、底部
	竹笆墙	ᥚᥐᥚᥣ	[fak⁸fa¹]	竹笆—壁、墙壁
	屋旁/房屋竹笆	ᥚᥐᥞᥨᥢ	[fak⁸rɤn⁴]	竹笆—屋
	天界、天上、天居	ᥚᥐᥚᥣ	[fak⁸fa⁶]	竹笆—天、天空
级、坎 ᥙᥐ[pǎk⁶]	楼梯坎（级）	ᥙᥐᥑᥢᥲᥖᥭ	[pǎk⁶khǎn³ɗǎi¹]	级、坎—楼梯 （阶、级—阶梯）
基础ᥖᥐ[dɤk⁸]	房基	ᥖᥐᥞᥨᥢ	[dɤk⁸rɤn⁴]	基础—屋

附表 10　火塘类构件术语

类名（傣文）	汉语名称	傣文	国际音标	释名 （类名—专名）
摆、煮；支、设；成、安 ᥖᥒ[tǎŋ³]	支火塘	ᥖᥒᥐᥨᥢ	[tǎŋ³kɒn³]	支—礁石；块
	煮饭	ᥖᥒᥑᥣᥝ	[tǎŋ³khǎu³]	煮—饭
	烧水	ᥖᥒᥢᥛ	[tǎŋ³nǎm⁶]	煮—水
	设施	ᥖᥒᥖᥦ	[tǎŋ³tɛ²]	设—整、治、修
	安家，立户	ᥖᥒᥞᥨᥢ	[tǎŋ³rɤn⁴]	安—屋
	安家落户	ᥖᥒᥭᥝᥖᥒᥞᥨᥢ	[tǎŋ³yau³tǎŋ³rɤn⁴]	安—安—屋
	家庭	ᥭᥝᥞᥨᥢ	[yau³rɤn⁴]	家—屋
	成家立业	ᥖᥒᥭᥝᥖᥧᥞᥨᥢ	[tǎŋ³yau³duɯ⁴rɤn⁴]	安—家—作为—屋

续表

类名（傣文）	汉语名称	傣文	国际音标	释名（类名—专名）
炉、灶；座、塘、铺 ᥖᥬᥱ[tău¹]	砖瓦窑	ᥖᥬᥱᥒᥤᥢ	[tău¹ɖin¹]	炉—瓦
	炭坑	ᥖᥬᥱᥖᥐᥢ	[tău¹than²]	
	炼铁炉	ᥖᥬᥱᥝᥝ	[tău¹păo³]	
	瓦窑	ᥖᥬᥱᥙᥒᥳ	[tău¹pɤŋ³]	
	在地上随便挖的灶	ᥖᥬᥱᥟᥢ	[tău¹raŋ⁴]	
	炉子（煮猪食的）	ᥖᥬᥱᥕᥝ	[tău¹yau⁶]	（煮猪食的）
	打铁炉	ᥖᥬᥱᥔᥝ	[tău¹său²]	
	火塘	ᥖᥬᥱᥜᥤ	[tău¹făi⁴]	炉—火
	打银铺	ᥖᥬᥱᥑᥒᥳ	[tău¹khɤŋ⁵]	
	酿酒坊	ᥖᥬᥱᥘᥝ	[tău¹lău³]	
	打铁铺	ᥖᥬᥱᥘᥔᥐ	[tău¹lek⁷]	
三角架 ᥟᥭ[kheŋ⁴]	三角架（炉灶上架锅壶有三支脚的铁架子）			有"并排、对照"之意
架 ᥑᥝ[kha²]	通风架（设在大梁上的竹架子，供存放种子等东西）	ᥑᥝᥘᥥᥒᥳ	[kha²lɛŋ⁶]	
	火炕架（设在火塘上的竹架，供烤干东西的架子）	ᥑᥝᥜᥤ	[kha²făi⁴]	

柱类构件术语见附表11。

附表 11 柱类构件术语

类名（傣文）	汉语名称	傣文	国际音标	释名（类名—专名）
中柱 ᥓᥬ[dăn3]	短中柱	ᥓᥬᥐᥛ	[dăn³kɒm³]	中柱—短；低矮、矮小
	长中柱	ᥓᥬᥕᥝ	[dăn³yau⁴]	中柱—长
	通中柱	ᥓᥬᥘᥝ	[dăn³lot⁸]	中柱—连接/连通（ᥘᥝ顶梁柱，从地面通到栋梁的中柱）

续表

类名（傣文）	汉语名称	傣文	国际音标	释名（类名—专名）
柱、杆；柱子、杆子 ᥖᥤᥝᥴ[său¹]	柱	ᥛᥭᥲᥖᥤᥝᥴ	[măi⁶său¹]	木—柱子
	中柱	ᥖᥤᥝᥴᥖᥒᥴ	[său¹dăŋ³]	柱—中柱
	主人柱	ᥖᥤᥝᥴᥓᥝᥴ	[său¹cău³]	柱—主人；王
	女柱	ᥖᥤᥝᥴᥘᥒ	[său¹naŋ⁴]	柱—王后，公主
	家主人柱	ᥖᥤᥝᥴᥓᥝᥴᥗᥦᥢᥴ	[său¹cău³rɤn⁴]	柱—主；王—屋、户（柱—户主）（曼岭调研）
	女婿柱	ᥖᥤᥝᥴᥑᥤᥐ	[său¹khɤ]	柱—女婿（屋檐以女婿作为类名）（曼岭调研）
	儿媳柱	ᥖᥤᥝᥴᥙᥭᥲ	[său¹băi⁶]	（曼岭调研）
	神柱	ᥖᥤᥝᥴᥘᥤᥝᥓᥓᥤ	[său¹de⁴vă⁸ɖa¹]	柱—神仙（曼岭调研）
	墓桩	ᥖᥤᥝᥴᥑᥝ	[său¹khau⁴]	柱—腥、腥味、荤腥
	栓狗柱	ᥖᥤᥝᥴᥛᥖᥛᥣ	[său¹mắt⁸ma¹]	柱—栓—狗
短粗；矮小 ᥙᥨᥐᥳ[bɒk⁷]	短而粗的柱子	ᥙᥨᥐᥳᥖᥤᥝᥴ	[bɒk⁷său¹]	短粗；矮小—柱
审ᥑ[khĭ⁷]	【巴】柱；残株	ᥑᥝᥒᥴ	[kha¹nŭ⁸]	
	【巴】桩；柱	ᥑᥤᥘ	[khĭ⁷lă⁸]	
柱、桩；里 ᥘᥐᥳ[lăk⁷]	界桩	ᥘᥐᥳᥐᥖᥦᥢ	[lăk⁷ɖɛn¹]	桩—界、界线
	牛桩	ᥘᥐᥳᥐᥝ	[lăk⁷vo⁴]	桩—【古】黄牛
	桩神	ᥘᥐᥳᥐᥖᥝᥲ	[lăk⁷sɤ³]	桩—神、鬼
	界碑、界桩	ᥘᥐᥳᥐᥑᥛ	[lăk⁷khăm⁴]	桩—金（国界的桩、碑）

梁、檩、穿类构件术语见附表12。

附表 12　梁、檩、穿类构件术语

类名（傣文）	汉语名称	傣文	国际音标	释名（类名—专名）
梁（屋梁）ﾒ[khɯ²]	大梁	ﾒﾗﾝ	[khɯ²loŋ¹]	梁—大
	中梁	ﾒﾗﾝ	[khɯ²svɛŋ¹]	梁—寻求、盼望
	小梁	ﾒﾝ	[khɯ²nɒi⁶]	梁—小
	过梁	ﾒ	[mǎi⁶khɯ²]	木—梁
托樑；小樑（楼楞）ﾂ[tuŋ¹]	托梁	ﾂﾝ	[mǎi⁶tuŋ¹]	木—托樑ﾂﾝ
	楼板托樑	ﾂﾝ	[tuŋ¹rɤn⁴]	托樑—屋
穿/横木ﾒ[thaŋ²]	穿	ﾒ	[thaŋ²]	穿、横木
	人字架穿	ﾒﾗ	[thaŋ²yo⁴]	穿—人字架（曼朗调研）
	中柱穿	ﾒﾝ	[thaŋ²ɖǎn³]	穿—中柱（曼朗调研）
	上部穿	ﾒﾝ	[thaŋ²ho¹]	穿—头、头部（曼朗调研）
	大梁穿	ﾒﾝﾒ	[thaŋ²loŋ¹khɯ²]	穿—大—梁（曼朗调研）
穿枋ﾝ[khɛŋ⁴]	穿枋	ﾝ	[khɛŋ⁴]	（曼岭调研）
穿方；穿条ﾝ[ban¹]	穿方	ﾝ	[ban¹]	—
穿档ﾝ[loŋ⁶]	穿档	ﾝ	[loŋ⁶]	起支撑固定作用的木条
楔子ﾝﾞ[lĭm³]	楔子	ﾝﾞ	[lĭm³]	其他含义：条；棵；根
凳子ﾝ[tǎn²]	支撑	ﾝﾞ	[tǎn²mǎi¹]	凳子—线
揳ﾝ[cim¹]	揳木楔	ﾝ	[cim¹se⁵]	楔—楔子
檩；桁ﾝ[bɛ¹]	栋梁、脊檩	ﾝﾝ	[bɛ¹pun¹]	檩—高处、上方
	下桁	ﾝﾝ	[bɛ¹ra⁴]	桁—下
	木桁	ﾝﾝ	[mǎi⁶bɛ¹]	木—檩
檩ﾝ[lɒi⁴]	檩	ﾝ	[lɒi⁴]	檩

类名（傣文）	汉语名称	傣文	国际音标	释名（类名—专名）
椽子；支架 ကွ[kɒn¹]	椽子	ကွၢငွ	[kɒn¹rɤn⁴]	椽子—屋
	闩杆	ကွၢၕွ	[kɒŋ¹khɤn²]	支架—门
榫头；桦头 ဋ့[ɗeu²]	榫头	ဋ့	[ɗeu²]	—
栏杆；杆、晒杆 ꩠ[rau⁴]	竹杆（指晒衣服用的）	ဒႅꩥꩠ	[mǎi⁶rau⁴]	木—晒杆
	晒竿	ꩠꩢꩡ	[rau⁴jan⁴]	晒杆—晒台
	蚊帐竿	ꩠꩢꩩ	[rau⁴ sũt⁷]	杆—帐子、蚊帐

屋顶类构件术语见附表13。

附表13　屋顶类构件术语

类名（傣文）	汉语名称	傣文	国际音标	释名（类名—专名）
腿、下肢、脚，足 ꩰ[kha¹]	人字木	ꩰၣၕ	[kha¹yo⁴]	脚—人字架
	人字架	ၣၕ	[yo⁴]	有"女性生殖器"之意
加针处；劝、灭 ꩠꩥ[khɛ¹]	屋脊	ꩠꩥꩡꩣ	[khɛ¹rɤn⁴]	加针处—屋
	劝说	ꩠꩥꩣꩤ	[khɛ¹ham³]	劝—劝、禁止、避免
	灭火	ꩠꩥꩥꩣ	[khɛ¹fãi⁴]	灭—火
屋面 ꩫ[gɤp⁸]	屋面（直方）	ꩫꩨ	[gɤp⁸nɒi⁶]	屋面—小
	屋面（长方）	ꩫꩨꩩ	[gɤp⁸loŋ¹]	屋面—大
穗子/须 ꩢ[jai⁴]	屋檐（指茅草房的）	ꩢꩰ	[jai⁴kha⁴]	须—茅草
	屋檐（指瓦房的）	ꩢꩫ	[jai⁴pɤŋ³]	须—瓦
足、脚、脚边 ꩰꩥ[tin¹]	屋檐；脚；边缘	ꩰꩢ	[tin¹jai¹]	脚边—穗子、须
	楼梯脚	ꩰꩤ	[tin¹ɗǎi¹]	脚—阶梯
	墙脚	ꩰꩥꩣ	[tin¹fa¹]	脚—壁板

续表

类名（傣文）	汉语名称	傣文	国际音标	释名（类名—专名）
女婿；上门，入赘 ဓ္ဍ[khɤˇ]	屋檐	ဓ္ဍ်ဂ္ဆ်	[khɤˇgʋm⁶]	女婿—底部
茅草；草排 ၆ဂ[kha⁴]	屋脊上短草排，压屋脊草排	၆ဂၜၜၜ	[kha⁴khɛˇ]	茅草—加针处
	压屋脊的茅草	၆ဂၜ္ဍ္ပ	[kha⁴lop⁷]	茅草—铺
	草捆（十把为一捆）	၆ဂၜ္ဎ	[kha⁴fɒn⁵]	茅草—捆、把
	草排（编扎成片的茅草）	၆ဂၵဎ	[kha⁴bhǎi⁴]	茅草—编、打
	编草排	ၜတ၆ဂ	[bhǎi⁴kha⁴]	编、打—茅草
中筋/中脉 ၈၂ဂ္ဍ[kan³]	挂瓦条	၈၂ဂ္ဍ၆	[kan³fa⁶]	中筋、中脉—（浮在奶、米汤上的）浮膜、薄皮

砖瓦石类构件术语见附表14。

附表 14　砖瓦石类构件术语

类名（傣文）	汉语名称	傣文	国际音标	释名（类名—专名）
瓦；碎片 ၜ္ဍ်[pɤŋ⁶]	筒瓦	ၜ္ဍ်ၷ္ဆ	[pɤŋ⁶ʔɒm¹]	瓦—罐
	平瓦	ၜ္ဍ်ၛ	[pɤŋ⁶khɒ¹]	瓦—钩子
	水泥瓦	ၜ္ဍ်သ၆ၜၜ	[pɤŋ⁶si¹mɛn⁴]	瓦—水泥（应源于英语cement发音）
	瓦砾，碎片	ၜ္ဍ်ၜ္ဍ်	[pɤŋ⁶mɒ³]	瓦—壶、锅
地、土、泥巴 ၷ[ɗin¹]	砖、土墼	ၷ၈	[ɗin¹ki²]	土—织布机
	砖坯、土墼	ၷ၈ၷ	[ɗin¹ki²ɗip⁷]	土—织布机—生
	砖	ၷ၈ၷ္ဆ	[ɗin¹ki²sǔk⁷]	土—织布机—熟
	平瓦	ၷ	[ɗin¹khɒ¹]	土—钩子
石头 ၵ္ဆၷ္ဎ[makⁿhĭn¹]	柱脚石	ၵ္ဆၷ္ဎၜ္ဍ၈္ဍ	[makⁿhĭn¹sǎu¹tǎn³]	石头—柱—支（曼朗调研）
	柱脚石、磉	ၵ္ဆၷ္ဎၷ္ဍ၈	[makⁿhĭn¹tĭn¹sǎu¹]	石头—脚边—柱

板壁类构件术语见附表15。

附表 15　板壁类构件术语

类名（傣文）	汉语名称	傣文	国际音标	释名（类名—专名）
壁、墙壁、壁板、屏风；盖子 ຣໍ[faˈ]	土壁	ຣໍຣ	[faˈɖin¹]	壁—地、土、泥巴
	照壁	ຣໍຫຼຸ້ຽ	[faˈlăp⁸naŋ⁴]	壁—遮住—王后、公主
	墙（篾条或竹条编成的）	ຣໍຫຼຣ	[faˈsan¹]	壁—编、织
	卧室壁	ຣໍຣໍຫ	[faˈsom³]	壁、墙—卧室
	扇	ຣໍຫຼ	[faˈbɒŋ²]	壁—窗子
	门扇、门板	ຣໍຫຼຸ	[faˈbak⁹tuˈ]	壁—门
	板壁、木板墙	ຣໍຣໍຫຼ	[faˈbɛn³]	壁—板子
	竹壁、竹板墙	ຣໍຣຫຼ	[faˈfak⁸]	壁—竹笆
	墙	ຣໍຫຼ	[faˈsăŋ⁶]	壁—架
	竖竹壁	ຣໍຫຼ	[faˈsăk⁸]	壁—直插
	围板墙	ຣໍຫຼຣໍ	[faˈlɒm⁶]	壁—围、围绕、环绕
	塞子	ຣໍຣໍຫຼ	[faˈʔɤt⁷]	盖子—堵、塞、封
	匣盖	ຣໍຣໍຫຼ	[faˈʔɤp⁹]	盖子—盒子
	盖子、锅盖	ຣໍຣໍຫ	[faˈkom¹]	盖子—罩、扣
	（严密的）盖子、塞子	ຣໍຣໍຫຼ	[faˈhăp⁷]	盖子—关、闭
	火药枪的着火点	ຣໍຣໍຣ	[faˈfãi⁴]	盖子—火
	（盒子的）盖子	ຣໍຣໍຫຼ	[faˈkhop⁵]	盖子—盖
	锅盖	ຣໍຣໍຫ	[faˈmɒ³]	盖子—锅、壶
板子 ຣໍຣໍ[bɛn³]	楼板	ຣໍຣໍຣໍ	[rɤn⁴bɛn³]	屋—板子
阴性、女性 ຣໍຣໍ[mɛ⁵]	门框	ຣໍຣໍຫຼຸ	[mɛ⁵bak⁹tuˈ]	阴性—门
口（出入通道的） ຣໍ[bak⁹]	门；门口	ຣໍຫຼຸ	[bak⁹tuˈ]	口—我自己
	彩门；牌坊；拱门	ຣໍຫຼຸຣໍ	[bak⁹tuˈkhuŋ¹]	门—关卡

续表

类名（傣文）	汉语名称	傣文	国际音标	释名（类名—专名）
口（出入通道的）ပ်ၵ[bak⁹]	寨门	ပ်ၵတုၵွ်	[bak⁹tu¹pan³]	门—村寨
	院子门；穿斗门	ပ်ၵတုၶွ်	[bak⁹tu¹khɤn²]	门—门栏
楔子/闩 ၵၵ်[se⁵]	门插闩，插楔	ၵၵ်ၵွ်	[se⁵khăt⁷]	楔子—插
	门闩	ၵၵ်ၵွ်ꨯ	[se⁵bă⁷tu¹]	闩—门
	螺丝钉	ၵၵ်ၵုꨓွ်	[se⁵bu⁴ʔĭt⁹]	楔子—螺帽—轧
【巴】极、先ꨮꨀꨮ [ʔăk⁷gă⁸lă⁸]	闩；门闩	ꨮꨀꨮလ	[ʔăk⁷gă⁸lă⁸]	极—抛、舍
围；围绕 ꨬꨓꨀ[lɒm⁶]	围篱笆	ꨬꨓꨀꨲ	[lɒm⁶ho⁶]	围绕—篱笆
	围墙	ꨬꨓꨀꨴꨰ	[lɒm⁶fa¹]	围绕、环绕—壁

"桥"类术语见附表16。

附表 16 "桥"类术语

类名（傣文）	汉语名称	傣文	国际音标	释名（类名—专名）
桥 ꨅꨀ[kho¹]	拱桥	ꨅꨀꨮꨲ	[kho¹khuŋ¹]	桥—关卡
	吊桥	ꨅꨀꨮꨓꨮꨓ	[kho¹khvɛn¹]	桥—悬挂、吊
	金桥	ꨅꨀꨀꨲ	[kho¹khăm⁴]	桥—黄金
	银桥	ꨅꨀꨀꨲ	[kho¹gun⁴]	桥—银
	铜桥	ꨅꨀꨮꨀ	[kho¹dɒŋ⁴]	桥—铜
	铁桥	ꨅꨀꨮꨓꨮꨯꨮ	[kho¹lek⁷]	桥—钢、铁
	便桥	ꨅꨀꨮꨓꨮꨳ	[kho¹bhaŋ⁴]	桥—假
	桥亭（指有顶棚的桥梁）	ꨅꨀꨮꨀꨲ	[kho¹muŋ⁴]	桥—盖
	竹笆桥	ꨅꨀꨮꨓꨮꨳ	[kho¹san¹]	桥—编、织
	石桥	ꨅꨀꨮꨀꨴꨓ	[kho¹hin¹]	桥—石
	木板桥	ꨅꨀꨮꨓꨮꨯ	[kho¹bɛn³]	桥—木板
	天桥	ꨅꨀꨀꨴꨰ	[kho¹fa⁶]	桥—天

类名（傣文）	汉语名称	傣文	国际音标	释名（类名—专名）
桥 ᥱᥳ[kho¹]	浮桥	ᥱᥳᥴᥴ	[kho¹fu⁴]	桥—漂浮
	竹桥	ᥱᥳᥝᥳᥴ	[kho¹khɛ⁵]	桥—细竹条（指破细的竹条）
	独木桥	ᥱᥳᥴᥳᥛᥴᥴ	[kho¹lim³leu¹]	桥—楔子—返回

场地类术语见附表17。

附表17　场地类术语

类名（傣文）	汉语名称	傣文	国际音标	释名（类名—专名）
中，中间，中心ᥦᥴ[kaŋ¹]	屋中	᥅ᥴᥴᥴ	[kaŋ¹rɣn⁴]	中—屋
	院子，场院，天井	᥅ᥴᥴᥴ	[kaŋ¹khoŋ²]	中—场院
	广场	᥅ᥴᥴᥴᥴᥴ	[kaŋ¹khoŋ²loŋ¹]	中—场院—大
	寨心	᥅ᥴᥴᥴᥴᥴ	[kaŋ¹cǎi¹pan³]	中—心、心灵、心脏—寨子
	佛寺心	᥅ᥴᥴᥴᥴᥴ	[kaŋ¹cǎi¹văt⁸]	中—心、心灵、心脏—佛寺
	寨子中	᥅ᥴᥴᥴ	[kaŋ¹pan³]	中—寨子
村子，寨子，村寨ᥛᥴ[pan³]	村寨	ᥛᥴᥴᥴᥴᥴᥴ	[pan³khoŋ¹loŋ⁴sum¹]	寨子—笼—地带—纠合、纠集
	山寨	ᥛᥴᥴᥴᥴᥴᥴ	[pan³ɗɔi ¹mɣŋ⁴gɔŋ⁴]	寨子—坡、山坡、山—勐—山
（村寨中的）小空地，小场地；场院，场地，院子ᥴᥴ[khoŋ²]	练武场	ᥴᥴᥴᥴ	[khoŋ²jɣŋ⁴]	场院—武术
	佛寺、佛塔前面的广场	ᥴᥴᥴᥴ	[khoŋ²kɛu³]	场院—珠宝
	晒谷场	ᥴᥴᥴᥴᥴᥴ	[khoŋ²tak⁹khǎu³]	场院—晒、曝、晾—稻谷
	靶场	ᥴᥴᥴᥴ（ᥴᥴᥴᥴᥴ）	[khoŋ²mai¹]	场院—靶子
	战场	ᥴᥴᥴᥴ	[khoŋ²sɣk⁷]	场地—战争
	操场、运动场	ᥴᥴᥴᥴᥴᥴ	[khoŋ²hăt⁷lɛn²]	场地—训练

续表

类名（傣文）	汉语名称	傣文	国际音标	释名（类名—专名）
（村寨中的）小空地，小场地；场院，场地，院子 ၵဵၼ်[khoŋ²]	院子、院场	ၵဵၼ်ၵုမ်	[khoŋ²khum⁶]	场地—院子、篱笆内
	庭院	ၵုမ်ႁိူၼ်	[khum⁶rɤn⁴]	院子—屋
	广场	ၵဵၼ်လူင်	[khoŋ²loŋ¹]	场地—大
街、集市、市场 ၵၢတ်[kat⁹]	嘎栋（景洪地区的集市之一）	ၵၢတ် တုင်	[kat⁹duŋ⁶]	街—洼地
	小街（赶集前一天下午赶的街）	ၵၢတ်ၼွႆ	[kat⁹nɒi⁶]	街—小
	小地方	ၵၢတ်ၼွႆၵဵင်ၸဵင်	[kat⁹nɒi⁶jeŋ⁴jǎi⁴]	街—小—城、镇—探望
	嘎里（赶街前一天早上赶的街）；街道	ၵၢတ် လီ	[kat⁹li⁴]	街
	车里街，嘎兰	ၵၢတ်လၢၼ်	[kat⁹lan⁶]	街—百万
	嘎洒	ၵၢတ်ႁၢႆ	[kat⁹sai⁴]	街—沙、沙子
	勐海街	ၵၢတ်ႁၢႆ	[kat⁹hai⁴]	街—海（音译）
	大街	ၵၢတ်လူင်	[kat⁹loŋ¹]	街—大

方位类术语见附表18。

附表 18　方位类术语

类名（傣文）	汉语名称	传统傣泐文	国际音标	释名（类名—专名）
方面；角；边 လႅမ်[lem⁵]	右边	လႅမ်ၶႂႃ	[lem⁵khva¹]	边—右
	左边	လႅမ်ႁၢႆ	[lem⁵sai⁶]	边—左
	前面	လႅမ်ၼႃ	[lem⁵na³]	面—前、前部
	后面	လႅမ် လင်	[lem⁵lǎŋ¹]	面—后、后部
方面；边；部位 ၽၢႆ[bai⁴]	上方，上面	ၽၢႆၼိူဝ်	[bai⁴nɤ¹]	方—上
	下方，下面	ၽၢႆတႆ	[bai⁴tǎi³]	方—下
	里面	ၽၢႆၼႂ်	[bai⁴nǎi⁴]	部位—内、里
	外面	ၽၢႆၼွၵ်	[bai⁴nɒk⁸]	部位—外

类名（傣文）	汉语名称	传统傣渺文	国际音标	释名（类名—专名）
方、方向 ᥔᥤᥒ[hun¹]	东方	ᥔᥤᥒᥙᥛ	[hun¹pǎp⁷bǎ⁸]	—
	东方	ᥔᥤᥰᥝᥢᥴᥟᥩᥐ	[hun¹vǎn⁴ʔɒk⁹]	方向—日—生、长
	南方	ᥔᥤᥒᥙᥐᥱᥑᥤᥱᥢ	[hun¹dǎk⁸khi⁷ňǎ⁸]	方向—【巴】南方
	南方，下方	ᥔᥤᥒᥖᥭ	[hun¹tǎi³]	方向—下
	西方	ᥔᥤᥒᥙᥛᥳᥘ	[hun¹pǎt⁷si⁷mǎ⁸]	方向—【巴】西方
	西方	ᥔᥤᥰᥝᥢᥱᥩ	[hun¹vǎn⁴tok⁷]	方向—日—落
	北方	ᥔᥤᥒᥩᥪᥙᥳᥟ	[hun¹ʔǔt⁷tǎ⁷rǎ⁸]	方向—【巴】北方的、上面的
	北方，上方	ᥔᥤᥒᥝᥬᥒ	[hun¹nɤ¹]	方向—上
	东北方	ᥔᥤᥒᥢᥲᥔᥢ	[hun¹ʔi⁴san¹]	方向—【巴】东北、东北方
	东北方	ᥔᥤᥰᥝᥢᥴᥐᥴᥔᥩᥤᥝᥬᥒ	[hun¹vǎn⁴ʔok⁹ joi⁶hun¹nɤ¹]	方向—日—生、长—偏—方向—上（东方—偏—上）
	东南方	ᥔᥤᥒᥖᥝᥒᥖᥢ	[hun¹ʔa⁴gǎ⁸nǎi⁴]	方向—【巴】东南、东南方
	东南方	ᥔᥤᥰᥝᥢᥴᥐᥴᥔᥤᥒᥖᥭ	[hun¹vǎn⁴ʔok⁹ joi⁶hun¹tǎi³]	方向—日—生、长—偏—方向—下（东方—偏—南方）
	西北	ᥔᥤᥒᥒᥭᥙ	[hun¹bǎ⁸yɛp⁸]	方向—【巴】西北、西北方
	西北方	ᥔᥤᥰᥝᥢᥱᥩᥔᥤᥒᥝᥬᥒ	[hun¹vǎn⁴tok⁷ joi⁶hun¹nɤ¹]	方向—日—落—偏—方向—上（西方—偏—北方）
	西南方	ᥔᥤᥒᥪᥒᥴᥱᥭᥖᥤ	[hun¹hɒ¹rǎ⁸di¹]	方向—【巴】西南、西南方
	西南方	ᥔᥤᥰᥝᥢᥱᥩᥴᥔᥤᥒᥖᥭ	[hun¹vǎn⁴tok⁷ joi⁶hun¹tǎi³]	方向—日—落—偏—方向—下（西方—偏—南方）
属相	牛	ᥝᥨ	[vo⁴]	—
	鹰	ᥳᥧᥛ	[rǔŋ⁶]	—
	猫	ᥰᥝᥖ	[mɛu⁴]	—
	狮	ᥳᥣᥴᥭᥒᥨ	[ra⁴jǎ⁸si¹]	—
	虎	ᥔᥬ	[sɤ¹]	—
	龙	ᥢᥣ	[na⁴gǎ⁸]	—
	鼠	ᥢᥧ	[nu¹]	—
	象	ᥰᥧᥒ	[jaŋ⁶]	—
	属相	ᥖᥩᥲᥙᥨᥒ	[to¹buŋ⁵]	身体—属（相）

匠艺类术语见附表19。

附表 19　匠艺类术语

类名（傣文）	汉语名称	傣文	国际音标	释名（类名—专名）
人字架 ย[yo⁴]	由旬	ယောဇန	[yo⁴jǎ⁸nǎ⁸]	古印度计算距离的单位，以帝王一日行军之路程为一由旬，印度国俗乃三十里；"约扎纳"
庹 ဝ[va⁴]	庹	ဝ	[va⁴]	两臂左右伸开，从左手中指尖到右手中指尖之间的距离，约五市尺
	大象庹（直译）	ဝၵ်ꩻ	[va⁴jaŋ⁶]	伸直左手右腿，从左手指尖到右脚尖的距离长度；庹—大象
胸，胸膛；半庹 ꩻ[ʔɔk⁷]	半庹	ꩻ	[ʔɔk⁷]	伸出一只手，从中指尖到胸口的长度
肘 ꩻက[sɒk⁹]	肘	ꩻက	[sɒk⁹]	从肘节到拳头或指尖的长度
	角尺	ꩻကꩻ	[sɒk⁹khu⁶]	肘—弯
	尺寸	ꩻကꩻ	[sɒk⁹khɯp⁸]	肘—大拃
小拃 ꩻ[khǐp⁸]	小拃	ꩻ	[khǐp⁸]	伸展大拇指和食指，大拇指尖至食指指尖的距离
	旱蚂蟥拃（直译）	ꩻꩻ	[khǐp⁸dak⁸]	指像旱蚂蟥收缩爬行一样的长度；拃—旱蚂蟥
大拃 ꩻ[khɯp⁸]	大拃	ꩻ	[khɯp⁸]	伸展大拇指和中指，大拇指尖至中指指尖的距离
尺度；水平线；制度 ꩻ[bhǐm⁴]	尺度；水平线；制度	ꩻ	[bhǐm⁴]	—

匠作工具类术语见附表20。

附表 20　匠作工具类术语

类名（傣文）	汉语名称	傣文	国际音标	释名（类名—专名）
木 ꩻ[mǎi⁶]	尺子	ꩻ	[mǎi⁶khɛ²tɒŋ³]	—
	尺子	ꩻ	[mǎi⁶plǎ⁷dǎt⁸]	木—【巴】法规
	尺子	ꩻ	[mǎi⁶thɛp⁷bǎp⁸]	木—弹—书
	尺子	ꩻ	[mǎi⁶dɛk⁸]	木—量

续表

类名（傣文）	汉语名称	傣文	国际音标	释名 （类名—专名）
木 ᦙᦻ[mǎi⁶]	矩尺（曲尺）	ᦙᦻᦵᦡᧅᦉᦸᧅ	[mǎi⁶dɛk⁸sɒk⁹]	木—量—肘
	角尺	ᦙᦻᦷᦅᧅᦃᦴ	[mǎi⁶cɒk⁹khu⁶]	木—脊—弯
棍子；棒子 ᦅᦸᧃ[khɒn⁶]	木槌，榔头	ᦅᦸᧃᦷᦎᧅᦉᦲ	[khɒn⁶tɒk⁹sǐu²]	棒子—捶、打—凿子
	大木槌	ᦅᦸᧃᦷᦔᦀᦱ	[khɒn⁶ba¹ka¹]	（用来打木楔） 棒子—鱼—乌鸦

各类匠人称谓见附表21。

附表21　各类匠人称谓

类名（傣文）	汉语名称	傣文	国际音标	释名 （类名—专名）
匠人，技师， 手工艺者 ᦍᦲᧂ[jaŋ⁵]	木匠	ᦍᦲᧂᦙᦻ	[jaŋ⁵mǎi⁶]	匠人—木
	瓦匠	ᦍᦲᧂᦗᦳᧃ	[jaŋ⁵pɤn⁶]	匠人—瓦
	建筑师	ᦍᦲᧂᦵᦣᦲᧃ	[jaŋ⁵rɤn⁴]	匠人—房屋
匠人 ᦍᦲᧂ[jaŋ⁵]	石匠	ᦍᦲᧂᦠᦲᧃ	[jaŋ⁵hin¹]	匠人—石
	铁匠	ᦍᦲᧂᦵᦜᧅ	[jaŋ⁵lek⁷]	匠人—钢、铁
	歌手（赞哈）	ᦍᦲᧂᦃᧇ	[jaŋ⁵khǎp⁷]	技师—演唱、唱歌
	工匠	ᦍᦲᧂᦅᦹᧂ	[jaŋ⁵khɤŋ⁵]	匠人—机器、机械、 器械

建造习语见附表22。

附表22　建造习语

类名（傣文）	汉语名称	傣文	国际音标	释名 （类名—专名）
竖 ᦷᦢᧅ[bok⁷]	竖房柱	ᦷᦢᧅᦉᧁᦵᦣᦲᧃ	[bok⁷sǎu¹rɤn⁴]	竖—柱—房屋
	建造	ᦷᦢᧅᦵᦗᧂ	[bok⁷bɛŋ¹]	竖—造，修建
剁、切、砍； 破；劈 ᦉᧇ[sǎp⁷]	鳞片砍（直译）	ᦉᧇᦵᦆᧆ	[sǎp⁷ket⁷]	指劈方料时，用刀或 斧将用不成的原木表 皮砍成鳞状的工序； 砍—鳞、鳞片
	分半	ᦉᧇᦵᦕᧉ	[sǎp⁷pě⁷]	砍—开、敞开

续表

类名（傣文）	汉语名称	傣文	国际音标	释名（类名—专名）
刹、切、砍；破；劈 သ္ပ်[sǎp⁷]	砍伐	သ္ပ်ၐ	[sǎp⁷fǎn⁴]	砍—斩、伐
	剖制竹板	သ္ပ်ၮ္က	[sǎp⁷fak⁸]	把竹子剖开压制成板；劈—竹笆
修建；造 ေငွ္[bɛŋ¹]	盖房子	ေငွ္ၐ္	[bɛŋ¹rɤn⁴]	造—房屋
	造桥	ေငွ္ဃ	[bɛŋ¹kho¹]	造—桥
刻、雕 ၡၮ[khɒk⁷]	雕花	ၡၮၵ္က	[khɒk⁷ɖɒk⁹]	雕—花
	雕刻	ၡၮတၞ္	[khɒk⁷tɒŋ³]	雕—凿
	刻画	ၡၮေတၟ္	[khɒk⁷tɛm³]	刻—写、画
	雕像	ၡၮၢ္ဍ	[khɒk⁷rop⁴]	雕—塑像、肖像
凿；触、碰 တၞ္[tɒŋ³]	雕花、凿花纹	တၞ္ၵ္က	[tɒŋ³ɖɒk⁹]	凿—花
	雕刻花纹	တၞ္ၵ္ကၡၮၐ္	[tɒŋ³ɖɒk⁹khɒk⁷vǎn⁴]	凿—花—刻—日子
上、登、爬 ၡၟ္[khɯm³]	上新房、贺新房	ၡၟ္ေၐ္ၶ္	[khɯm³rɤŋ⁴mǎi²]	上、登—房屋—新

‖ 致　谢 ‖

　　2017年4月，我在西双版纳傣族自治州勐腊县调研期间，一座寺院的住持邀请我参加了一场颇能体现傣族传统风俗的"拴线仪式"。仪式的主角是一名6岁男孩（汉族）和这位住持。当日，在大殿圣像前，两位当事人被一根白色棉线相连，众人将白线系在两人手腕上，口诵祝福之语。此时的场景中有殿堂、圣象、住持、男孩、众人和缠绕在手腕上的白线，彼时的男孩正经历着人生重要的节点。

　　回望这七年转瞬即逝的时光，我何尝不似这位小男孩。从读硕士时懵懂无知地初探傣族风土聚落，到初入学术殿堂时选择开拓白族建筑研究，再到拨云见日后立志深描傣族村寨和风土建筑，学术之路步步求索。感谢同济这座多元、包容、共济的学术殿堂；感谢导师常青教授一次次的悉心指导，引领着我闯过那些难以逾越的关卡，使我对建筑人类学有了切身体会更深入的理解。常老师对待学术极为严谨的态度和极其敏锐的洞察力，是学生毕生学习并追寻的目标。

　　感谢尹绍亭教授、杨昌鸣教授、罗德胤副教授、冯江教授、张松教授、李浈教授、朱晓明教授、刘雨婷副研究员、温静老师等多位建筑史界的专家前辈给予我的鼓励和指导，许多真知灼见帮助了我对更深层次问题展开思考。感谢朱良文教授、王冬教授、邹广天教授、邵陆老师、张鹏教授、蔺宝钢院长、岩温罕副教授、王红军副教授、刘涤宇副教授、华长印社长、江岱副总编、许润田编辑、赵朴真编辑、徐希编辑，在研究的不同时间节点提供了非常及时且重要的帮助。感谢CAUP2013级的简海云博士、吴涌博士、邓碧波博士、马蕊博士、马明博士等几十位博士同学经常性的学术交流，令我获益匪浅。感谢与研究室各位师兄、师姐、师弟、师妹们共同度过的美好时光。感谢杨志国、撒莹、王培茗、杨文辉等多位老师的关心和帮助。感谢西双版纳傣族自治州勐腊县召温香泐（岩坎晚）、都比聪团、都比糯叫、都比坎胆（岩坎胆）、龙斯、依艳（喃苏婉纳）、单永波等傣、汉族朋友，在调研期间给予的热心帮助和支持。大家为我缠上的一圈圈"白线"，终身难忘。

241

特别感谢爱妻张琳琳老师多年来持续付出并支撑起整个家，父母多年来默默地无私奉献并全力帮扶，岳父岳母在各方面的帮助和照顾，正因为有了这些支持，我才能完成这项对我而言颇为艰巨的任务。吾儿宇真在我无法时刻关怀的情况下从未松懈，为父甚感欣慰。

感谢许多未能提及的师友、学友和朋友，能与你们并肩同行是我莫大的荣幸。

2020年9月17日庚子年乙酉月癸亥日（八月初一）
于上海同济大学四平路校区图书馆